T0024738

EL CEREBRO FEMENINO

Louann Brizendine

EL CEREBRO FEMENINO

Comprender la mente de la mujer a través de la ciencia

Traducción del inglés de
M.ª José Buxó

Papel certificado por el Forest Stewardship Council®

Título original: *The Female Brain*
Primera edición: febrero de 2023

Printed in Spain – Impreso en España

ISBN: 978-84-19456-09-0
Depósito legal: B-21.562-2022

Impreso en Romanyà-Valls
Capellades, Barcelona

SM56090

Para mi esposo, Samuel Barondes;
mi hijo, John Whitney Brizendine;
y en recuerdo afectuoso de Louise Ann Brizendine

Contenido

Prólogo 11
Agradecimientos 17
Elenco de los actores neurohormonales 23
Fases de la vida de una mujer 25

EL CEREBRO FEMENINO

Introducción. Lo que nos hace mujeres 31
1. El nacimiento del cerebro femenino 43
2. El cerebro de la adolescente 69
3. Amor y confianza 102
4. Sexo: el cerebro por debajo de la cintura 128
5. El cerebro de mamá 150
6. Emoción: el cerebro de los sentimientos 177
7. El cerebro de la mujer madura 200

Epílogo. El futuro del cerebro femenino 231
Apéndice 1. El cerebro femenino y la terapia hormonal 237
Apéndice 2. El cerebro femenino y la depresión posparto 259
Apéndice 3. El cerebro femenino y la orientación sexual 263
Notas 267
Bibliografía 287
Índice de nombres y conceptos 377

Prólogo

En su día escribí este libro con el ánimo de introducir a la gente en otra realidad: la naturaleza y la experiencia del cerebro femenino. Hoy por hoy, en una época en que la salud y el bienestar de las mujeres están cada vez más amenazados, necesitamos más que nunca abrazar de nuevo estos profundos conocimientos científicos.

Desde el principio la respuesta por parte del público fue sorprendente y abrumadora. *El cerebro femenino* llegó a la lista de *best-sellers* de *The New York Times*, vendió cerca de un millón de ejemplares y se tradujo a más de treinta idiomas. Ha sido un inmenso privilegio para mí viajar por todo el mundo con el objetivo de hablar y deliberar con gobiernos, escuelas, empresas y fundaciones sobre las particularidades del cerebro femenino.

Apenas unas semanas después de la publicación del libro, en agosto de 2006, el canal ABC News y yo produjimos un innovador documental sobre las diferencias entre el cerebro femenino y el masculino dentro del programa *20/20*. En 2017, el libro inspiró un largometraje: *El cerebro femenino*, una comedia romántico-científica, dirigida y protagonizada por Whitney Cummings, que cuenta con la interpretación de Sofía Vergara. Los documentales y las películas ayudan a difundir el mensaje. Confío en que sigan cambiando la vida de las personas, impulsando la ciencia y reavivando esta conversación transformadora sobre la realidad física y neurobiológica única de las mujeres.

Ha supuesto para mí una gran satisfacción ver que a lo largo de los últimos años el libro daba que hablar en todo el mundo. Sin embargo, lo más gratificante es el impacto personal que ha tenido en tantos lectores. He recibido innumerables correos electrónicos, cartas y comentarios en las redes sociales de mujeres y hombres de todas partes que al leerlo se sintieron respaldados, como este que publicó una mujer de veintiocho años en mi página de Facebook: «Me siento tan "normal" después de leer *El cerebro femenino*... Siempre pensé que tenía un problema. Usted me ha ayudado a darme cuenta de que muchos de mis pensamientos y sentimientos son correctos. Ha sido un gran alivio, y me ha devuelto la esperanza y las ganas de vivir. Cuánto me gustaría que lo leyera mi marido.»

O estas líneas que escribió de su puño y letra un hombre de ochenta y tres años: «Quería darle las gracias por haber escrito *El cerebro femenino*. Ojalá hubiera tenido acceso a él cuando era más joven. Habría evitado muchos errores en mi vida.»

O este correo electrónico que recibí de una mujer transgénero de sesenta y un años: «He leído *El cerebro femenino* y *El cerebro masculino*, ya que he estado realizando la transición de hormonas masculinas a femeninas, y sólo quería decirle lo útil que me ha resultado, pues me ayudó a entender el cambio que iba a producirse en mi estado de ánimo, mi libido y mis emociones al pasar de la testosterona al estrógeno.»

Las mujeres han estado leyendo y releyendo el libro como una guía en las diferentes etapas de la vida, y los hombres, como un manual que los ayuda a comprender mejor a las niñas y mujeres de su entorno. Me han escrito muchas futuras madres que quieren saber más sobre su cerebro «con las hormonas del embarazo». Me han escrito mujeres que están saliendo o rompiendo con alguien y tratan con todas sus fuerzas de entender la delicada maquinaria emocional que pone en marcha una relación amorosa. Agradezco todas las consultas y espero que mis respuestas hayan sido de ayuda. Os ruego que no dejéis de escribirme.

En la última década también se han validado una gran cantidad de investigaciones. Los conceptos antes controvertidos sobre las hormonas y la realidad femenina —que me llevaron a fundar la Women's Mood and Hormone Clinic en la Universidad de California en San Francisco (UCSF) en 1994— son ahora comunes y ampliamente aceptados. Para que os hagáis una idea del cambio, en 2003 busqué en Google «el cerebro femenino» y sólo aparecieron diez resultados. En 2006 busqué esas mismas palabras y me salieron miles de resultados relacionados con mi libro, que acababa de publicarse. En el momento en el que escribo, la misma búsqueda arroja casi doce millones de resultados sobre genética, neurociencia, endocrinología y desarrollo del cerebro femenino. Lo que solía ser tabú —la idea de que hubiera diferencias sexuales en el sistema cerebro-cuerpo-conducta— hoy día está tan aceptado que las subvenciones federales para la investigación hacen hincapié en que se estudie tanto a los hombres como a las mujeres.

Hay razones de peso para estudiar, por ejemplo, los efectos de los medicamentos en ambos sexos por separado. Las mujeres tienen un 50 % más de probabilidades de experimentar reacciones adversas que los hombres, y muchos medicamentos también tienen efectos diferentes en hombres y mujeres. En 2013, por ejemplo, los investigadores descubrieron que el zolpidem (Ambien), uno de los somníferos más vendidos con prescripción médica, tenía un mayor efecto en las mujeres, lo que llevó a la FDA a reducir, por primera vez, la dosis estándar para las mujeres a la mitad de la recomendada para los hombres. Por otra parte, las mujeres necesitan el doble de morfina para obtener el mismo alivio del dolor que los hombres. Nos queda mucho camino por recorrer en medicina y debemos seguir alentando a la ciencia y a los organismos sanitarios para que presten atención a estas diferencias. *La feminidad no es un fallo de diseño.*

Mientras tanto, en el Reino Unido los científicos han llevado a cabo el mayor estudio comparativo del mundo entre la estructura del cerebro femenino y la del masculino. Los estudios de imágenes realizados en los cerebros de miles de hombres y mujeres adultos han revelado que, en promedio, las regiones del córtex cerebral —vinculadas a la conciencia, el lenguaje, la percepción y la memoria— son significativamente más gruesas en las mujeres, y que los hombres tienen mayor volumen en otras áreas del cerebro.

Los científicos también están estudiando los efectos de la testosterona y el estrógeno en la interacción social. La testosterona parece desempeñar un papel en la construcción y el mantenimiento del estatus social. Por otra parte, las investigaciones sobre el vínculo empático entre madre e hijo —uno de los factores clave que nos hacen humanos— han proporcionado fundamentos biológicos sorprendentes.

Uno de mis estudios favoritos descubrió que los cambios relacionados con el embarazo en el llamado «cerebro de mamá» duran de dos a veintisiete años. ¡Puede que mi cerebro se haya liberado por fin, ahora que mi hijo ha cumplido veintiocho!

En mi propio campo de la salud mental, las nuevas investigaciones demuestran que las diferencias de sexo en el cerebro predisponen a contraer diferentes trastornos neuropsiquiátricos. Sabemos, por ejemplo, que el 80 % de las personas con autismo son hombres. Por otra parte, las mujeres son más vulnerables a la ansiedad, la depresión, el TEPT y la enfermedad de Alzheimer. Es probable que estas diferencias específicas de cada sexo tengan su origen en los efectos genéticos, hormonales y ambientales sobre las conexiones cerebrales.

Con todo, es importante tener en cuenta que hay más similitudes que diferencias entre los cerebros masculinos y femeninos, y que la mitad de los cerebros con el coeficiente intelectual más alto son femeninos. Dicho esto, nuestras diferencias caen dentro de un espectro, no son binarias. Los estudios futuros deberían dedicarse a los millones de personas que se identifican como «no binarias», «transgénero» o «de género fluido», un grupo poco investigado que la neurociencia y la sociedad han desatendido.

Hemos avanzado mucho desde la primera edición de este libro, pero nos queda mucho camino por recorrer. Hace poco asistí a una conferencia de neurociencia en la que algunos de los mejores y más brillantes científicos presentaron sus trabajos más recientes. Casi todos los datos que expusieron se basaban, sorprendentemente, en estudios sobre roedores macho. Cuando se les preguntó al respecto, alegaron que estudiar a las hembras requería más tiempo y mayor coste debido a que sus hormonas son más complicadas.

El dolor y el sufrimiento que resultan de este desinterés por las diferencias de sexo han sido devastadores para la salud y el bienestar humanos. Éste no es el momento de dejar de promover una mejor comprensión de las diferencias biológicas entre los sexos, ni de dejar de pelear por una mejor atención sanitaria para las mujeres. La salud de la mujer es la salud de todos. En esta época de grandes oportunidades en el campo de la medicina, en la que nos comprometemos a rehacer el tejido de la atención sanitaria, debemos recordar que está en juego el bienestar de las futuras generaciones de hombres, mujeres y niños.

Te invito a unirte a mí en la lucha por una atención sanitaria más equitativa y eficaz para las mujeres, y a leer, releer y compartir este libro para alcanzar una mejor comprensión de la realidad, la singularidad y las contribuciones particulares del cerebro femenino.

LOUANN BRIZENDINE
Sausalito, California

Agradecimientos

Este libro tuvo sus comienzos durante mis años de educación en las universidades de California, Berkeley; Yale; Harvard; y el University College de Londres. Es por esto que me gustaría dar las gracias a los profesores y compañeros que más influyeron en mi pensamiento durante aquellos años: Frank Beach, Mina Bissel, Henry Black, Bill Bynum, Dennis Charney, Marion Diamond, Marilyn Farquar, Carol Gilligan, Paul Greengard, Tom Guteil, Les Havens, Florence Haseltine, Marjorie Hayes, Peter Hornick, Stanley Jackson, Valerie Jacoby, Kathleen Kells, Kathy Kelly, Adrienne Larkin, Howard Levitin, Mel Lewis, Charlotte McKenzie, David Mann, Daniel Mazia, William Meissner, Jonathan Muller, Fred Naftolin, George Palade, Roy Porter, Sherry Ryan, Carl Salzman, Leon Shapiro, Rick Shelton, Gunter Stent, Frank Thomas, Janet Thompson, George Vaillant, Roger Wallace, Clyde Willson, Fred Wilt y Richard Wollheim.

Durante los años que pasé en la facultad de Harvard y en la de California, San Francisco, influyeron en mi pensamiento Bruce Ames, Cori Bargmann, Regina Casper, Francis Crick, Mary Dallman, Herb Goldings, Deborah Grady, Joel Kramer, Fernand Labrie, Jeanne Leventhal, Sindy Mellon, Michael Merzenich, Joseph Morales, Eugene Roberts, Laurel Samuels, Carla Shatz,

Stephen Stahl, Elaine Storm, Marc Tessier-Lavigne, Rebecca Turner, Victor Viau, Owen Wolkowitz y Chuck Yingling.

Mis colegas, equipo, residentes, estudiantes de medicina y pacientes del Women's and Teen Girls' Mood and Hormone Clinic han contribuido de muchas maneras a la escritura de este libro: Denise Albert, Raya Almufti, Amy Berlin, Cathy Christensen, Karen Cliffe, Allison Doupe, Judy Eastwood, Louise Forrest, Adrienne Fratini, Lyn Gracie, Marcie Hall-Mennes, Steve Hamilton, Caitlin Hasser, Dannah Hirsch, Susie Hobbins, Fatima Imara, Lori Lavinthal, Karen Leo, Shana Levy, Katherine Malouh, Faina Nosolovo, Sarah Prolifet, Jeanne St. Pierre, Veronica Saleh, Sharon Smart, Alla Spivak, Elizabeth Springer, Claire Wilcox y Emily Wood.

También doy las gracias a mis otros colegas, estudiantes y equipo del Langley Porter Psychiatric Institute y de la Universidad de California, en San Francisco, por sus valiosas aportaciones: Alison Adcock, Regina Armas, Jim Asp, Renee Binder, Kathryn Bishop, Mike Bishop, Alla Borik, Carol Brodsky, Marie Caffey, Lin Cerles, Robin Cooper, Haile Debas, Andrea DiRocchi, Glenn Elliott, Stu Eisendrath, Leon Epstein, Laura Esserman, Ellen Haller, Dixie Horning, Mark Jacobs, Nancy Kaltreider, David Kessler, Michael Kirsch, Laurel Koepernick, Rick Lannon, Bev Lehr, Descartes Li, Jonathan Lichtmacher, Elaine Lonnergan, Alan Louie, Theresa McGuinness, Robert Malenka, Charlie Marmar, Miriam Martinez, Craig Nelson, Kim Norman, Chad Peterson, Anne Poirier, Astrid Prackatzch, Victor Reus, John Rubenstein, Bryna Segal, Lynn Schroeder, John Sikorski, Susan Smiga, Anna Spielvogel, David Taylor, Larry Tecott, Renee Valdez, Craig Van Dyke, Mark Van Zastrow, Susan Voglmaier, John Young y Leonard Zegans.

Me siento muy agradecida a aquellos que han leído y hecho la crítica de algunos borradores del libro: Carolyn

Balkenhol, Marcia Barinaga, Elizabeth Barondes, Diana Brizendine, Sue Carter, Sarah Cheyette, Diane Cirrincione, Theresa Crivello, Jennifer Cummings, Pat Dodson, Janet Durant, Jay Giedd, Mel Grumbach, Dannah Hirsch, Sarah Hrdy, Cynthia Kenyon, Adrienne Larkin, Jude Lange, Jim Leckman, Louisa Llanes, Rachel Llanes, Eleanor Maccoby, Judith Martin, Diane Middlebrook, Nancy Milliken, Cathy Olney, Linda Pastan, Liz Perle, Lisa Queen, Rachel Rokicki, Dana Slatkin, Millicent Tomkins y Myrna Weissman.

El trabajo aquí presentado se ha beneficiado particularmente de la investigación y escritos de Marty Altemus, Arthur Aron, Simon Baron-Cohen, Jill Becker, Andreas Bartels, Lucy Brown, David Buss, Larry Cahill, Anne Campbell, Sue Carter, Lee Cohen, Susan Davis, Helen Fisher, Jay Giedd, Jill Goldstein, Mel Grumbach, Andy Guay, Melissa Hines, Nancy Hopkins, Sarah Hrdy, Tom Insel, Bob Jaffe, Martha McClintock, Erin McClure, Eleanor Maccoby, Bruce McEwen, Michael Meaney, Barbara Parry, Don Pfaff, Cathy Roca, David Rubinow, Robert Sapolsky, Peter Schmidt, Nirao Shah, Barbara Sherwin, Elizabeth Spelke, Shelley Taylor, Kristin Uvnäs-Moberg, Sandra Witelson, Sam Yen, Kimberly Yonkers y Elizabeth Young.

También doy las gracias a quienes me han apoyado con animadas e influyentes conversaciones acerca del cerebro femenino durante los últimos años: Bruce Ames, Giovanna Ames, Elizabeth Barondes, Jessica Barondes, Lynne Krilich Benioff, Marc Benioff, Reveta Bowers, Larry Ellison, Melanie Craft Ellison, Cathy Fink, Steve Fink, Milton Friedman, Hope Frye, Donna Furth, Alan Goldberg, Andy Grove, Eva Grove, Anne Hoops, Jerry Jampolsky, Laurene Powell Jobs, Tom Kornberg, Josh Lederberg, Marguerite Lederberg, Deborah Leff, Sharon Agopian Melodia, Shannon O'Rourke, Judy Rapoport, Jeanne Robertson, Sandy Robertson, Joan Ryan, Dagmar

Searle, John Searle, Garen Staglin, Shari Staglin, Millicent Tomkins, Jim Watson, Meredith White, Barbara Willenborg, Marilyn Yalom y Jody Kornberg Yeary.

Deseo asimismo expresar mi agradecimiento a las fundaciones y organizaciones privadas que han apoyado mi trabajo: Lynne y Marc Benioff, Larry Ellison, la Lawrence Ellison Medical Foundation, el National Center for Excellence in Women's Health en la UCSF, la Osher Foundation, la Salesforce.com Foundation, la Staglin Family Music Festival for Mental Health, la Stanley Foundation y el Departamento de Psiquiatría de la UCSF.

Este libro fue desarrollado inicialmente gracias a la habilidad y el talento de Susan Wels, que me ayudó a escribir el primer borrador y a organizar cantidades ingentes de material. Tengo con ella la mayor deuda de gratitud.

Estoy muy agradecida a Liz Perle, que me persuadió al principio de que escribiera este libro, y a otros que creyeron en él y trabajaron duro para hacerlo realidad: Susan Brown, Rachel Lehmann-Haupt, Deborah Chiel, Marc Haeringer y Rachel Rokicki. Mi agente, Lisa Queen, de Queen Literary, ha sido una gran ayuda y ha aportado muchas sugerencias brillantes en todo el proceso.

Me siento especialmente agradecida a Amy Hertz, vicepresidenta y editora de Morgan Road Books, quien creyó en este proyecto desde el principio y siguió pidiendo revisiones de excelencia y ejecución para crear un relato en el cual la ciencia resulte amena.

Quiero también dar las gracias a mi hijo, Whitney, que toleró este largo y exigente proyecto con simpatía e hizo importantes aportaciones al capítulo de los adolescentes.

Por encima de todo, agradezco a mi esposo, Sam Barondes, su sabiduría, paciencia infinita, consejo editorial, perspicacia científica, amor y apoyo.

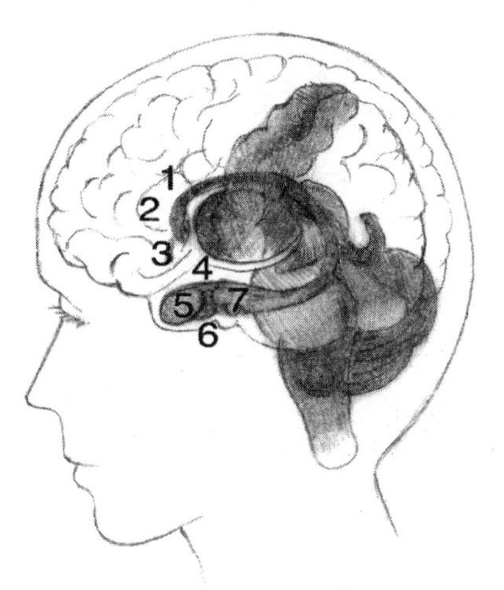

1. CÓRTEX CINGULADO ANTERIOR (CCA): sopesa las opciones, toma decisiones. Es el centro de las preocupaciones menores y es mayor en las mujeres que en los hombres.

2. CÓRTEX PREFRONTAL (CPF): la reina que gobierna las emociones y evita que se vuelvan desmedidas. Pone freno a la amígdala. Es mayor en las mujeres, y madura uno o dos años antes en las mujeres que en los hombres.

3. ÍNSULA: centro que procesa los sentimientos viscerales. Mayor y más activa en las mujeres.

4. HIPOTÁLAMO: director de la sinfonía hormonal; pone en marcha las gónadas. Comienza a funcionar antes en las mujeres.

5. AMÍGDALA: la bestia salvaje que llevamos dentro; núcleo de los instintos, domada solamente por el CPF. Es mayor en los varones.

6. GLÁNDULA PITUITARIA: produce las hormonas de la fertilidad, producción de leche y comportamiento de crianza. Ayuda a poner en marcha el cerebro maternal.

7. HIPOCAMPO: el elefante que nunca olvida una pelea, un encuentro romántico o un momento de ternura, ni deja que lo olvides tú. Mayor y más activo en las mujeres.

Elenco de los actores neurohormonales

(en otras palabras, cómo afectan las hormonas al cerebro de una mujer)

Los actores que tu médico conoce:

ESTRÓGENO: el rey; potente, ejecutivo, arrollador; a veces totalmente utilitario, a veces seductor agresivo; amigo de la dopamina, la serotonina, la oxitocina, la acetilcolina y la norepinefrina (las sustancias químicas que hacen que el cerebro se sienta bien).

PROGESTERONA: permanece en segundo plano, pero es hermana poderosa del estrógeno; aparece intermitentemente y a veces es una nube tormentosa que cambia los efectos del estrógeno; otras veces es un agente estabilizador; madre de la alopregnanolona (el Valium del cerebro, es decir la *chill pill*).

TESTOSTERONA: rápida, enérgica, centrada, arrolladora, masculina, seductora, vigorosa, agresiva, insensible; no está para mimos.

Los actores que tu médico tal vez no conozca y también afectan al cerebro femenino:

OXITOCINA: esponjosa, parece un gatito ronroneante; mimosa, providente, como la madre tierra; el hada buena

Glinda en *El mago de Oz*; encuentra placer en ayudar y servir; hermana de la vasopresina (la hormona masculina socializante), hermana del estrógeno, amiga de la dopamina (otra sustancia química que hace sentir bien al cerebro).

CORTISOL: crispado, abrumado, estresado; altamente sensible, física y emocionalmente.

VASOPRESINA: sigilosa, en segundo plano, energías masculinas sutiles y agresivas; hermana de la testosterona, hermana de la oxitocina (hace que uno se conecte de modo activo, masculino, igual que la oxitocina).

DHEA: reservorio de todas las hormonas; omnipresente, dominante, mantenedora de la neblina de la vida; energética; padre y madre de la testosterona y el estrógeno, apodada «la hormona madre», Zeus y Hera de todas las hormonas; con una fuerte presencia en la juventud, se reduce hasta la nada en la vejez.

ANDROSTENEDIONA: madre de la testosterona en los ovarios; fuente de descaro; animada en la juventud, disminuye en la menopausia y muere con los ovarios.

ALOPREGNANOLONA: la hija suntuosa, calmante y apaciguadora de la progesterona; sin ella nos sentimos irritables; es sedativa, relajante, tranquilizadora; neutraliza cualquier estrés; tan pronto desaparece, todo es abstinencia cargada de mal humor; su marcha repentina es la clave central del SPM, los tres o cuatro días anteriores al período de la mujer.

Fases de la vida de una mujer

Las hormonas pueden determinar qué le interesa hacer al cerebro. Ayudan a guiar las conductas alimenticias, sociales, sexuales y agresivas. Pueden influir en el gusto por la conversación, el flirteo, las fiestas (como anfitrión o invitado), la programación de citas de juegos infantiles, el envío de notas de agradecimiento, las caricias, la preocupación por no herir sentimientos ajenos, la competición, la masturbación y la iniciación sexual.

	PRINCIPALES CAMBIOS HORMONALES	LO QUE LAS MUJERES TIENEN Y LOS HOMBRES NO
FETAL	El crecimiento y desarrollo del cerebro no se alteran por la testosterona elevada de un cerebro masculino.	Las células cerebrales son xx, lo que significa más genes para un rápido desarrollo cerebral y de lo circuitos específicamente femeninos.
NIÑEZ	El estrógeno se segrega en cantidades masivas desde los 6 hasta los 24 meses; después la pausa juvenil desconecta las hormonas.	Estrógeno elevado hasta dos año después del nacimiento.
PUBERTAD	Aumento del estrógeno, la progesterona y la testosterona; comienzo del ciclo menstrual.	Más estrógeno y menos testosterona; los cerebros de las chicas se desarrollan dos años antes que los de los chicos.
MADUREZ SEXUAL, MUJER SOLTERA	El estrógeno, la progesterona y la testosterona cambian cada día del mes.	Más concentración en las relaciones, en encontrar un compañero para toda la vida y e escoger una carrera o trabajo compatible con los intereses de familia.
EMBARAZO	Enorme incremento de la progesterona, estrógeno.	Más concentración en el hogar, e cómo será abastecida la familia; menos en la carrera y la competencia.
LACTANCIA	Oxitocina, prolactina.	Concentración exclusiva en el bebé.
CRIANZA	Oxitocina; progesterona, testosterona y estrógeno cíclicos.	Menos interés en el sexo, más preocupación por los niños.
PERIMENOPAUSIA	Ciclos erráticos de estrógeno, progesterona y testosterona	Interés fluctuante en el sexo, sueño errático, más fatiga, preocupación, cambios de humo e irritabilidad.
MENOPAUSIA	Estrógeno bajo y nada de progesterona. FSH/LH elevados (hormona folículo estimulante/ hormona luteinizante).	El último cambio brusco causad por las hormonas.
POSMENOPAUSIA	Progesterona y estrógeno bajos y constantes; oxitocina más baja.	Más tranquilidad.

CAMBIOS CEREBRALES ESPECÍFICOS DE LA MUJER	CAMBIOS DE LA REALIDAD
Los circuitos cerebrales femeninos para la comunicación, los sentimientos viscerales, la memoria emocional y la contención de la ira crecen sin reducirse; no está presente ninguna testosterona elevada masculina para matar todas estas células.	Más circuitos cerebrales para la comunicación, comprensión de emociones, matices sociales, habilidades para la crianza; aptitud para utilizar ambos lados del cerebro.
Mejoran los circuitos verbales y emocionales.	Mayor interés en el atractivo sexual, iniciativas amorosas desesperadas, distanciamiento de los padres.
Aumento de la sensibilidad y crecimiento de los circuitos de estrés, verbales, emocionales y del sexo.	Interés volcado en encontrar pareja, amor y desarrollo de la carrera.
Madurez más temprana de los circuitos de toma de decisiones y del control emocional.	Interés predominante por el propio bienestar físico, por enfrentarse a la fatiga, la náusea y el hambre, y por no dañar al feto; supervivencia en el lugar de trabajo; planteamiento de la baja por maternidad.
Contención de los circuitos del estrés; cerebro tranquilizado por la progesterona; contracciones cerebrales; las hormonas procedentes del feto y la placenta se apoderan del cerebro y del cuerpo.	Concentración centrada en enfrentarse a la fatiga; pezones doloridos, producción de leche, que se realiza durante las 24 horas siguientes.
Los circuitos del estrés siguen contenidos todavía; los circuitos del sexo y la emoción están bloqueados por el cuidado del niño.	Interés enfocado en el bienestar, desarrollo, educación y seguridad de los niños; adaptación al aumento de estrés y trabajo.
Aumento de la función de los circuitos del estrés, la preocupación y los lazos emocionales.	Interés volcado en sobrevivir día a día y enfrentarse a los altibajos emocionales.
Sensibilidad decreciente al estrógeno en ciertos circuitos.	Interés volcado en conservar la salud, aumentar el bienestar y asumir nuevos retos.
Declinan los circuitos alimentados por estrógeno, oxitocina y progesterona.	Interés volcado en hacer lo que «tú» quieres hacer; menos interés en cuidar de los demás.
Circuitos menos reactivos al estrés, menos emocionales.	

EL CEREBRO FEMENINO

Introducción

Lo que nos hace mujeres

Más del 99 % del código genético de los hombres y las mujeres es exactamente el mismo. Considerando los genes que hay en el genoma humano (30.000), la variación de menos del 1 % entre los sexos resulta pequeña, pero esa diferencia de porcentaje influye en cualquier pequeña célula de nuestro cuerpo, desde los nervios que registran placer y sufrimiento, hasta las neuronas que transmiten percepción, pensamientos, sentimientos y emociones.[1]

Para el ojo observador, los cerebros de las mujeres y los de los hombres no son iguales. Los cerebros de los varones son más grandes en alrededor de un 9 %, incluso después de la corrección por tamaño corporal. En el siglo XIX los científicos infirieron de esa diferencia que las mujeres tenían menos capacidad mental que los hombres. Las mujeres y los hombres, sin embargo, tienen el mismo número de células cerebrales. Es sólo que las células están agrupadas con mayor densidad en las mujeres, como embutidas en un corsé, dentro de un cráneo más pequeño.

Durante gran parte del siglo XX la mayoría de los científicos creyeron que las mujeres eran esencialmente hombres limitados desde un punto de vista neurológico y en todos los demás sentidos, excepto en lo tocante a las funciones reproductivas. Esa creencia ha seguido siendo el meollo de duraderos malentendidos acerca de la psicología y fisiología femeninas. Cuando se miran las diferencias cerebrales con algo más de profundidad, éstas revelan qué hace que las mujeres sean mujeres y los hombres, hombres.

Hasta la década de los noventa los investigadores dedicaron poca atención a la fisiología, neuroanatomía o psicología femeninas, como diferenciadas de las de los varones. Yo misma capté esta impresión durante mis años de estudiante de neurobiología en Berkeley, a finales de los años setenta, durante mi formación médica en Yale, y durante mi preparación como psiquiatra en el Massachusetts Mental Health Center, en la Harvard Medical School. Mientras estudiaba en cada una de estas instituciones, aprendí poco o nada acerca de las diferencias biológicas o neurológicas de la mujer, aparte del embarazo. Cierta vez que un profesor presentó un trabajo en una clase de Yale acerca del comportamiento animal, levanté la mano y pregunté qué resultados había dado la investigación en lo referente a las hembras según aquel estudio. El profesor se desentendió de mi pregunta declarando: «Nunca empleamos hembras en esos estudios; sus ciclos menstruales nos embarullarían los datos.»

La escasa investigación de que se disponía indicaba, sin embargo, que las diferencias cerebrales, aunque sutiles, eran profundas. Como residente en psiquiatría me interesó mucho el hecho de que había el doble de casos de depresión entre las mujeres que entre los varones.[2] Nadie ofrecía razonamientos claros sobre esta discrepancia. Dado que yo había cursado el bachillerato en el apogeo del movimiento feminista, mis explicaciones personales tendían a lo político y a lo psicológico. Adopté la actitud típica de los setenta sobre que la culpa era de los patriarcas de la cultura occidental. Ellos habrían mantenido reprimidas a las mujeres y las habrían convertido en menos funcionales que los hombres. Sin embargo, esta explicación de por sí no acababa de encajar: había nuevos estudios que revelaban la misma proporción de depresiones en todo el mundo. Empecé a pensar que estaba ocurriendo algo más importante, más básico y biológico.

Cierto día me impresionó saber que las ratios de depresión de hombres y mujeres no empezaban a divergir hasta que éstas cumplían doce o trece años, edad en que las chicas comenzaban a menstruar. Se diría que los cambios químicos en la pubertad actuaban de alguna manera en el cerebro, de modo que se desencadenaba más depresión entre las mujeres. En aquella época había pocos científicos que investigaran semejante relación y a la mayoría de los psiquiatras, como a mí, se nos había instruido según la teoría psicoanalítica tradicional que examinaba la experiencia de la infancia, pero no consideraba que la química específica del cerebro femenino jugase un papel en ella. Cuando empecé a tomar en cuenta el estado hormonal de una mujer al evaluarla psiquiátricamente, descubrí los enormes efectos neurológicos que tienen sus hormonas, durante diversos estadios de la vida, en la configuración de sus deseos, de sus valores y del modo mismo en que percibe la realidad.

Mi primera revelación acerca de las diferentes realidades creadas por las hormonas sexuales llegó cuando empecé a tratar a mujeres afectadas por lo que denomino síndrome cerebral premenstrual extremo.[3] Durante la menstruación, el cerebro femenino cambia un poco cada día. Algunas partes del mismo cambian cada mes hasta el 25 %.[4] Las cosas se ponen difíciles a veces, pero para la mayoría de las mujeres los cambios resultan manejables. Aun así, algunas pacientes acudieron a mí ya que ciertos días se sentían tan alteradas por sus hormonas que no podían trabajar ni hablar con nadie, porque o les daba por romper a llorar o por ponerse hechas unas fieras.[5] En la mayoría de las semanas del mes se mostraban emprendedoras, inteligentes, productivas y optimistas, pero una simple oscilación en el fluido hormonal que llegaba a sus cerebros las dejaba determinados días con la sensación de un futuro tenebroso, de odio a sí mismas y a sus vidas. Tales ideas parecían reales y sólidas; esas mujeres actuaban como si éstas fueran hechos y hubieran de durar siempre, aun cuando surgían solamente de sus altibajos hormonales cerebrales. Apenas cambiaba la marea volvían a dar lo mejor de sí mismas. Semejante forma extrema de SPM, que se manifiesta sólo en un pequeño porcentaje de mujeres, me hizo ver cómo la realidad de un cerebro femenino puede cambiar por poca cosa.

Si la realidad de una mujer podía cambiar radicalmente de semana en semana, lo mismo cabría decir de los cambios hormonales masivos que ocurren a lo largo de la vida de una mujer. Yo quería tener la oportunidad de averiguar más acerca de esas posibilidades a una escala más amplia y, por eso, en 1994 fundé la Women's Mood and Hormone Clinic en el Departamento de Psiquiatría de la Universidad de California, en San Francisco. Fue una de las primeras clínicas del país dedicadas a observar los estados del cerebro femenino y cómo la neuroquímica y las hormonas afectan a su humor.

Lo que hemos encontrado es que el cerebro femenino se ve tan profundamente afectado por las hormonas que puede decirse que la influencia de éstas crea una realidad femenina. Pueden conformar los valores y deseos de una mujer, decirle día a día lo que es importante. Su presencia se siente en cualquier etapa de la vida, desde el mismo nacimiento. Cada estado hormonal —años de infancia, de adolescencia, de citas amorosas, de maternidad y de menopausia— actúa como fertilizante de diversas conexiones neurológicas, responsables de nuevos pensamientos, emociones e intereses. A causa de las fluctuaciones que comienzan nada menos que a los tres meses y duran hasta después de la menopausia, la realidad neurológica de una mujer no es tan constante como la de un hombre. La de él es como una montaña que los glaciares, el tiempo y los profundos movimientos tectónicos de la tierra van erosionando de manera imperceptible a lo largo de los milenios. La de ella es más bien como el clima, siempre cambiante y difícil de predecir.

La nueva ciencia cerebral ha transformado rápidamente nuestro concepto sobre las diferencias básicas neurológicas entre hombres y mujeres. Antes los científicos sólo podían investigar estas diferencias estudiando los cerebros de cadáveres o los síntomas de individuos con daños cerebrales. Ahora, gracias a los avances de la genética y la tecnología de neuroimagen no invasiva, ha tenido lugar una completa revolución en la teoría y la investigación neurocientíficas. Las nuevas herramientas, como la tomografía por emisión de positrones (PET) y las imágenes por resonancia magnética funcional (IRMf), nos permiten ahora ver dentro del cerebro humano en tiempo real, mientras resuelve problemas, produce palabras, rememora recuerdos, advierte expresiones faciales, establece confianza, se enamora, escucha cómo lloran los bebés, siente depresión, miedo y ansiedad.

Como resultado, los científicos han documentado una sorprendente colección de diferencias cerebrales estructurales, químicas, genéticas, hormonales y funcionales entre mujeres y varones. Hemos aprendido que los hombres y las mujeres tienen diferentes sensibilidades cerebrales ante el estrés y el conflicto. Utilizan distintas áreas y circuitos cerebrales para resolver los problemas, procesar el lenguaje, experimentar y almacenar la misma emoción intensa.[6] Las mujeres pueden recordar hasta el menor detalle de sus primeras citas y sus mayores enfrentamientos, mientras que sus maridos apenas recuerdan que esas cosas hayan sucedido. La estructura y química cerebrales son las causantes de que esto sea así.

Los cerebros femenino y masculino procesan de diferentes maneras los estímulos, oír, ver, «sentir» y juzgar lo que otros están sintiendo. Nuestros distintos sistemas cerebrales operativos en el hombre y la mujer son en su mayoría compatibles y afines, pero realizan y cumplen los mismos objetivos y tareas utilizando circuitos distintos. En un estudio alemán, los investigadores dirigieron exploraciones cerebrales de varones y mujeres mientras alternaban mentalmente formas abstractas tridimensionales. No hubo diferencias de comportamiento entre hombres y mujeres, pero hubo diferencias significativas, específicamente sexuales, en los circuitos cerebrales que activaron para completar la tarea.[7] Las mujeres lanzaban pistas cerebrales relacionadas con la identificación visual y pasaban más tiempo que los hombres dando forma a los objetos en sus mentes. Este hecho tan sólo significaba que las mujeres necesitaban más tiempo para llegar a la misma respuesta. También mostraba que las mujeres realizan las mismas funciones cognitivas que los varones, pero lo hacen empleando diferentes circuitos cerebrales.[8]

Bajo un microscopio o un examen por IRMf, las diferencias entre cerebros masculinos y femeninos se revelan complejas y extensas. En los centros cerebrales para el lenguaje y el oído, por ejemplo, las mujeres tienen un 11 % más de neuronas que los hombres.[9] El eje principal de la formación de la emoción y la memoria —el hipocampo— es también mayor en el cerebro femenino, igual que los circuitos cerebrales para el lenguaje y la observación de las emociones de los demás.[10] Esto significa que las mujeres, por término medio, expresan mejor las emociones y recuerdan mejor los detalles de acontecimientos emocionales. Los hombres, en cambio, tienen dos veces y media más de espacio cerebral dedicado al impulso sexual, igual que centros cerebrales más desarrollados para la acción y la agresividad. Los pensamientos sexuales flotan en el cerebro masculino muchas veces al día por término medio; por el de una mujer, sólo una vez al día. Quizá tres o cuatro veces en sus días más febriles.[11]

Estas variaciones estructurales básicas podrían explicar diferencias de percepción. Un estudio exploró los cerebros de hombres y mujeres, observando la escena neutra de un hombre y una mujer que mantenían una conversación. Las áreas sexuales de los cerebros masculinos chispearon de inmediato; lo vieron como una cita sexual en potencia. Los cerebros femeninos no tuvieron ninguna actividad en las áreas sexuales y consideraron que la situación era sencillamente la de dos personas que hablaban.[12]

Los hombres también tienen procesadores mayores en el núcleo del área más primitiva del cerebro, la amígdala, que registra el miedo y dispara la agresión.[13] De ahí que algunos hombres puedan pasar de cero a una lucha a puñetazos en cuestión de segundos, mientras que muchas mujeres intentarán evitar el conflicto a cualquier precio.[14] Pero el estrés psicológico del conflicto se registra más profundamente en zonas del cerebro femenino. Aunque vivimos en el mundo urbano moderno, habitamos cuerpos hechos para vivir en la naturaleza salvaje, y cada cerebro femenino lleva en su interior los antiguos circuitos de sus vigorosísimas antepasadas, diseñadas para el éxito genético, pero manteniendo los instintos profundamente instalados que se desarrollaron como respuesta al estrés experimentado en el antiguo mundo salvaje.[15] Nuestras respuestas al estrés estaban diseñadas para reaccionar ante el peligro físico y situaciones de amenaza vital. Ahora empareja esta respuesta al estrés con los modernos desafíos de hacer juegos malabares con las exigencias de la casa, los niños y el trabajo, sin apoyo suficiente, y obtendrás como resultado una situación en la cual las mujeres pueden llegar a percibir unas meras facturas impagadas como un estrés que parece amenazar la vida. Esta respuesta impele al cerebro femenino a reaccionar como si la familia estuviera en riesgo de catástrofe.[16] El cerebro masculino no tendrá la misma percepción, a menos que exista amenaza de peligro físico inmediato. Estas variaciones estructurales básicas de sus cerebros constituyen el fundamento de muchas diferencias cotidianas en el comportamiento y experiencias vitales de hombres y mujeres.

Los instintos biológicos son las claves para entender cómo estamos diseñados y son también las claves de nuestro éxito hoy. Si uno es consciente de que un estado biológico del cerebro guía nuestros impulsos, puede elegir entre no actuar o actuar de modo diferente de aquel al que se siente impelido. Sin embargo, primero tenemos que aprender a reconocer cómo está estructurado genéticamente el cerebro femenino y cómo lo configuran la evolución, la biología y la cultura. Sin este reconocimiento, la biología se convierte en destino y quedaremos desvalidos ante ella.

La biología representa el fundamento de nuestras personalidades y de nuestras tendencias de comportamiento. Si en nombre del libre albedrío —y de la corrección política— intentamos refutar la influencia de la biología en el cerebro, empezaremos a combatir nuestra propia naturaleza. Cuando reconocemos que nuestra biología se ve influenciada por otros factores, incluyendo nuestras hormonas sexuales y su fluir, podemos evitar que el proceso establezca una realidad física que nos gobierne. El cerebro no es sino una máquina de aprender dotada de talento. No hay nada que esté absolutamente fijado. La biología afecta de forma poderosa, pero no aherroja nuestra realidad. Podemos alterar dicha realidad y usar nuestra inteligencia y determinación, ya sea para celebrar o para cambiar, cuando resulte necesario, los efectos de las hormonas sexuales en la estructura del cerebro, en el comportamiento, la realidad, la creatividad y el destino.

• • •

Los varones y las mujeres tienen el mismo nivel promedio de inteligencia, pero la realidad del cerebro femenino se ha malinterpretado a menudo, por entender que está menos capacitado en ciertas áreas como las matemáticas y la ciencia.[17] En enero de 2005 Lawrence Summers, presidente a la sazón de la Universidad de Harvard, sobresaltó e indignó a sus colegas —y al público— cuando en un discurso pronunciado en la Oficina Nacional de Investigación Económica (NBER) dijo: «Se puede ver que en muchísimos atributos humanos diferentes (aptitud matemática, aptitud científica) existe una evidencia bastante clara de que, prescindiendo de la diferencia en medios (que puede ser discutida), existe una diferencia en la desviación estándar y en la variabilidad de una población masculina y otra femenina. Y esto es verdad en lo tocante a atributos que están o no determinados culturalmente de modo plausible.»[18] El público entendió que el orador afirmaba que las mujeres están, por tanto, congénitamente menos dotadas que los hombres para convertirse en matemáticas o científicas de primera fila.

Si se analiza la investigación vigente, Summers tenía y no tenía razón. Hoy día sabemos que cuando los chicos y las chicas llegan a la adolescencia, no hay diferencia en sus aptitudes matemáticas y científicas.[19] En este punto Summers se equivocaba. Pero en cuanto el estrógeno inunda el cerebro femenino, las mujeres empiezan a concentrarse intensamente en sus emociones y en la comunicación: hablar por teléfono y citarse con sus amigas en la calle. Al mismo tiempo, a medida que la testosterona invade el cerebro masculino, los muchachos se vuelven menos comunicativos y se obsesionan por lograr hazañas, tanto en deporte como en el asiento trasero de un coche. En la fase en que los chicos y las chicas comienzan a decidir las trayectorias de sus carreras, ellas empiezan a perder interés en empeños que requieran más trabajo solitario y menos interacciones con los demás, mientras que a ellos no les cuesta nada retirarse a solas a sus alcobas para pasar horas delante del ordenador.[20]

Desde edad temprana mi paciente Gina tenía una aptitud extraordinaria para las matemáticas. Se hizo ingeniera, pero a los veintiocho años luchaba con su deseo de una carrera más orientada hacia la gente que, además, le permitiera llevar una vida familiar. Le gustaban los rompecabezas mentales implicados en la resolución de problemas de ingeniería, pero echaba de menos el contacto diario con la gente, de modo que pensaba en cambiar de carrera. Éste no es un conflicto insólito entre las mujeres. Mi amiga, la científica Cori Bargmann, me dijo que muchas de sus amigas más inteligentes dejaron la ciencia para pasar a campos que consideraban más sociales. Éstas son decisiones sobre valores que en realidad vienen configurados por los efectos hormonales sobre el cerebro femenino que empujan a la conexión y comunicación. El hecho de que pocas mujeres terminen dedicándose a la ciencia no tiene nada que ver con deficiencias del cerebro femenino en las matemáticas y la ciencia. En esto Summers se equivocó de parte a parte. Tenía razón en cuanto a que hay pocas mujeres en una posición de alto nivel en ciencia e ingeniería, pero andaba totalmente desencaminado al sostener que las mujeres no culminan estas carreras por falta de capacidad.[21]

El cerebro femenino tiene muchas aptitudes únicas: sobresaliente agilidad mental, habilidad para involucrarse a fondo en la amistad, capacidad casi mágica para leer las caras y el tono de voz en cuanto a emociones y estados de ánimo se refiere, destreza para desactivar conflictos.[22] Todo esto forma parte de circuitos básicos de los cerebros femeninos. Son los talentos con los que ellas han nacido y que los hombres, siendo francos, no tienen. Ellos han nacido con otros talentos, configurados por su propia realidad hormonal. Pero eso es el tema de otro libro.

• • •

Durante veinte años he esperado ansiosamente algunos progresos en el conocimiento del cerebro y el comportamiento de la mujer mientras trataba a mis pacientes femeninas. Sólo a la vuelta del milenio comenzó a emerger esa emocionante investigación, revelando cómo la estructura, función y química del cerebro de una mujer afectan a su humor, procesos de pensamiento, energía, impulsos sexuales, comportamiento y bienestar. Este libro constituye una guía del usuario de la nueva investigación acerca del cerebro femenino y los sistemas «neurocomportamentales» que nos convierten en mujeres. Surge de mis veinte años de experiencia clínica como neuropsiquiatra. Recoge avances espectaculares en nuestra comprensión de la genética, la neurociencia molecular, la endocrinología fetal y pediátrica, y el desarrollo neurohormonal. Presenta muestras de neuropsicología, neurociencia cognoscitiva, desarrollo infantil, neuroimagen y psiconeuroendocrinología. Explora la primatología, los estudios de animales y la observación infantil, buscando enfoques de cómo una combinación de naturaleza y educación programan determinados comportamientos en el cerebro femenino.

A causa de este progreso, al fin entramos en una era en la que las mujeres pueden comenzar a entender que su biología es distinta y cómo afecta a sus vidas. Todos nosotros sabemos por experiencia que tanto hombres como mujeres pueden ser astronautas, artistas, altos ejecutivos, médicos, ingenieros, líderes políticos o padres, y que pueden hacer frente a la crianza de los hijos. Mi misión personal ha sido educar a médicos, psicólogos, profesores, enfermeras, farmacéuticos y sus discípulos, con el fin de beneficiar a las mujeres y adolescentes a quienes prestan servicio. He aprovechado cualquier oportunidad de educar a mujeres y adolescentes acerca de su sistema único de mente-cuerpo-comportamiento y ayudarlas a sacar lo mejor de ellas a cualquier edad. Espero que este libro beneficie a muchas más mujeres y jóvenes de las que trato en la clínica. Confío en que el cerebro femenino se contemplará y comprenderá como el instrumento delicadamente afinado y repleto de talento que es en realidad.

1

El nacimiento del cerebro femenino

Leila era como una abejita laboriosa que revoloteara por el patio de recreo, se comunicaba con los demás niños los conociera o no. Al decir frases de dos o tres palabras, acostumbraba a utilizar su sonrisa contagiosa y los movimientos significativos de cabeza para comunicarse y, en efecto, lo lograba. Lo mismo hacían las demás niñas pequeñas. La una decía «muñeca». La otra decía «ir de compras». Se estaba formando una diminuta comunidad, bullanguera a fuerza de parloteo, juegos y familias imaginarias.

A Leila siempre le gustaba ver que su primo Joseph se le acercaba en el patio, pero su alegría nunca duraba mucho: Joseph se apoderaba de las piezas que sus amigas y ella empleaban para hacer una casa. Las quería para hacer un cohete que construía él mismo. Sus compañeros destruían todo lo que Leila y sus amigas habían hecho. Los chicos les daban empujones, se negaban a respetar turnos y no hacían caso cuando las chicas les pedían que parasen o que les devolvieran algún juguete. Al final de la mañana Leila ya se había retirado junto con las chicas al otro extremo del patio. Querían jugar tranquilamente a «las casitas».

El sentido común nos indica que los chicos y las chicas se comportan de modo diferente. Lo vemos cada día en casa, en los juegos y en las clases. Pero lo que la cultura no nos ha dicho es que, en realidad, es el cerebro el que dicta la diferencia de dichas conductas. Los impulsos de los niños y las niñas son tan innatos que tiran de ellos aun cuando nosotros, los adultos, tratemos de empujarlos suavemente hacia otra dirección. Una de mis pacientes regaló a su hija de tres años y medio muchos juguetes unisex, entre ellos un vistoso coche rojo de bomberos en vez de una muñeca. Una tarde irrumpió en la habitación de su hija y la encontró acunando al vehículo en una manta de bebé, meciéndolo y diciendo: «No te preocupes, camioncito, todo irá bien.»

Esto no es producto de la socialización. Aquella niña pequeña no acunaba a su «camioncito» porque su entorno hubiera moldeado así su cerebro unisex. No existe un cerebro unisex. La niña nació con un cerebro femenino, que llegó completo con sus propios impulsos. Las chicas nacen dotadas de circuitos de chicas, y los chicos nacen dotados de circuitos de chicos. Cuando nacen, sus cerebros son diferentes y son los cerebros los que dirigen sus impulsos, sus valores y su misma realidad.

El cerebro configura la manera en que vemos, oímos, olemos y gustamos. Los nervios van desde nuestros órganos sensores directamente hasta el cerebro, que es el que interpreta. Un buen porrazo en la cabeza en el sitio adecuado puede implicar la pérdida de las capacidades olfativa o del gusto. Pero el cerebro hace más que eso. Afecta profundamente a cómo conceptualizamos el mundo; por ejemplo, para pensar si una persona es buena o mala; si nos gusta el tiempo que hace hoy o nos lleva a estar tristes; si nos vemos o no con ganas de encarar las tareas del día. No hace falta ser neurólogo para saberlo. Si alguien se siente un poquito desanimado y toma un buen vaso de vino o una rica onza de chocolate, su actitud puede cambiar. Un día gris y nublado se puede volver radiante, o la irritación que sentías hacia alguien cercano puede disiparse por cómo afectan al cerebro los ingredientes químicos de ese vino o de ese chocolate. Tu realidad inmediata puede cambiar en un instante.

Si las sustancias químicas que actúan sobre el cerebro pueden crear realidades diferentes, ¿qué ocurre cuando dos cerebros tienen diferentes estructuras? No cabe duda de que sus realidades serán diferentes. Los daños cerebrales, los ictus, las lobotomías prefrontales y las heridas en la cabeza pueden cambiar lo que importa a una persona. Pueden incluso cambiar la personalidad de agresiva a mansa o de amable a arisca.

No se trata de que todos empezamos con la misma estructura cerebral. Los cerebros de los machos y las hembras son distintos por naturaleza. Piensa en esto: ¿qué ocurre si el centro de comunicaciones es mayor en un cerebro que en otro? ¿Qué ocurre si el centro de la memoria emocional es mayor en uno que en otro? ¿Qué ocurre si un cerebro desarrolla mayor aptitud que otros a la hora de captar indicios en los demás? En este caso, nos encontraremos ante una persona cuya realidad dictaría que sus valores primarios fueran la comunicación, la conexión, la sensibilidad emocional y la reactividad. Esa persona estimaría tales cualidades por encima de todas y se sentiría desconcertada por otra cuyo cerebro no captara la importancia de aquéllas. En síntesis, tendríamos a alguien dotado de un cerebro femenino.

Nosotros —y me refiero a los médicos y a los científicos— solíamos dar por hecho que el género fue una creación cultural para los humanos, pero no para los animales. En mis años en la Facultad de Medicina, en las décadas de los setenta y los ochenta, ya se había descubierto que los cerebros animales macho y hembra empezaban desarrollándose de modo diferente en el útero, lo que sugería que impulsos como el emparejamiento, el embarazo y la crianza de la prole están plasmados en circuitos del cerebro animal.[1] Sin embargo, se nos ha enseñado que para los humanos las diferencias sexuales provienen principalmente de que los padres lo eduquen como niño o como niña. Ahora sabemos que esto no es del todo cierto y, si retrocedemos al punto en que empezó el asunto, el cuadro resulta más claro.

Imagínate por un momento que estás en una microcápsula que circula a toda velocidad por el canal vaginal, marcándose un viraje cerrado en el curso del cérvix, en vanguardia del tsunami que forma el esperma. Una vez que estés dentro del útero, verás un huevo gigantesco, ondulante, a la espera de aquel afortunado renacuajo que ha tenido agallas suficientes para penetrar por la superficie. Supongamos que el esperma que desarrolló esa galopada lleva un cromosoma X y no Y. *Voilá*, el huevo fertilizado formará una niña.

En el término de sólo treinta y ocho semanas veríamos que esta niña crece y pasa de ser un grupo de células que cabrían en la cabeza de una aguja, a constituir un bebé que pesa un promedio de tres kilos y medio, además de poseer la maquinaria que necesita para sobrevivir fuera del cuerpo de su madre. Pero la mayor parte del desarrollo cerebral que determina los circuitos específicos de su sexo acontece durante las primeras dieciocho semanas del embarazo.

Hasta la octava semana todo cerebro fetal parece femenino; la naturaleza efectúa la determinación del género femenino por defecto. Si dispusiéramos de fotografías periódicas con las que observar un cerebro femenino y otro masculino mientras se desarrollan, veríamos que sus diagramas de circuitos se establecen conforme al proyecto diseñado tanto por los genes como por las hormonas sexuales.[2] En la octava semana se registrará un enorme aflujo de testosterona que convertirá este cerebro unisex en masculino, matando algunas células en los centros de comunicación y haciendo crecer otras más en los centros sexuales y de agresión. Si no se produce la llegada de la testosterona, el cerebro femenino continúa creciendo sin perturbaciones. Las células del cerebro del feto de la niña desarrollarán más conexiones en los centros de comunicación y las áreas que procesan la emoción.[3] ¿Cómo nos afecta esta bifurcación fetal en el camino? Ante todo, porque esta niña, por efecto de su centro de comunicación de mayor tamaño, crecerá más habladora que su hermano. En muchos contextos sociales usará más formas de comunicación que él.[4] Por otro lado, el proceso define nuestro destino biológico congénito, dando color al cristal a través del cual miramos el mundo y nos comprometemos con él.

LEER LA EMOCIÓN EQUIVALE A LEER LA REALIDAD

Lo primero que el cerebro femenino induce a hacer a un bebé es precisamente estudiar los rostros.[5] Una antigua alumna mía, Cara, me traía a su niña, Leila, para vernos en el curso de sus visitas regulares. Nos encantaba observar cómo cambiaba la pequeña a medida que crecía; y la vimos bastante en la etapa posterior al nacimiento y durante el jardín de infancia. Cuando tenía unas pocas semanas, Leila ya estaba estudiando cualquier cara que se le pusiera por delante. Mi equipo y yo tuvimos mucho contacto visual con ella y no tardó en devolvernos las sonrisas. Replicábamos las caras y sonidos del otro y era divertido relacionarse con ella. Deseé llevármela a casa, sobre todo porque no había tenido semejante experiencia con mi hijo.

Me encantaba que esa niña pequeña quisiera mirarme y me habría gustado que mi hijo hubiera tenido igual interés en mi cara; él hacía justo lo contrario. Quería mirar cualquier otra cosa —móviles, luces y pomos de puerta—, pero no a mí. Establecer contacto visual figuraba al final de su lista de cosas interesantes por hacer. En la facultad me enseñaron que todos los niños nacen con la necesidad de mirarse mutuamente, porque ésta es la clave para desarrollar el vínculo madre-hijo, y durante meses pensé que algo funcionaba muy mal con mi hijo. No se conocían en aquella época las muchas diferencias que son específicas del sexo en el cerebro. Se creía que todos los niños tenían circuitos adecuados para escrutar las caras, pero ha resultado que las teorías sobre las primeras etapas del desarrollo infantil estaban sesgadas hacia lo femenino. Son las niñas, no los niños, las que tienen circuitos dispuestos para la observación mutua. Las chicas no experimentan la irrupción de testosterona en el útero, que reduce los centros de comunicación, observación y procesado de la emoción, de modo que su potencial para desarrollar aptitudes en tales terrenos es mucho mejor al nacer que el de los chicos. Durante los primeros tres meses de vida las facultades de una niña en contacto visual y observación facial mutua irán creciendo en un 400 %, mientras que en un niño la aptitud para examinar rostros no se desarrolla nada durante ese tiempo.[6]

Ya desde que nacen, las niñas muestran interés por la expresión emocional. Se interpretan a sí mismas basándose en la mirada, el contacto y cualquier otra reacción de la gente con quienes se relacionan. A partir de estas pistas, las niñas descubren si son valiosas, dignas de ser amadas o un incordio. Pero suprime las indicaciones que proporciona una cara expresiva y habrás eliminado la principal piedra de toque con que un cerebro femenino contrasta la realidad. Observa a una niña pequeña cuando se aproxima a una figura inexpresiva. Lo intentará todo para conseguir un gesto de expresividad. Las niñas pequeñas no toleran las caras insulsas. Interpretan que si se vuelve hacia ellas una cara desprovista de emoción, es señal de que ellas están haciendo algo malo. Tal como los perros que persiguen Frisbees, las niñas no soltarán una cara hasta lograr que reaccione. Pensarán que si hacen lo que corresponde, obtendrán la reacción que esperan. Es la misma especie de instinto que hace que una mujer adulta persiga a un hombre narcisista o emocionalmente inasequible por otra razón: «Si hago exactamente lo que corresponde, me amará.» Ya podemos imaginar, por tanto, el impacto negativo que ejerce en su autoestima en pleno desarrollo la cara inexpresiva y plana de una madre deprimida; incluso la de una que haya recibido demasiadas inyecciones de bótox. La falta de expresión facial causa mucha confusión en una niña y puede llegar a convencerla de que no cae bien a su madre, porque no es capaz de obtener la reacción esperada a su demanda de atención o a su gesto de afecto. A la postre dedicará sus esfuerzos hacia caras que respondan mejor.

Cualquiera que haya educado a chicos y chicas o los haya visto desarrollarse, habrá podido ver que evolucionan de modo distinto, en especial porque las niñas se comunican emocionalmente de maneras que no practican los niños. Sin embargo, la teoría psicoanalítica malinterpretó esta diferencia entre los sexos y estableció que el más intenso escrutinio de los rostros que practican las niñas y su impulso para comunicarse significaba que estaban más «necesitadas» de simbiosis con sus madres.[7] El examen más intenso de caras no indica una necesidad, sino una aptitud innata para la observación. Es una facultad que viene con un cerebro que, al nacer, es más maduro que el de un niño, y se desarrolla más deprisa a lo largo de uno a dos años.[8]

LA ESCUCHA: LA APROBACIÓN Y SER ESCUCHADA

Los círculos cerebrales bien desarrollados para captar significados de rostros y tonos de voz impulsan también a las niñas a analizar desde fases muy tempranas la aprobación social de los demás. Cara se sorprendía de poder llevar a su hija, Leila, a lugares públicos. «Es asombroso.

Nos podemos sentar en un restaurante y Leila sabe, a los dieciocho meses, que si levanto la mano debe dejar de estirar la suya para coger el vaso de vino. Y he observado que si su padre y yo estamos discutiendo, come con los dedos hasta que uno de nosotros la mira. Entonces vuelve a esforzarse por manejar el tenedor.»

Estas breves interacciones muestran que Leila capta indicios partiendo de los rostros de los padres, cosa que su primo Joseph probablemente no habría hecho. Un estudio de la Universidad de Stanford sobre niños y niñas de doce meses muestra diferencias en los deseos y aptitudes de observación. En uno de los casos presentados, se llevó a un bebé y su madre a una habitación, los dejaron solos y les pidieron que no tocaran una vaca de juguete. La madre se puso a un lado. Se grabaron cada movimiento, mirada y expresión. Muy pocas de las niñas tocaron el objeto prohibido, aunque las madres no les dijeron nunca explícitamente que no lo hicieran. Las niñas miraban la cara de las madres diez o veinte veces más que los niños, esperando signos de aprobación o desaprobación. Los niños, en cambio, se movían por la habitación y raras veces observaban el rostro de las madres. Tocaban con frecuencia el objeto prohibido aunque las madres gritaran «¡no!». Los niños de un año, impulsados por su cerebro masculino formado con testosterona, se sentían impelidos a investigar el entorno, incluso aquellos elementos que tenían prohibido tocar.[9]

Comoquiera que sus cerebros no han sufrido una marginación de testosterona en el útero y han quedado intactos sus centros de comunicación y emoción, las chicas llegan al mundo con mejores aptitudes para leer caras y oír tonos vocales humanos.[10] Igual que los murciélagos pueden percibir sonidos que ni los gatos ni los perros captan, las niñas pueden oír una gama más amplia de frecuencias y tonos de sonido de la voz humana que los niños. A una niña le basta con oír una ligera firmeza de la voz de su madre para saber que no debe abrir el cajón que tiene el forro de papel de fantasía. En cambio, habrá que reprimir físicamente a un chico para privarlo de destruir los paquetes de la próxima Navidad. No es que desatienda a su madre; es que físicamente no puede oír el mismo tono de advertencia.

Una niña muestra también perspicacia a la hora de leer a través de la expresión facial si se la está escuchando o no. A los dieciocho meses Leila no era capaz de mantenerse callada. No podíamos comprender nada de lo que intentaba decirnos, pero hacía gestos a todas las personas de la oficina y desataba una corriente de palabras que le parecían muy importantes, buscando la aquiescencia de cada uno de nosotros. Si nos mostrábamos desinteresados aunque fuera un instante o rompíamos el contacto visual durante un segundo, ponía los brazos en jarras, estampaba los pies en el suelo y gruñía enfadada. «¡Escuchadme!», gritaba. Para ella, la falta de contacto visual significaba que no la atendíamos. Sus padres, Cara y Charles, estaban preocupados porque Leila parecía insistir en meterse en todas las conversaciones de la casa. La niña era tan exigente que ellos pensaban que la habían malcriado, pero no era así. Era sólo el cerebro de su hija, en busca de un modo de validar la noción de sí misma.

Ser o no escuchada le indicará a una niña pequeña si los demás la toman en serio, cosa que, a su vez, la llevará a aumentar la sensación de ser o no exitosa. Aunque no estén desarrolladas sus aptitudes de lenguaje, comprende más de lo que expresa y sabe antes que tú si tu mente ha divagado por un instante. La niña puede decir si el adulto la entiende. Si éste se mueve en la misma longitud de onda, en efecto crea en ella la impresión de un yo exitoso o importante. Si no consigue establecer contacto, se siente fracasada. Charles en particular se sorprendió de la atención que requería mantener la relación con su hija, pero vio que, cuando la escuchaba atentamente, ella empezaba a adquirir más confianza.

EMPATÍA

Este circuito superior del cerebro para la comunicación y los tonos emocionales representa un papel temprano en el comportamiento de una niña pequeña.[11] Años más tarde Cara no podía comprender por qué razón su hijo no se calmaba tan rápidamente como su hija Leila cuando lo cogía en brazos. Cara pensaba que era cuestión de temperamento, de una personalidad más caprichosa. Pero puede que fuera también la diferencia sexual de los circuitos cerebrales correspondientes a la empatía. La niña pequeña es capaz de armonizar con mayor facilidad con su madre y responder con rapidez a una conducta tranquilizadora que detenga sus lloros y alborotos. Las observaciones efectuadas durante un estudio en la Harvard Medical School descubrieron que las niñas responden mejor que los niños a las madres.[12]

Otro estudio mostró que las recién nacidas típicas, de menos de veinticuatro horas, responden más a los llantos desesperados de otro niño y a la cara humana que los varones recién nacidos.[13] Las niñas de hasta un año responden más a la desgracia de otras personas, en especial si parecen tristes o doloridas.[14] Cierto día me sentía un poco deprimida y se lo mencioné a Cara. Leila, que tenía dieciocho meses, lo captó por mi tono de voz. Se encaramó a mi falda, jugó con mis pendientes, cabello y gafas. Me tomó la cara entre sus manos, me clavó los ojos y me sentí mejor enseguida. Aquella niñita sabía exactamente lo que estaba haciendo.

En esa fase Leila se encontraba en la etapa hormonal de lo que se llama pubertad infantil, período que dura sólo nueve meses en los niños, pero veinticuatro meses en las niñas.[15] Durante ese tiempo los ovarios empiezan a producir grandes cantidades de estrógeno —comparables al nivel de una mujer adulta—, que impregnan el cerebro de la niña. Los científicos creen que estos flujos de estrógeno infantil son necesarios para propiciar el desarrollo de los ovarios y el cerebro a efectos de la reproducción.[16] Sin embargo, esta gran cantidad de estrógeno también estimula los circuitos cerebrales que están formándose rápidamente. Espolea el crecimiento y desarrollo de neuronas, resaltando todavía más los circuitos cerebrales femeninos y los centros dedicados a la observación, la comunicación, el instinto e incluso la atención y la crianza. El estrógeno prepara los circuitos cerebrales femeninos congénitos para que esa niña pueda adquirir aptitudes en matices sociales y promover su fertilidad. De ahí que fuese capaz de mostrar tal habilidad emocional cuando todavía llevaba pañales.

DE MAMÁ SE HEREDA ALGO MÁS QUE LOS GENES

Por efecto de su aptitud para observar indicios emocionales, una niña incorpora, en realidad, el sistema nervioso de su madre al suyo propio.[17] Sheila vino a verme en busca de alguna ayuda en el trato con sus hijos. Con su primer marido había tenido dos hijas, Lisa y Jennifer. Cuando nació Lisa, Sheila estaba todavía feliz y contenta en su primer matrimonio. Era una madre capaz y muy solícita. Cuando nació Jennifer, dieciocho meses más tarde, las circunstancias habían cambiado de manera considerable. Su esposo se había vuelto todo un mujeriego, y a ella la acosaban las parejas de las mujeres con quienes tenía asuntos su marido. Las cosas empeoraron. El marido infiel de Sheila tenía un padre poderoso y rico, que la amenazaba con secuestrar a las niñas si ella intentaba salir del estado para reunirse con su propia familia y obtener su apoyo.

Jennifer pasó su infancia en este ambiente estresante. Se volvió recelosa de todo el mundo y a los seis años empezó a decirle a su hermana mayor que su amable y querido nuevo padrastro estaba engañando a su madre. Jennifer estaba segura y repetía a menudo sus sospechas. Al final Lisa fue a hablar con su madre y le preguntó si aquello era verdad. Su nuevo padrastro era uno de esos hombres que simplemente no son propensos a engañar a nadie y Sheila lo sabía. No podía imaginarse por qué su hija menor se había inquietado de forma tan obsesiva a propósito de la supuesta infidelidad de su nuevo marido. Pero el sistema nervioso de Jennifer había captado la insegura realidad perceptiva de sus primeros años, de modo que incluso las buenas personas le parecían peligrosas y de poco fiar. A las dos hermanas las había educado la misma madre, pero en diferentes circunstancias, por lo tanto los circuitos cerebrales de una hija habían grabado una madre providente y segura, y los de la otra, una madre temerosa y angustiada.[18]

El «entorno del sistema nervioso» que una niña absorbe durante sus primeros dos años constituye una imagen de la realidad que la afectará el resto de su vida. Hay ahora estudios sobre mamíferos que muestran que tal incorporación del estrés en contra de la calma —llamado sello epigenético— puede transmitirse a través de varias generaciones. Las investigaciones del grupo de Michael Meaney sobre mamíferos han mostrado que la descendencia femenina queda hondamente afectada según lo tranquilas y solícitas que sean sus madres.[19] También se ha expuesto esta relación en las mujeres y en los primates no humanos.[20] Las madres estresadas se vuelven menos providentes y sus hijas incorporan sistemas nerviosos estresados que cambian su percepción de la realidad. No se trata aquí de lo aprendido a través de la cognición, sino de lo que se absorbe por los microcircuitos celulares en un nivel neurológico.[21] Esto puede explicar por qué algunas hermanas pueden tener perfiles sorprendentemente distintos. Parece que los chicos no pueden incorporarse en igual medida al sistema nervioso de sus madres.

Dicha incorporación neurológica empieza en el curso del embarazo. El estrés materno durante la gestación surte efectos en las reacciones hormonales de la emoción y el estrés, en particular en la descendencia femenina. Se han medido dichos efectos en crías de cabra.[22] Las cabritas estresadas acababan sobresaltándose con mayor facilidad y eran más inquietas y asustadizas después del nacimiento que las crías masculinas. Además, las crías femeninas que habían sufrido estrés en el útero mostraban mucha más angustia emocional que las que no lo habían sufrido. Así pues, si eres una niña que está a punto de entrar en la matriz, prográmate para ser hija de una madre no estresada, que tenga una pareja estable y amorosa, y una familia que la respalde. Y si eres una madre que debe acoger un feto femenino, tómalo con calma para que tu hija tenga la posibilidad de relajarse.

NO LUCHES

Después de lo dicho, ¿por qué una niña nace con un aparato tan delicadamente sintonizado para leer rostros, percibir tonos emocionales en las voces y responder a indicios tácitos en los demás? Piénsalo. Una máquina así está construida para relacionarse. Ése es el principal quehacer del cerebro femenino y es lo que impulsa a hacer a una mujer desde el nacimiento. Tal es el resultado de varios milenios de circuitos genéticos y evolutivos que, en cierto tiempo, tuvieron —y probablemente siguen teniendo— consecuencias reales para la supervivencia. Si eres capaz de leer caras y voces, puedes decir lo que necesita un niño. Puedes predecir lo que va a hacer un macho mayor y más agresivo. Y dado que eres más pequeña, probablemente necesitas unirte en pandilla con otras hembras para defenderte de los ataques de un hombre colérico... o de los cavernícolas.

Si eres una mujer, estás programada para garantizar que mantienes la armonía social. Eso es cuestión de vida o muerte para el cerebro, aunque no resulte tan importante en el siglo XXI.[23] Podemos apreciarlo en el comportamiento de unas gemelas de tres años y medio. Todas las mañanas las niñas trepaban a la cómoda de la otra para alcanzar los vestidos que colgaban de sus armarios. Una tenía un conjunto de dos piezas rosa; el de la otra era verde. Su madre se reía cada vez que las veía cambiarse los tops: los pantalones rosa con el top verde y los pantalones verdes con el top rosa. Las gemelas lo hacían sin pelearse. «¿Me prestas el top rosa? Luego te lo devuelvo y tú te puedes poner mi top verde», así se desarrollaba el diálogo. No es probable que la escena fuese la misma si una de ellas hubiera sido varón. Un hermano habría cogido la camisa que quería y la hermana habría intentado razonar con él; pero habría acabado llorando porque las aptitudes de lenguaje de él, simplemente, no estaban tan adelantadas como las de ella.

Las niñas típicas, carentes de testosterona y regidas por el estrógeno, están muy bien dotadas para mantener relaciones armoniosas.[24] Desde sus días más tempranos viven muy felices y a sus anchas en el reino de las relaciones interpersonales pacíficas. Prefieren evitar los conflictos, porque las discordias las colocan en una situación difícil en cuanto a su afán por permanecer conectadas, obtener aprobación y cuidados. El baño de estrógeno durante veinticuatro meses de la pubertad infantil de las niñas refuerza el impulso por establecer lazos sociales basados en la comunicación y el compromiso. Así sucedía con Leila y sus nuevas amigas en el parque infantil. A los pocos minutos de encontrarse proponían juegos, trabajaban juntas y creaban una pequeña comunidad. Descubrieron un terreno común que conducía a compartir juegos y a una posible amistad. ¿Recuerdas la ruidosa entrada de Joseph? Su llegada solía aguar la fiesta, así como la armonía que los cerebros de las niñas buscaban.

El cerebro es el que establece las diferencias de lenguaje —los generolectos— de los niños pequeños, como ha señalado Deborah Tannen. En estudios del lenguaje de los niños de dos a cinco años, observó que por lo general las niñas hacen propuestas de colaboración empezando sus frases con «vamos», como en «vamos a jugar a las casitas». Las niñas, de hecho, suelen emplear el lenguaje para lograr consenso, influenciando a los demás sin decirles qué han de hacer. Cuando Leila llegó al patio dijo «ir de compras», sugiriendo cómo podrían jugar juntas sus compañeras y ella. Miró a su alrededor y esperó una respuesta en vez de seguir adelante.[25] Lo mismo sucedió cuando otra niña pequeña dijo «muñeca». Como han observado diversos estudios, las chicas participan juntas en la toma de decisiones con el mínimo de estrés, conflicto o alarde de estatus.[26] Expresan a menudo el acuerdo con las propuestas de un compañero y, si tienen ideas propias, las plantean en forma de preguntas como «yo seré la profesora, ¿vale?». Los genes y hormonas han creado en sus cerebros una realidad que les dice que la relación social es el centro de su ser.

Los chicos saben emplear también este discurso para relacionarse, pero la investigación muestra que en ellos no es una característica típica.[27] En cambio, usan en general el lenguaje para dar órdenes a otros, lograr que se hagan las cosas, presumir, amenazar, ignorar la propuesta de un compañero y aplastar los intentos de hablar de los demás. Desde que Joseph llegaba al patio hasta que Leila se echaba a llorar nunca transcurría demasiado tiempo. A su edad, los chicos no dudan en pasar a la acción o en apoderarse de algo que desean. Joseph cogía los juguetes de Leila siempre que quería y por norma destruía cualquier cosa que Leila y las otras niñas estuvieran haciendo. Los chicos se lo harán los unos a los otros: no les importa el peligro que entraña un conflicto. La competición forma parte de su talante[28] y desdeñan de manera automática los comentarios o las órdenes que les impartan las niñas.[29]

El cerebro del niño formado por la testosterona no busca la relación social de la misma forma que el cerebro de la niña. En realidad, aquellos trastornos que privan a la gente de captar los matices sociales —llamados trastornos del espectro autista y síndrome de Asperger— son ocho veces más frecuentes entre los chicos. Los científicos opinan ahora que el cerebro típico masculino que sólo tiene una dosis del cromosoma x (hay dos x en una niña) queda inundado de testosterona durante el desarrollo y, en cierto modo, resulta más fácilmente deficitario en lo social.[30] El exceso de testosterona en personas afectadas por estos trastornos puede acabar con algunos de los circuitos cerebrales propios de la sensibilidad emocional y social.[31]

ELLA QUIERE COMUNIDAD, PERO SÓLO EN SUS TÉRMINOS

Hacia los dos años y medio de edad termina la pubertad infantil y una niña entra en los prados más serenos de la pausa juvenil. La corriente estrogénica que llega de los ovarios ha cesado temporalmente; aún desconocemos cómo. Pero sabemos que los niveles de estrógeno y testosterona se hacen muy bajos en los años de infancia tanto en los chicos como en las chicas, aunque las niñas todavía tienen de seis a ocho veces más estrógeno que los niños.[32] Cuando las mujeres hablan de «la niña que dejaron atrás», por lo general se están refiriendo a esa etapa.

Es el período tranquilo que precede al rock'n'roll a pleno volumen de la pubertad. Es el momento en que una niña se dedica a su mejor amiga, cuando ni siquiera disfruta jugando con los chicos. La investigación muestra que esto es cierto para las niñas de entre dos y seis años de edad en todas las culturas estudiadas.[33]

Conocí a mi primer compañero de juegos, Mikey, cuando yo tenía dos años y medio y él, casi tres. Mi familia se había mudado a una casa vecina a la suya, en Quincy Street, Kansas City, y nuestros patios eran contiguos. El recuadro de arena se hallaba en nuestro patio y los columpios pasaban por encima de la línea invisible que dividía las dos propiedades.

Nuestras madres, que pronto se hicieron amigas, vieron la ventaja de tener a los dos niños jugando juntos mientras ellas charlaban o se turnaban para vigilarnos. Según mi madre, casi cada vez que Mikey y yo jugábamos en el arenero, ella tenía que rescatarme porque Mikey inevitablemente cogía mi pala o mi cubito, a la vez que se negaba a dejarme tocar los suyos. Yo lloraba en señal de protesta, y Mikey gritaba y nos arrojaba arena mientras su madre intentaba quitarle mis juguetes.

Las dos madres repetían estos intentos una y otra vez porque les gustaba pasar el tiempo juntas. Pero nada de lo que hiciera la madre de Mikey —las reprimendas, los razonamientos a propósito de las ventajas de compartir, la supresión de privilegios, los diversos castigos— podía persuadirlo de cambiar su conducta. Al final mi madre tuvo que buscar más allá de nuestra manzana para encontrarme otras compañeras, niñas que algunas veces rapiñaban, pero con quienes siempre se podía razonar; que podían usar palabras hirientes, pero nunca levantaban la mano para empujar o golpear. Yo había empezado a temer las batallas diarias con Mikey y el cambio me hizo feliz.

Continúa ampliamente ignorada la causa de que se prefieran compañeros de juego del mismo sexo, pero los científicos especulan sobre que una de las razones puede estribar en las diferencias cerebrales básicas. Las aptitudes sociales, verbales y la capacidad para relacionarse de las niñas se desarrollan años antes que las de los chicos. Es probable que estas diferencias cerebrales sean la causa de que sus estilos de comunicación e interacción sean tan distintos. Los niños típicos se divierten con la lucha, los simulacros de combates, los juegos rudos con coches, camiones, espadas, armas y juguetes ruidosos, a ser posible explosivos. Tienden también más que las niñas a amenazar a los demás y a meterse en más conflictos, ya desde los dos años, y están menos inclinados a compartir juguetes y a respetar turnos que las niñas. A éstas, en cambio, no les gusta jugar «a lo bruto»: si se ven envueltas en demasiados jaleos, se limitarán a dejar de jugar.[34] Según Eleanor Maccoby, cuando las niñas se ven presionadas en exceso por chicos de su edad —quienes simplemente están divirtiéndose— se retiran del lugar y encontrarán otro juego, a ser posible uno que no implique la participación de niños muy impulsivos.[35]

Hay estudios que muestran que las niñas guardan turnos veinte veces más a menudo que los niños, y que sus juegos de ficción tratan habitualmente de interacciones en el cuidado y atención de seres más desvalidos que ellas.[36] Esta conducta tiene por fundamento el desarrollo del cerebro femenino típico. La agenda social de las niñas, expresada en el juego y determinada por su desarrollo cerebral, consiste en trabar relaciones estrechas y bilaterales. El juego de los chicos, en cambio, no acostumbra a versar sobre relaciones, sino que consiste en el juego o juguete por sí mismo así como en conceptos de rango social, poder, defensa del territorio y fuerza física.[37]

Un estudio efectuado en Inglaterra en 2005 comparaba la calidad de relaciones sociales entre niños y niñas de cuatro años.[38] Tal comparación comprendía una escala de popularidad, según la cual se los juzgaba a tenor de cuántos de los demás niños deseaban jugar con ellos. La victoria de las niñas fue aplastante. Estos mismos niños de cuatro años habían sido medidos en sus niveles de testosterona en el útero entre las doce y las dieciocho semanas, mientras se desarrollaban en diseño femenino o masculino. Aquellos que habían tenido menos exposición a la testosterona mostraban mayor calidad en sus relaciones sociales a los cuatro años: eran las niñas.

Algunos estudios sobre hembras primates no humanas también proporcionan indicios de que estas diferencias sexuales son innatas y requieren acciones adecuadas de preparación hormonal. Cuando los investigadores bloquean el estrógeno en las jóvenes hembras de primates durante la pubertad infantil, éstas no desarrollan su habitual interés por los pequeños.[39] Más aún, cuando los científicos inyectan testosterona en fetos de primates hembra, a las hembras inyectadas acaban gustándoles más los juegos rudos y violentos que a la media de las hembras.[40] Esto también es cierto entre los humanos. Aunque no hemos efectuado experimentos para bloquear el estrógeno en niñas pequeñas o inyectado testosterona en fetos humanos, podemos ver cómo opera este efecto cerebral de la testosterona en la rara deficiencia enzimática llamada hiperplasia adrenal congénita (HAC), que aparece en uno de cada diez mil niños.

Emma no quería jugar con muñecas y le gustaban los camiones, los ejercicios físicos y los juegos de construcciones. Si le preguntabas a los dos años y medio si era un niño o una niña, te respondía que era un chico y te daba un puñetazo. Luego echaba a correr y el pequeño «defensa», según la llamaba su madre, golpeaba a cualquiera que entrara en la habitación. Jugaba a lanzar animales de peluche, pero los echaba tan lejos que era difícil recogerlos. Era huraña y las niñas del parvulario no querían jugar con ella. Andaba también un poco retrasada respecto de las otras en cuanto al desarrollo del lenguaje. Sin embargo, a Emma le gustaban los vestidos y le encantaba que su tía le hacía peinados. Su madre, Lynn, ciclista apasionada, atleta y profesora de ciencias, se preguntaba, cuando me trajo a Emma a la consulta, si el hecho de ser atleta había influido en la conducta de su hija. La mayoría de las veces una niña como Emma se cuenta entre diez y, simplemente, es poco femenina. En su caso, Emma tenía HAC.

La hiperplasia adrenal congénita hace que los fetos produzcan cantidades de testosterona, la hormona del sexo y la agresión, en sus glándulas adrenales, a las ocho semanas después de la concepción, el momento en que sus cerebros empiezan a tomar forma según un diseño masculino o femenino. Si observamos hembras genéticas cuyos cerebros están expuestos a aumentos de testosterona durante este período, vemos presumiblemente que las estructuras cerebrales y ese comportamiento se asemejan más a los de los varones que a los de las hembras.[41] Digo «presumiblemente» porque no es fácil estudiar el cerebro de un niño pequeño. ¿Puedes imaginar acaso a un niño de dos años sentado quieto durante un par de horas en un aparato de resonancia magnética sin que lo hayan sedado? Pero podemos deducir muchas cosas del comportamiento.

El estudio de la hiperplasia adrenal congénita proporciona pruebas de que la testosterona, normalmente, erosiona las robustas estructuras cerebrales de las niñas. Es posible comprobar que al año, las niñas con HAC entablan menos contacto visual que otras de la misma edad. A medida que estas niñas expuestas a la testosterona se hacen mayores, se sienten mucho más inclinadas hacia las peleas, los alborotos violentos y el juego de fantasía con monstruos o héroes de acción, que a procurar cuidar a sus muñecas o vestirse con trajes de princesas.[42] También realizan mejor que otras chicas los tests espaciales, con un éxito similar a los niños, mientras ejecutan peor aquellos tests sobre el comportamiento verbal, la empatía, la crianza y la intimidad, rasgos típicamente femeninos.[43] De aquí se deduce que la conexión cerebral de los hombres y mujeres para el contacto social queda afectada de manera significativa no por los genes, sino por el aumento de la testosterona que entra en el cerebro del feto.[44] Para Lynn fue un alivio ver que había una razón científica que explicara alguno de los comportamientos de su hija, porque nadie se había tomado la molestia de aclararle lo que sucede en el cerebro afectado por HAC.

EDUCACIÓN DE GÉNERO

Desde luego, la naturaleza es la que interviene con más fuerza a la hora de lanzar comportamientos específicamente sexuales, pero la experiencia, la práctica y la interacción con las demás personas puede modificar las neuronas y el cableado cerebral. Si uno quiere aprender a tocar el piano, tiene que practicar. Cuanto más practicas, más neuronas asigna tu cerebro a esa actividad, hasta que al fin has creado nuevos circuitos entre estas neuronas, de modo que, cuando te sientas en el banco, tocar es ya una segunda naturaleza.

Como padres, respondemos de manera natural a las preferencias de nuestros hijos. Repetiremos, a veces hasta la saciedad, la actividad —la sonrisa de mamá o el silbido ruidoso de un tren de madera— que hace que nuestro pequeño ría o haga muecas. Dicha repetición fortalece esas neuronas y circuitos cerebrales del niño, que procesa y responde a cualquier cosa que inicialmente haya captado la atención de él o ella. El ciclo continúa y de este modo los niños aprenden las costumbres de su género. Dado que una niña responde tan bien a los rostros, es probable que mamá y papá hagan muchas carantoñas y ella se vuelva todavía mejor en la respuesta. Entrará en una actividad que refuerza su habilidad para estudiar las caras; y su cerebro asignará más y más neuronas a esa actividad.[45] La educación de género y la biología colaboran para hacernos lo que somos.

Las expectativas de los adultos en cuanto a la conducta de las chicas y los chicos desempeñan un papel importante en la configuración de los circuitos cerebrales; Wendy podría haberla fastidiado con su hija Samantha, si hubiera cedido a sus propias preconcepciones acerca de que las niñas son más frágiles y menos aventureras que los chicos.[46] Wendy me dijo que la primera vez que Samantha trepó a la escalera de gimnasia laberíntica para bajar sola por el tobogán, inmediatamente volvió la vista hacia Wendy para pedir permiso. Si hubiera notado desaprobación o miedo en la expresión facial de su madre, quizá se habría detenido, habría vuelto a bajar y habría pedido ayuda a su madre, como hacen el 90 % de las niñas pequeñas. Cuando el hijo de Wendy tenía esa edad, nunca se habría preocupado de observar la reacción de su madre, ni le habría importado que Wendy desaprobara ese gesto de independencia. Samantha, obviamente, se sentía dispuesta para hacer ese salto de «niña mayor», de modo que Wendy se las arregló para sofocar el miedo y dar a su hija la aprobación que necesitaba. Dice ella que desearía haber tenido una cámara para grabar el momento en que Samantha aterrizó con un golpe en el trasero. Su cara se iluminó con una sonrisa que expresaba orgullo y entusiasmo y, acto seguido, corrió hacia su madre y le dio un gran abrazo.

El primer principio de la organización del cerebro consiste en la suma de genes y hormonas, pero no podemos desatender el ulterior esculpido cerebral que resulta de nuestras interacciones con otras personas y nuestro entorno.[47] El tono de voz, el contacto y las palabras de un progenitor o canguro ayudan a organizar el cerebro del niño e influyen en su versión de la realidad.

Los científicos siguen sin saber con exactitud hasta qué punto puede reestructurarse el cerebro que nos dio la naturaleza. Va contra la esencia de la intuición, pero algunos estudios muestran que los cerebros del hombre y la mujer tienen distinta susceptibilidad genética a las influencias ambientales.[48] En ambos casos, de todos modos, ya sabemos bastante para entender que debería dejarse de lado el debate, básicamente mal planteado, de naturaleza contra educación, puesto que el desarrollo de los niños está inextricablemente compuesto de ambas.[49]

EL CEREBRO MANDÓN

Si eres progenitor de una niña pequeña, ya sabes de primera mano que no siempre es tan obediente y buena como la cultura nos quiere hacer creer que debería ser. Muchos padres han visto evaporarse sus expectativas cuando se trata de que su hija consiga lo que quiere.

—Vale, papá, ahora las muñecas van a comer, así que hay que cambiarles la ropa —dijo Leila a su padre, Charles, que, diligente, les cambió los vestidos por otros de fiesta—. ¡Papá, no! —chilló Leila—. ¡Los vestidos de fiesta no, los de comida! Y ellas no hablan así. Tú tienes que decir lo que te he dicho que dijeras. Ahora dilo bien.

—Está bien, Leila, así lo haré. Pero dime, ¿por qué te gusta jugar con muñecas conmigo en vez de con mamá?

—Porque, papá, tú haces lo que yo te digo.

Charles se quedó un poco desconcertado por esta respuesta, y Cara y él atónitos por el descaro de Leila.

Durante la fase juvenil no todo es calma. Las niñas pequeñas no suelen exhibir agresividad en forma de juegos rudos y violentos; no luchan ni se golpean a la manera de los niños. Por término medio, las niñas tienen más aptitudes sociales, empatía e inteligencia emocional que los chicos. Pero no nos engañemos.[50] Esto no significa que los cerebros de ellas no tengan circuitos adecuados para lograr todo lo que se proponen ni que no puedan volverse unas pequeñas tiranas con tal de conseguir sus objetivos. ¿Cuáles son las metas que dicta el cerebro de una niña? Establecer relaciones, crear comunidades, organizar y orquestar un mundo de niña en cuyo centro se encuentre ella. En esto es donde se manifiesta la agresividad del cerebro femenino: protege lo que es importante para él, que siempre, inevitablemente, es la relación. La agresividad, con todo, puede repeler a otros, lo que socavaría los propósitos del cerebro femenino. De esta suerte, la niña transita la delgada línea que separa el hecho de estar segura de que se halla en el centro de su mundo de relaciones y el de arriesgar el rechazo de esas relaciones.

¿Os acordáis de las gemelas que compartían su fondo de armario? Cuando la una pedía a la otra que le prestase la camisa rosa a cambio de la verde, lo planteaba de tal modo que si la hermana se negaba, se la consideraría mala. En vez de coger la camisa, aquélla empleaba su mejor surtido de habilidades —el lenguaje— para obtener lo que deseaba. Ella contaba con que su hermana no quería que se la tomase por una egoísta y, ciertamente, ésta le daba la camisa rosa. Obtenía lo que quería, sin sacrificar la relación. Esto constituye la agresividad en rosa. La agresividad implica que ambos sexos sobrevivan, y ambos tienen circuitos cerebrales en pos de ese objetivo.[51] En las niñas es simplemente más sutil, lo que tal vez sea un modo de reflejar sus circuitos cerebrales singulares.[52]

La opinión social y científica sobre el buen comportamiento congénito de las niñas es un estereotipo erróneo surgido del contraste con los chicos.[53] En comparación, ellas salen muy bien paradas. Las mujeres no necesitan empujarse y, por tanto, parecen menos agresivas que los varones. Según todos los criterios, los hombres son, como promedio, veinte veces más agresivos que las mujeres, cosa que se confirma con una simple ojeada al sistema penitenciario.[54] Casi iba a olvidarme de mencionar la agresividad en este libro, después de haberme dejado arrullar por los cálidos circuitos cerebrales comunicativos y sociales de la mujer. Estaba a punto de dejarme engañar por la aversión femenina al conflicto, inclinándome a pensar que la agresión no forma parte de nuestro esquema.

Cara y Charles no sabían qué hacer a propósito del autoritarismo de Leila. La niña no se limitaba a decirle a su padre cómo jugar con las muñecas. Se ponía a chillar cuando su amiga Susie pintaba un payaso amarillo en vez del azul que ella había ordenado, y Dios nos librara de que la conversación no incluyese a Leila a la hora de cenar. Su cerebro femenino exigía participar en cualquier comunicación o relación que acaeciera en su presencia. Quedar excluida era más de lo que sus circuitos infantiles podían soportar. Para su cerebro de la Edad de Piedra —y no lo neguemos, por dentro seguimos siendo gente de las cavernas— ser excluido significaba la muerte. Expliqué esto a Cara y a Charles, y decidieron esperar a que acabara esa fase en vez de intentar cambiar la conducta de Leila; con razón, por supuesto.

No quise decirles a Cara y Charles que eso por lo que Leila les estaba haciendo pasar no era nada. Sus hormonas eran estables, se encontraban en un punto bajo y su realidad era bastante serena. Cuando las hormonas volvieran a conectarse y se acabase la pausa juvenil, Cara y Charles ya no tendrían que vérselas sólo con el cerebro mandón de Leila: el cerebro audaz de ésta se saltará los límites; la inducirá a ignorar a sus padres, encandilar a una pareja, dejar la casa y convertirse en alguien diferente. La realidad de una adolescente se volverá explosiva y se intensificarán todos los rasgos establecidos en el cerebro femenino durante la niñez: la comunicación, la relación social, el deseo de aprobación y la captación de indicios acerca de qué pensar o sentir. Tal es la época en que una muchacha se vuelve extremadamente comunicativa con sus amigas y forma unos grupos sociales muy bien entablados para sentirse segura y protegida. Dentro de esta nueva realidad impulsada por el estrógeno, la agresividad también juega un papel importante. El cerebro adolescente la hará sentirse poderosa, dotada siempre de razón y ciega ante las consecuencias. Sin tal impulso nunca sería capaz de crecer, pero adaptarse a él no es fácil, en especial para la muchacha. Cuando empieza a experimentar su «potencial femenino» completo —que incluye el síndrome premenstrual, la rivalidad sexual y el control de grupos de chicas—, sus estados cerebrales a menudo hacen que su realidad pase a ser, en fin, un tanto infernal.

2

El cerebro de la adolescente

Drama, drama, drama. Es lo que está sucediendo en la vida y en el cerebro de una adolescente. «Mamá, no puedo de ninguna manera ir al colegio. Acabo de descubrir que le gusto a Brian, me ha salido un grano enorme y no hay forma de disimularlo. ¡Dios mío! ¿Cómo se te puede pasar por la cabeza que vaya?» «¿Los deberes? Ya te dije que no voy a volver a hacerlos hasta que me prometas que no me mandarás al colegio. No soporto vivir contigo ni un minuto más.» «No, no he acabado de hablar con Eve. No han pasado dos horas y no voy a dejar el teléfono.» Esto es lo que te tocará, si tienes en casa la versión moderna del cerebro de una adolescente.

Los años de adolescencia son una época turbulenta. El cerebro de la adolescente está creciendo a toda velocidad, reorganizando y podando los circuitos neuronales que dirigen el modo de pensar, sentir y actuar; y está obsesionada con su aspecto.[1] Su cerebro está desarrollando antiguas instrucciones sobre cómo ser mujer. Durante la pubertad toda la razón de ser biológica de una muchacha es sentirse sexualmente deseable. Comienza a juzgarse en comparación con sus iguales y con las imágenes que traen los medios de comunicación de mujeres atractivas. Dicho estado cerebral lo crea la oleada de nuevas hormonas que se encuentran en el lugar principal del proyecto genético de la mujer.

Atraer la atención del hombre es una forma recién descubierta y apasionante de autoexpresión para las hijas adolescentes de mi amiga Shelly, y el estrógeno de alto voltaje que corre por sus rutas cerebrales alimenta su obsesión. Las hormonas que afectan a su capacidad de respuesta al estrés social están por las nubes, que es de donde sacan sus ideas estrambóticas, la elección de ropa y lo que las lleva a no despegarse del espejo. Les interesa su aspecto, casi en exclusiva, y sobre todo averiguar si los chicos que pueblan sus mundos reales y fantásticos las encuentran atractivas. Gracias a Dios, dice Shelly, tienen tres cuartos de baño en su casa, porque las chicas se pasan horas delante del espejo, inspeccionando los poros, arreglándose las cejas, deseando que se encojan los granitos que ven, que sus pechos se agranden y sus cinturas se estrechen, todo para atraer a los chicos. Probablemente las muchachas estarían dedicadas a una u otra versión de dichas actividades tuvieran o no a mano los medios para influir en cómo se ven a sí mismas. Las hormonas impulsarían sus cerebros para desarrollar estas inclinaciones, aunque ellas no vieran actrices ni modelos delgadas en la portada de todas las revistas. Se obsesionarían por lo que los muchachos pensaran —para bien o para mal— de su físico, porque las hormonas crean en sus cerebros la realidad de que lo más importante en la vida es ser atractivas para los chicos.

Sus cerebros trabajan duro para renovar el cableado; esto ocurre porque los conflictos aumentarán en número e intensidad a medida que las adolescentes intensifiquen su lucha por la independencia y la identidad.[2] ¿Quiénes son ellas, en todo caso? Están desarrollando las partes de sí mismas que más las convierten en mujeres: su lucha por la comunicación, por entablar lazos sociales y por cuidar a quienes las rodean.[3] Si los padres entienden los cambios biológicos que están teniendo lugar en los circuitos cerebrales de las adolescentes, podrán apoyar la autoestima y el bienestar de sus hijas durante esos años turbulentos.[4]

CABALGAR SOBRE LAS OLAS DEL ESTRÓGENO-PROGESTERONA

La serena travesía de la niñez ha quedado atrás. De pronto los padres se descubren andando con pies de plomo en torno a una criatura caprichosa, temperamental y recalcitrante. Todo este drama se debe a que el intervalo de la infancia y de la pubertad ha llegado a su fin: la glándula pituitaria de la hija salta a la vida cuando los frenos químicos se sueltan en sus células hipotalámicas intrínsecamente propulsoras, que se habían mantenido reprimidas desde el momento en que dieron los primeros pasos. Esta liberación celular dispara el sistema hipotalámico-pituitario-ovárico para que entre en acción. Será la primera vez desde la pubertad infantil que el cerebro de la hija se verá invadido por niveles elevados de estrógeno. De hecho, será la primera vez que su cerebro experimentará irrupciones de estrógeno-progesterona, que acuden en repetidas ondas mensuales desde sus ovarios.[5] Estas oleadas variarán día a día y semana a semana.

La creciente marea de estrógeno y progesterona empieza a alimentar muchos circuitos del cerebro de la adolescente que quedaron instalados en la vida fetal. Estos nuevos oleajes hacen que todos los circuitos específicamente femeninos de su cerebro se tornen más sensibles a los matices emocionales, tales como la aprobación y desaprobación, la aceptación y el rechazo. Y cuando su cuerpo florece, ella no sabe cómo interpretar la atención sexual recién descubierta: ¿aquellas miradas son de aprobación o de desaprobación? ¿Sus pechos son como deben ser o están mal formados? Algunos días la confianza en sí misma es absoluta; otros, pende de un hilo precario. De niña era más capaz que un chico de entender el amplio espectro de tono emocional en la voz de otra persona. En la etapa actual esta diferencia es aún mayor.[6] El filtro a través del cual ella capta la reacción (*feedback*) depende del punto del ciclo donde se halle; algunos días el *feedback* reforzará la confianza en sí misma; otros días la destruirá. Un día se le puede decir que lleva los vaqueros un poco cortos y no hará caso, pero si la pillas en el día malo de su ciclo, lo que interpretará es que la estás llamando golfa o diciéndole que está demasiado gorda para llevar esos tejanos. Aunque no digas tal cosa ni sea ésa tu intención, así es como interpreta su cerebro tu comentario.

LAS ONDAS DE ESTRÓGENO-PROGESTERONA

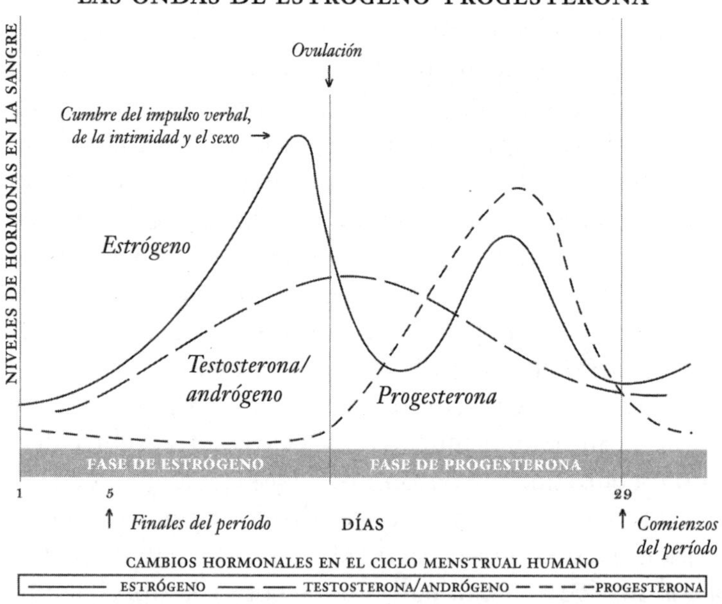

CAMBIOS HORMONALES EN EL CICLO MENSTRUAL HUMANO

ESTRÓGENO — — TESTOSTERONA/ANDRÓGENO - - - PROGESTERONA

Sabemos que muchas partes del cerebro femenino —que incluye una sede importante de la memoria y el aprendizaje (hipocampo), el centro principal de control de los órganos del cuerpo (hipotálamo) y el centro de gobierno de las emociones (la amígdala)— se ven particularmente afectadas por este nuevo combustible de estrógeno y progesterona.[7] El mismo combustible agudiza el pensamiento crítico y afina la capacidad de respuesta emocional. Estos circuitos cerebrales potenciados se estabilizarán en su forma adulta al final de la pubertad y al comienzo de la etapa adulta.[8] Al mismo tiempo sabemos que los flujos de estrógeno y progesterona hacen que el cerebro femenino adolescente, en especial en el hipocampo, experimenten cambios semanales en la sensibilidad ante el estrés, que continuarán hasta que la mujer supere la menopausia.[9]

Investigadores del Pittsburgh Psychobiologic Studies Center estudiaron a jóvenes normales de entre siete y dieciséis años durante su paso por la pubertad y midieron su respuesta al estrés y sus niveles diarios de cortisol.[10] Las muchachas mostraron respuestas más intensas ante el estrés, mientras que las de los chicos se reducían. Una vez que han entrado en la pubertad, los cuerpos y los cerebros femeninos reaccionan de modo diferente que los masculinos ante el estrés.[11] El estrógeno y la progesterona fluctuantes en el cerebro son la causa de esa capacidad de respuesta diferente ante el estrés en el hipocampo de las mujeres.[12] Los hombres y las mujeres se muestran reactivos ante diferentes clases de estrés. Ellas empiezan a reaccionar más ante el estrés de las relaciones, y ellos, ante los desafíos a su autoridad. Cualquier conflicto en las relaciones hace estallar el sistema de estrés de una adolescente. La adolescente necesita gustar y relacionarse socialmente; el adolescente necesita ser respetado y ocupar un lugar elevado en la jerarquía masculina.

El estrógeno dispone y alimenta los circuitos cerebrales de la muchacha, de forma que responda al estrés con actividades de tutela y la creación de redes sociales protectoras.[13] Aborrece los conflictos de relaciones.[14] El rechazo social dispara en grado sumo la respuesta de su cerebro al estrés.[15] La marea alta y baja del estrógeno durante el ciclo menstrual cambia su sensibilidad ante el estrés psicológico y social de una semana a otra.[16] Durante las dos primeras semanas del ciclo, cuando el estrógeno es elevado, la muchacha está más inclinada a sentirse socialmente interesada y relajada en el trato con los demás. En las dos últimas semanas del ciclo, cuando la progesterona es elevada y el estrógeno ha bajado, es más probable que reaccione con irritabilidad creciente, y querrá que la dejen tranquila.[17] El estrógeno y la progesterona replantean todos los meses la respuesta del cerebro al estrés. La confianza de una muchacha en sí misma puede ser alta durante una semana y pender de un hilo en la siguiente.

Durante el intervalo de la primera infancia, cuando los niveles de estrógeno son estables y bajos, el sistema de estrés de una chica está más tranquilo y es más constante. Una vez que los niveles de estrógeno y progesterona aumentan en la pubertad, su receptividad al estrés y al dolor empieza a crecer y se caracteriza por nuevas reacciones del cerebro al cortisol, la hormona del estrés.[18] La joven se estresa con facilidad, está tensa y comienza a pensar en maneras de relajarse.

ASÍ PUES, ¿CÓMO CALMARLA?

Estaba yo impartiendo una clase a jóvenes de quince años acerca de las diferencias cerebrales entre hombres y mujeres, y les pedí que me plantearan algunas preguntas que siempre hubieran deseado hacerse entre sí. Los muchachos preguntaron: «¿Por qué van juntas las chicas al baño?» Suponían que la contestación implicaría algún elemento sexual, pero las muchachas respondieron: «Es el único lugar privado de la escuela donde podemos hablar.» No hace falta decir que los muchachos no pueden ni imaginar decirle a otro: «Qué, ¿quieres que vayamos juntos al baño?»

Esta escena reproduce una diferencia cerebral preeminente entre varones y hembras. Como vimos en el capítulo 1, los circuitos de relación social y verbal son, por naturaleza, más vigorosos en el cerebro típico femenino que en el masculino. Durante los años de la adolescencia, la oleada de estrógeno en los cerebros de las muchachas irá activando la oxitocina y los circuitos cerebrales sexualmente específicos de la mujer, sobre todo los correspondientes al habla, el flirteo y los tratos sociales.[19] Las chicas que pasan el rato en el baño del instituto están cimentando sus relaciones más importantes: las que tienen con las otras chicas.

Muchas mujeres encuentran alivio biológico en compañía de otras; el lenguaje es el pegamento que conecta a las mujeres entre sí. No es de sorprender, pues, que algunas áreas verbales del cerebro sean mayores en las mujeres que en los hombres ni que éstas, en general, hablen y escuchen mucho más que ellos. Las cifras cambian pero, como promedio, las muchachas pronuncian dos o tres veces más palabras al día que los chicos. Ya sabemos que las niñas hablan antes y que a los veinte meses tienen en su vocabulario el doble o el triple de palabras que los niños.[20] Éstos, al final, se igualan en vocabulario pero no en velocidad o en conversaciones simultáneas. Las chicas hablan más deprisa, sobre todo cuando se hallan en un ambiente social.[21] A los hombres no siempre les ha hecho gracia este perfil verbal. En la Norteamérica colonial, se ponía a las mujeres en la picota con pinzas de madera en la lengua o se las sometía al suplicio de atarlas a una silla que sumergían en ríos o lagunas, casi hasta ahogarlas —castigos que no se imponían nunca a los hombres— por el delito de «hablar demasiado». Incluso entre nuestros parientes primates hay una gran diferencia en la comunicación vocal entre machos y hembras. Las monas

Rhesus, por ejemplo, aprenden a vocalizar mucho antes que los machos y usan cada uno de los diecisiete tonos vocales de su especie durante todo el día, y a diario, para comunicarse entre sí. En cambio, los monos Rhesus machos aprenden sólo de tres a seis tonos y, en cuanto son adultos, dejan pasar días y hasta semanas sin vocalizarlos en absoluto.[22] ¿Te resuelta familiar?

Y ¿por qué van las chicas al baño para hablar? ¿Por qué pasan tanto tiempo al teléfono con la puerta cerrada? Es que están intercambiando secretos y cotilleos para crear lazos de amistad e intimidad con sus pares, formando bandas muy unidas con reglas secretas. Hablar, contarse secretos y cotilleos, se convierte en la actividad favorita de las chicas, en sus instrumentos de navegación y en alivio de los altibajos y el estrés de la vida.[23]

Yo era capaz de verlo en la cara de Shana. La madre se quejaba de que no podía lograr que su hija de quince años se concentrase en el trabajo, ni siquiera en la conversación acerca de la escuela. Ni hablar ya de que se quedara en la mesa durante toda la cena. La muchacha casi parecía drogada mientras permanecía sentada en mi sala de espera, anticipando el próximo mensaje de texto que le enviaría su amiga Parker. Las notas de Shana no habían sido brillantes y se estaba convirtiendo en algo así como en un problema de orden en la escuela, de modo que le habían prohibido ir a casa de su amiga. Su madre, Lauren, le había negado también el uso del móvil y del ordenador, pero la reacción de Shana al verse apartada de sus amigas fue tan extremada —chilló, dio portazos y empezó a destrozar su habitación— que Lauren cedió y le permitió veinte minutos diarios de móvil para establecer contactos. Sin embargo, como no podía hablar en privado, Shana recurrió a los mensajes de texto.

Existe una razón biológica para esta conducta. Al establecer contacto por medio de la charla se activan los centros del placer en un cerebro femenino. Todavía se activan más estos centros al compartir secretos que tengan implicaciones románticas y sexuales. No estamos hablando de una reducida cantidad de placer. Ese placer es enorme, es un grandioso flujo de dopamina y oxitocina que constituye el mayor y más voluminoso deleite neurológico que se puede obtener, aparte de un orgasmo. La dopamina es una sustancia neuroquímica que estimula la motivación y los circuitos del placer en el cerebro. En la pubertad, el estrógeno aumenta la producción de dopamina y oxitocina en las muchachas.[24] La oxitocina es una neurohormona que dispara la intimidad y es disparada por ésta.[25] Cuando el estrógeno se eleva, el cerebro de una adolescente se ve impulsado a fabricar todavía más oxitocina y reforzar sus lazos sociales.[26] A mitad del ciclo, durante la producción culminante de estrógeno, la dopamina y oxitocina de la chica están también, probablemente, en su máximo nivel. No sólo está en la cumbre su cascada de palabras, sino también su avidez de intimidad.[27] La intimidad libera más oxitocina, que refuerza el deseo de conectarse y, al hacerlo, conlleva la sensación de placer y bienestar.

Al comienzo de la pubertad y durante el resto de la vida fértil de una mujer, el estrógeno ovárico estimula tanto la producción de la oxitocina como la de la dopamina. Esto significa que las adolescentes obtienen incluso más placer al principio de sus contactos y lazos —jugando con el cabello de la otra, cotilleando y yendo de compras juntas— del que lograban antes de la pubertad. Éste es el mismo influjo de dopamina que los adictos a la cocaína o la heroína obtienen cuando se drogan. La combinación de la dopamina y la oxitocina forma la base biológica de este impulso en pos de la intimidad, con su efecto reductor del estrés. Si tu hija adolescente no deja de hablar por teléfono o de mandar mensajes a sus amigos, es cosa de chicas, y la ayuda a atravesar cambios sociales estresantes. Pero no debes permitir que sus impulsos dicten tu vida familiar. A Lauren le costó meses de negociaciones conseguir que Shana permaneciese sentada durante toda la cena de la familia sin mandar mensajes al mundo entero. Dado que el cerebro de una adolescente se siente tan recompensado por la comunicación, es un hábito difícil de reprimir.

LOS CHICOS SERÁN SIEMPRE CHICOS

Ya sabemos que los niveles de estrógeno de las muchachas aumentan en la pubertad y disparan sus interruptores cerebrales para hablar más, interactuar más con sus pares, pensar más en los chicos, cuidar más el aspecto, y ponerse más tensas y emotivas. Las mueve el anhelo de relacionarse con otras chicas y otros chicos. Su aflujo de dopamina y oxitocina, que las hace hablar y comunicarse, las mantiene motivadas para buscar esos lazos íntimos. Lo que no saben es que ésta es su realidad específica por ser muchachas. La mayoría de los chicos no comparte este deseo intenso de comunicación verbal y por eso los intentos de intimidad verbal con sus coetáneos varones pueden ser decepcionantes. Las chicas que esperan que sus amigos charlen con ellas a la manera que lo hacen sus amigas tropezarán con una gran sorpresa. Las conversaciones telefónicas pueden mostrar penosos intervalos mientras ella espera que él diga algo. A menudo, lo más que la muchacha puede esperar es que sea un oyente atento. Quizá no se dé cuenta de que, simplemente, su amigo está aburrido y desea volver a su videojuego.

Esta diferencia puede ser también el meollo de la principal decepción que las mujeres sienten durante toda su vida con sus parejas: al marido no le gusta el trato social y no ansía largas conversaciones, pero no es culpa suya. En la pubertad, sus niveles de testosterona empiezan a salirse de los gráficos y él «desaparece en el seno de la adolescencia», fase usada por una psicóloga amiga mía para contar que su hijo quinceañero ya no quiere conversar con ella, se refugia con sus compañeros —en persona o con juegos en red— y se crispa a ojos vistas ante la idea de una cena o una salida familiar. Más que nada quiere que lo dejen tranquilo en su habitación.

¿Por qué muchachos antes comunicativos se vuelven tan taciturnos y monosilábicos que lindan con el autismo cuando entran en la adolescencia? Las aportaciones testiculares de testosterona inundan los cerebros de los chicos. Ya hemos expuesto que la testosterona hace disminuir la conversación así como el interés por el trato social, excepto cuando implica deportes o actividad sexual.[28] De hecho, esta actividad sexual y las partes del cuerpo se convierten en verdaderas obsesiones.

Cuando daba clase a jóvenes de quince años y llegaba el momento en que las chicas hicieran preguntas a los chicos, ellas querían saber lo siguiente: «¿Preferís a las chicas que tienen un poco de pelo o mucho pelo?» Pensé que se referían a peinados, a optar entre el cabello largo o corto. Pero no tardé en darme cuenta de que se referían a la preferencia de los chicos por un vello púbico abundante o escaso. Los muchachos afirmaron de plano: «Nada de vello en absoluto.» No nos andemos, pues, con rodeos: los jóvenes adolescentes están a menudo total y decididamente consumidos por fantasías sexuales, partes del cuerpo de las muchachas y la necesidad de masturbarse. Su resistencia a hablar con los adultos surge de la idea de que por arte de birlibirloque los mayores leerán entre líneas y adivinarán en sus miradas que el tema del sexo les ha dominado pensamiento, cuerpo y alma.

Un muchacho adolescente se siente aislado y avergonzado por sus pensamientos. Hasta que sus colegas empiezan a bromear y comentar detalles de los cuerpos de las chicas, cree que es el único abrasado por fantasías sexuales tan intensas y vive con el constante temor de que alguien se dará cuenta de unas erecciones que parecen incontrolables. El frenesí compulsivo de la masturbación lo domina muchas veces al día. Vive con el temor de ser «descubierto». Es reacio a la intimidad verbal con las chicas, aunque sueña con otra intimidad con ellas día sí día no. Durante algunos años de la adolescencia el cerebro de la chica y el del chico tienen prioridades hondamente diferentes cuando se da el caso de que estén juntos.

TEMOR AL CONFLICTO

Los estudios indican que las muchachas están motivadas —en el nivel molecular y neurológico— para aliviar e incluso evitar el conflicto social. El cerebro femenino tiene por finalidad mantener la relación a toda costa. Esto puede ser especialmente efectivo en el cerebro de la adolescente.[29]

Recuerdo cuando Elana, la hija mayor adolescente de mi amiga Shelley, trasnochaba casi toda la semana con su mejor amiga, Phyllis, y, si no lo hacía, hablaban por teléfono hasta que tenían que irse a la cama. Planeaban lo que iban a ponerse, hablaban de romances con muchachos y seguían juntas la televisión con ayuda del teléfono. Cierto día Phyllis empezó a hablar mal de una muchacha poco popular de la clase, que había sido buena amiga de Elana en la escuela primaria. Su maldad incomodó y enfadó a Elana pero, apenas pensó en enfrentarse a Phyllis, una oleada de angustia asaltó su mente y su cuerpo. Se le ocurrió que si le echaba en cara a Phyllis ni siquiera una sombra de crítica, la discusión podría significar el final de la amistad. En vez de arriesgarse a perder su amistad con Phyllis, Elana optó por no decir nada.

Ésta es una cantinela que suena en el cerebro de toda mujer ante la idea de cualquier conflicto, incluso de un pequeño desacuerdo. El cerebro femenino reacciona con una alarma mucho más negativa ante el conflicto y el estrés de las relaciones que el cerebro masculino.[30] Los hombres gozan a menudo con el conflicto y la competición interpersonales, incluso alardean de ellos.[31] En las mujeres, el conflicto moverá probablemente una cascada de reacciones hormonales negativas, creando sentimientos de estrés, alteración y temor. El cerebro femenino leerá como una amenaza a la relación el mero pensamiento de que puede haber un conflicto, y traerá consigo la preocupación de que la siguiente charla con su amiga será la última.[32]

Cuando una relación está amenazada o perdida, caen en picado algunas de las sustancias neuroquímicas del cerebro femenino —como la serotonina, la dopamina y la oxitocina (la hormona de las relaciones)— y pasa a dominar la hormona del estrés, el cortisol.[33] La mujer empieza a sentirse angustiada, aislada y temerosa de verse rechazada y sola. Pronto comienza a buscar cualquier relación en demanda de la beneficiosa droga de la intimidad, la oxitocina. Experimenta sensación de proximidad cuando fluye la oxitocina, potenciada por el contacto social, pero, en el momento en que el contacto social desaparece y la oxitocina toca fondo, sufre una perturbación emocional.

Tan pronto como una mujer ve heridos sus sentimientos, el desequilibrio hormonal desencadena la temible fantasía de que la relación está acabada. Por esa razón, Elana decidió dejar pasar el comentario malicioso de Phyllis sobre su antigua amiga, para no arriesgarse a un choque que pondría fin a la amistad. Tal es la desazonante realidad que se plasma en el cerebro femenino. Por eso la ruptura de una amistad o la simple idea del aislamiento social resulta tan angustiosa, sobre todo entre las adolescentes. Muchos circuitos cerebrales están sintonizados para registrar la proximidad, y cuando resulta amenazada, el cerebro hace sonar la estrepitosa alarma del abandono. Robert Josephs, de la Universidad de Texas, ha concluido que la autoestima masculina deriva mayormente de su capacidad para mantenerse independientes de los demás, mientras que la autoestima femenina se sustenta, en parte, en su capacidad para conservar relaciones afectuosas con el prójimo.[34] Como resultado, acaso pueda ser la principal causa de estrés en el cerebro de la mujer o de la joven el temor a perder relaciones de afecto y la carencia de apoyo vital y social que la pérdida supondría.

Una ocasión creciente de estrés y angustia en la pubertad de una muchacha puede estar directamente relacionada con la formación de grupos y clubes.[35] De hecho, la formación de grupos puede ser efecto de su respuesta ante el estrés. Hasta hace poco se creía que todos los seres humanos reaccionaban ante el estrés con arreglo a la conducta de «combate o fuga» descrita por W. B. Cannon en 1932.[36] Según esta teoría, una persona sometida a estrés o a una amenaza atacará a la fuente de dicha amenaza si existe una posibilidad razonable de vencer; de lo contrario, el individuo escapará de la situación amenazadora. De todos modos, la conducta tipo «combate o fuga» puede no ser característica de todos los humanos. La profesora de psicología de la Universidad de California, en Los Ángeles, Shelley Taylor, arguye que ésta es con mayor probabilidad la respuesta masculina a la amenaza y al estrés.[37]

Ambos sexos, sin duda, experimentan un intenso aflujo de sustancias neuroquímicas y hormonas cuando se encuentran sometidos a un estrés agudo; sustancias que los preparan para hacer frente a las demandas de una amenaza inminente.[38] Este aflujo puede hacer que los varones salten a la acción; sus modos de agresión son más directos que los femeninos. Quizá el combate no forme parte de la adaptación evolutiva femenina tal y como forma parte de la masculina, porque las hembras tienen menos posibilidad de derrotar a los machos, más corpulentos. Incluso si estuvieran igualados en fuerza con sus oponentes, entrar en combate podría significar que un pequeño indefenso quedase abandonado y vulnerable. En el cerebro femenino, el circuito propio de la agresión está más íntimamente ligado a las funciones cognitivas, emocionales y verbales de lo que lo está la ruta varonil de la agresión, que se halla más conectada con las áreas cerebrales de la acción física.[39]

En lo concerniente a la fuga, las hembras son menos aptas, en general, para escapar cuando están embarazadas, crían o cuidan de un niño vulnerable. La investigación ha establecido que las hembras de los mamíferos, sometidas a estrés, raras veces abandonan a sus crías una vez que han formado lazos maternales.[40] Como resultado, las hembras parecen disponer de algunas reacciones ante el estrés, además del «combate o fuga», que les permiten protegerse a sí mismas y a las crías dependientes de ellas. Una de estas reacciones puede ser la de confiar en los lazos sociales. Las hembras de un grupo social fijo están más inclinadas a acudir a la ayuda recíproca en situaciones de amenaza o estrés. Las hembras pueden avisarse unas a otras dentro del grupo anticipando el conflicto, lo cual les permite alejarse del peligro potencial y continuar cuidando sin peligro a las crías dependientes. Esta norma de conducta se denomina cuida y haz amistades y puede constituir una estrategia particularmente femenina. Cuidar implica actividades de tutela que fomentan la seguridad y reducen la desgracia para la hembra y su cría. Hacer amistades es la creación y conservación de redes sociales que puedan ayudar en este proceso.[41]

Recuérdese que nuestro moderno cerebro femenino conserva los circuitos antiguos de nuestras antepasadas más exitosas. Al principio de la evolución de los mamíferos, las hembras muy bien podrían haber formado redes sociales de ayuda cuando los machos las amenazaban, según indican estudios sobre algunos primates no humanos. En ciertas especies de monos, por ejemplo, si un macho es desmedidamente agresivo con una hembra, las demás integrantes del grupo acudirán a hacerle frente, se plantarán hombro con hombro y lo ahuyentarán a fuerza de chillidos amenazadores.[42] Estas redes de las hembras proporcionan también otros tipos de protección y apoyo. Muchas especies de hembras de primates velan y cuidan las crías de otras, comparten información acerca de dónde encontrar alimentos y crean normas de conducta maternal para que aprendan las hembras más jóvenes.[43] Joan Silk, antropóloga de la Universidad de California, encontró un vínculo directo entre el grado de conexión social de los babuinos hembras y su éxito en la reproducción. En su estudio, realizado a lo largo de dieciséis años, demostró que las madres más conectadas socialmente tenían mayor número de cachorros supervivientes y mayor éxito en la transmisión de sus genes.[44]

Las adolescentes empiezan a crear y practicar estas relaciones de amistad durante sus charlas íntimas en los baños de la escuela. Desde un punto de vista biológico, están alcanzando la fertilidad óptima. Los cerebros de la Edad de Piedra que hay en ellas se ven inundados de sustancias neuroquímicas que les piden que se relacionen con otras mujeres para poder ayudarlas a proteger a la prole. Su cerebro primitivo les está diciendo: «Cancelad este vínculo y tanto vosotras como vuestra descendencia estaréis perdidas.» Es un mensaje convincente. No es sorprendente que las muchachas consideren insoportable la sensación de quedar excluidas.

EL CEREBRO MARCHA AL SON DEL TAMBOR DEL ESTRÓGENO

Cuando Shana tenía diez años, a Lauren le resultaba más difícil despertarla para que fuera a la escuela. Los fines de semana Shana comenzó a dormir hasta el mediodía. Lauren estaba segura de que esa pauta de sueño reflejaba las malas costumbres de Shana: esperaba hasta el último segundo para acabar trabajos importantes y le gustaba quedarse hasta tarde a ver la televisión. Shana empezó a deprimirse porque su madre no paraba de llamarla holgazana y no entendía por qué; estaba cansada y quería dormir, eso era todo. Madre e hija estaban enzarzadas en permanente lucha cuando las vi la primera vez.

En realidad, las células del sueño del cerebro de Shana habían quedado reestructuradas por oleadas ováricas de estrógeno. El estrógeno afecta a casi todo lo que experimenta una adolescente, incluyendo la sensibilidad a la luz y el ciclo día-noche. Los receptores de estrógeno se activan en las células del cerebro que actúan en el núcleo supraquiasmático como un reloj de veinticuatro horas.[45] Estos racimos celulares orquestan los ritmos corporales diarios, mensuales y anuales, como los de las hormonas, la temperatura corporal, el sueño y el humor. El estrógeno incide directamente incluso en las células cerebrales que controlan la respiración.[46] Pone en marcha el singular ciclo femenino del sueño, así como la hormona del crecimiento. Llegada la pubertad, el estrógeno marca el ritmo de todo el cerebro femenino. Los cerebros masculino y femenino acaban marchando al son de tambores diferentes.

En las niñas de ocho o diez años —y en los niños uno o más años después—, el reloj del cerebro empieza a cambiar las pautas del sueño: se acuestan más tarde, se despiertan más tarde y, en suma, duermen más.[47] Cierto estudio mostró que a los nueve años los cerebros de las niñas y los niños tienen exactamente las mismas ondas cerebrales durante el sueño. A los doce años las chicas experimentan un viraje del 37 % en sus ondas cerebrales durante el sueño, comparadas con las de los chicos. Los científicos llegaron a la conclusión de que los cerebros de las muchachas maduran más aprisa. La reducción de las sinapsis extra en los cerebros de las adolescentes comienza antes que en los chicos, haciendo madurar más rápidamente todos sus circuitos cerebrales.[48] El cerebro femenino, por término medio, madura dos o tres años antes que el masculino. Los cerebros de los muchachos se desarrollan en el mismo sentido años más tarde, pero a los catorce su fase de sueño se adelanta hasta una hora más que la de las jóvenes. Ese solo hecho indica el comienzo de la falta de sincronía con el sexo opuesto. La tendencia femenina a acostarse y levantarse un poco antes que los hombres constituye una diferencia que durará hasta después de la menopausia.[49]

Vi a Shana y a su madre muchas veces a lo largo de los años. Las cosas se complicaron más aún conforme Shana fue adentrándose en el nuevo ritmo que el estrógeno establecía en su cerebro. Era el día vigesimosexto de su ciclo, y no es que Shana se limitase a gritar; es que pegaba alaridos.

—Mañana voy a ir a la playa y no puedes hacer nada para impedirlo. Prueba a detenerme.

—No, Shana —respondió Lauren—, no vas a ir con ese grupo de chicos. Ya te dije que no me gusta que despilfarren tanto dinero y estoy bastante segura de que se drogan.

—No sabes lo que dices. Eres una vieja estúpida, que no sabe lo que es vivir. Eres fea y aburrida, una doña perfecta. No sabrías lo que es bueno aunque te lo plantaran delante. No aguantas que sea más lista que tú ni más divertida que tú y lo único que quieres es tenerme reprimida. ¡Eres una imbécil de cojones!

Lauren perdió los estribos. Por vez primera en la vida le dio un bofetón a su hija.

El ciclo más notorio controlado por el estrógeno es el ciclo menstrual. El primer día que una joven tiene el período puede ser eufórico y sorprendente. Es un momento para celebrar no en el sentido hippy o New Age, sino porque cada mes el ciclo menstrual refresca y recarga ciertas partes del cerebro de una muchacha. El estrógeno actúa como fertilizante sobre las células, excitando el cerebro a la vez que hace que la chica esté socialmente más calmada durante las primeras dos semanas. Durante esas semanas (la fase del estrógeno) se da un incremento del 25 % de las conexiones en el hipocampo y eso hace que el cerebro se muestre un poco más agudo y funcione un poco mejor. Una se siente más lúcida, recuerda más cosas y piensa con más rapidez y agilidad.[50] Más tarde, al sobrevenir la ovulación alrededor del día decimocuarto, la progesterona empieza a salir de los ovarios y a contrarrestar la acción del estrógeno, actuando más bien como un herbicida sobre las nuevas conexiones del hipocampo. Durante las últimas dos semanas del ciclo, la progesterona hace que el cerebro al principio se sede y poco a poco se torne más irritable, menos centrado y algo más lento. Ésa puede ser una de las razones principales del cambio en la sensibilidad respecto del estrés durante la segunda mitad del ciclo menstrual. Las conexiones extra creadas durante las semanas en que el estrógeno está en alza se ven contrarrestadas por la progesterona en las dos semanas ulteriores.[51]

En los últimos días del ciclo menstrual, cuando cesa la progesterona, el efecto tranquilizante desaparece de súbito, dejando al cerebro momentáneamente alterado, estresado e irritable.[52] En este punto se hallaba Shana cuando le gritó a su madre. Muchas mujeres dicen que lloran con más facilidad y se sienten más a menudo pachuchas, estresadas, agresivas, negativas, hostiles e incluso desesperadas y deprimidas justo antes del comienzo de sus períodos.[53] En mi clínica los llamamos los días del llanto por los anuncios televisivos de comida para perros, porque incluso cosas tontas y ñoñas pueden desencadenar una reacción lacrimosa en ese corto lapso. Al principio este cambio brusco de humor coge por sorpresa a muchachas como Shana. Las adolescentes creen que todo lo que necesitan saber acerca del ciclo menstrual es acordarse de su Tampax y tomar Advil o Aleve contra las molestias menstruales, el día que empieza el sangrado. A algunas les cuesta asimilar la idea de que incluso cuando no sangran pueden registrarse efectos cerebrales de las hormonas del ciclo. Al llegar a la edad adulta saben cómo apañárselas. Muchas mujeres saben que, en las semanas tercera y cuarta, los impulsos furiosos van a caer en la norma de los dos días: aguardan dos días y analizan si quieren seguir actuando teniéndolos en cuenta.

A Shana le llevó unos días darse cuenta de que no debería haber hablado a su madre en la forma en que lo hizo. Y a medida que la progesterona fue bajando en su ciclo y volvió a subir el estrógeno, su irritabilidad empezó a desvanecerse. En el hipocampo le rebrotaron una vez más las conexiones y sus resortes cerebrales se lubricaron y trabajaron a plena capacidad. No tardó en sorprender a todo el mundo con sus agudezas y sus observaciones ingeniosas, que le causaron algún que otro contratiempo, porque los muchachos no siempre podían estar a su altura y las chicas la seguían a duras penas. El desarrollo cerebral de la mujer puede fluctuar con los cambios hormonales del ciclo menstrual. Una de las partes del cerebro más sensibles al estrógeno —el hipocampo— constituye una estación repetidora importante de transmisión en el procesado verbal de los recuerdos. Ésa puede ser una razón biológica que explica el aumento de la actividad verbal de las mujeres durante la semana alta del estrógeno —la segunda— dentro del ciclo.[54] A veces bromeo con mis alumnas sobre si no deberían presentarse a los exámenes orales el duodécimo día de sus ciclos, cuando están en la cumbre de su rendimiento verbal. Lo mismo debería valer para las adolescentes y las participantes en el test de aptitud escolar, así como para las esposas que quieren ganar una discusión al marido.

Pensémoslo. Tu cerebro se ha mostrado bastante estable. Has tenido un flujo constante —o falta de él— de hormonas durante toda tu vida. Cierto día tomas el té con mamá, al día siguiente la llamas imbécil, y, en calidad de muchacha adolescente, lo que menos quieres es crear conflictos. Acostumbrabas a considerarte una muchacha agradable y, de repente, parece que ya no te pudieras fiar de tu personalidad. Todo lo que creías saber de ti misma ha quedado desmentido de la noche a la mañana. Esto constituye una enorme brecha en la autoestima de una chica pero, en realidad, se trata de una reacción química bastante simple, incluso en una mujer adulta. Saber o no saber lo que está pasando supone una gran diferencia.

Para algunas mujeres la causa del problema es la retirada del estrógeno y la progesterona en el cerebro, que se registra en la cuarta semana del ciclo. Las hormonas se extinguen precipitadamente y el cerebro empieza a reclamar sus efectos balsámicos. Si no los obtiene se vuelve irritable, tanto que su alteración muestra el mismo espectro de desarreglo que en un ataque de apoplejía.[55] Es cierto que, sin duda, ocurre en un pequeño porcentaje de mujeres, pero no tiene ninguna gracia. El estrés y la reactividad emocional aumentan en los pocos días anteriores al comienzo del sangrado.[56] En el Instituto Nacional de la Salud Mental de Bethesda, Maryland, David Rubinow y sus colegas han estado estudiando los cambios de talante menstruales. Han encontrado pruebas directas de que las fluctuaciones hormonales durante el ciclo menstrual afectan la excitabilidad del circuito cerebral tal como lo mide el «reflejo de sobresalto», que muchos de nosotros consideramos como súbito y además relacionado con la respuesta al estrés. Esto ayuda a explicar por qué las mujeres se sienten siempre más irritables durante las semanas de máximo retroceso de las hormonas.[57]

Aun cuando el 80 % de las mujeres resultan sólo ligeramente afectadas por los cambios hormonales mensuales, en torno a un 10 % dicen que se ponen extremadamente quisquillosas y que se alteran con facilidad.[58] Las mujeres cuyos ovarios producen más estrógeno y progesterona son más resistentes al estrés, porque tienen más serotonina (sustancia química que procura sensación de bienestar) en las células del cerebro. Las mujeres con menos estrógeno y progesterona son más sensibles al estrés y tienen menos células cerebrales de serotonina.[59] Para esas personas más sensibles al estrés, los últimos días precedentes al comienzo de la regla pueden ser un infierno en la tierra. Les pueden abrumar ideas de hostilidad, desesperados sentimientos de depresión, pensamientos suicidas, ataques de pánico, miedo e incontrolables accesos de lloros y cólera.[60] Los cambios en las hormonas y la serotonina pueden conducir a una disfunción en la sede cerebral del discernimiento (el córtex prefrontal) y emociones dramáticas e incontroladas pueden abrirse camino con mayor facilidad desde las partes primitivas del cerebro.

Shana se hallaba en esta categoría. Durante la semana o las dos semanas previas a su menstruación, no paraba de meterse en líos por hablar cuando no debía e interrumpir la clase. De pronto se ponía insoportable y agresiva; un instante después se echaba a llorar. No tardó en desquiciarse, atemorizando a los padres, compañeros y profesores. Ni siquiera las repetidas reuniones con el director y el orientador escolar lograron reprimir sus estallidos de furia, y cuando sus padres la mandaron por fin a un pediatra, éste también quedó perplejo por su desaforada conducta. Fue una profesora la que se dio cuenta de que la conducta de Shana llegaba al colmo de la agresividad durante dos semanas de cada mes. El resto del tiempo se mostraba como antes —una típica adolescente—, algunas veces temperamental e hipersensible, pero, en general, colaboradora. Por una corazonada, la profesora me llamó a la clínica para sugerir que Shana tenía el síndrome premenstrual.

Los altibajos en el humor y la personalidad de Shana, aunque fueran extremos, no constituían ninguna sorpresa. En veinte años de práctica en psiquiatría y enfermedades de la mujer he visto centenares de muchachas y mujeres con problemas similares. Muchas se reprochan a sí mismas sus estallidos de mala conducta. Algunas han hecho psicoterapia durante años tratando de llegar al fondo de los motivos de su tristeza o cólera recurrentes. A muchas se las ha acusado por norma de abuso de drogas, malas actitudes y peores intenciones. La mayoría de estas hipótesis son injustas y todas ellas yerran el blanco por completo.

Muchas adolescentes y mujeres adultas tienen oscilaciones regulares y aparatosas en su humor y conducta porque, de hecho, la estructura de su cerebro cambia de día en día y de semana en semana.[61] El nombre médico para una reacción emocional extrema durante las semanas anteriores al período —disparada por las hormonas de estrógeno y progesterona— se llama desorden disfórico premenstrual (DDPM).[62] Algunas mujeres que han cometido delitos mientras sufrían DDPM lo han utilizado con éxito para su defensa en Francia e Inglaterra, alegando demencia temporal. Otras situaciones corrientes —como la migraña menstrual— vienen causadas también por un incremento de la excitabilidad del circuito cerebral y una disminución de la calma, precisamente antes del comienzo de la regla.[63] Investigadores del Instituto Nacional de la Salud Mental descubrieron que los cambios de emociones y humor que muchas mujeres experimentan durante el ciclo menstrual desaparecen cuando los ovarios están bloqueados en su producción fluctuante de hormonas. Puede ocurrir, según concluyen, que las mujeres con DDPM sean «alérgicas» en algún sentido o hipersensibles ante las fluctuaciones de estrógeno y progesterona durante el ciclo.[64] Hace cincuenta años se recurría a la extirpación quirúrgica de los ovarios como tratamiento exitoso del DDPM.[65] En aquel momento ésta era la única manera de suprimir la fluctuación hormonal.

En vez de quitarle a Shana los ovarios, le di una hormona para que tomara a diario —la píldora anticonceptiva de dosificación continua—, de modo que conservara el estrógeno y la progesterona en niveles moderadamente altos, pero constantes, y evitar que sus ovarios emitieran los grandes flujos de hormonas que le alteraban el cerebro.[66] Con el estrógeno y la progesterona en niveles constantes, su cerebro se mantuvo más tranquilo y los niveles de serotonina se estabilizaron.[67] Para algunas jóvenes añado un antidepresivo —el llamado IRSS (inhibidor de la recaptación selectiva de la serotonina)— que, además, puede estabilizar y mejorar la serotonina del cerebro. En otras palabras, mejorar el humor y la sensación de bienestar.[68] Al mes siguiente su profesora me llamó para informarme de que Shana había retornado a su antiguo buen talante, a su personalidad alegre y a sacar buenas notas.

ASUNCIÓN DE RIESGOS Y AGRESIÓN ENTRE LAS ADOLESCENTES

El día en que Shana gritó que quería ir a la playa, Lauren estaba preocupada por el novio de su hija, Jeff. Jeff pertenecía a una familia permisiva y muy rica y, a los quince años, Shana ya había practicado el sexo con él. Los padres de Jeff les permitían hacerlo en su casa, cosa que Shana había mantenido oculto a sus padres hasta que tuvo un amago de embarazo. Como Shana seguía saliendo con él, Lauren decidió que lo mejor era procurar conocerlo. Y cuanto más lo conocía, más le gustaba. Jeff no escatimaba en regalos para Shana (algo que a Lauren no le entusiasmaba, pero no quería herir sus sentimientos) y Shana se sentía feliz cuando lo tenía cerca. Negociaba con sus padres: «Vamos, mamá, estoy muy estresada, y si viene una hora me sentiré mejor. Prometo acabar mis deberes cuando se marche.» A menudo lo colaba en casa a escondidas; los dos entraban a hurtadillas como ladrones.

Hacía ocho meses que Shana se veía con Jeff. Un día después de decirle a Lauren cuánto lo amaba, Shana apareció en casa después del colegio con Mike, un chico que juró no era más que un amigo. Cuando Lauren subió para ver qué hacían, la puerta del cuarto estaba cerrada. La abrió y los encontró, según dijo, «metiéndose mano». Dado que había permitido a Shana tener relaciones sexuales con Jeff, Lauren no supo qué hacer. Era evidente que los impulsos sexuales de Shana se habían descontrolado.

Los centros emocionales de una muchacha devienen altamente reactivos en la pubertad.[69] El sistema de su cerebro para controlar emociones e impulsos —el córtex prefrontal— ha desarrollado ya muchas más células a los doce años, pero las conexiones aún son pequeñas e inmaduras.[70] Como resultado, los cambios de humor de una adolescente —resultantes en parte del aumento de los impulsos emocionales que proceden de la amígdala— son más rápidos y aparatosos. Su córtex prefrontal es como el viejo dial de un módem que recibe señales de banda ancha. No puede asumir el incremento de tráfico procedente de la amígdala y a menudo queda sobresaturado.[71] Los adolescentes, por ende, se aferran a una idea y siguen con ella sin pararse a considerar las consecuencias. Se quejan de cualquier autoridad que quiera reprimir sus impulsos.

Mi paciente Joan, por ejemplo, se quedó al norte del estado de Nueva York el verano siguiente a graduarse en el internado donde había estudiado. Era una alumna brillante, pero había tenido un lío con un chico del pueblo que no había terminado la enseñanza media, había pasado por un reformatorio y, a los dieciséis años, había sido padre de un niño. La muchacha salió con él todo el verano, y cuando llegó la época de volver a la universidad, lo pensó dos veces, porque quería seguir con él. Cuando sus padres la amenazaron con coger el coche, ir a buscarla y arrastrarla a la universidad, se fugó con él. Luego recobró la sensatez y accedió a ir, pero pasó mucho tiempo antes de que volviera a hablar de manera civilizada con sus progenitores. Para los cerebros adolescentes es difícil afrontar estas situaciones con sentido común.

¿Te acuerdas de Romeo y Julieta? Ojalá los dos amantes hubieran sabido que sus circuitos cerebrales se hallaban en una reconstrucción importante. Ojalá hubieran sabido que sus hormonas sexuales hacían crecer sus células cerebrales y emitían ramificaciones, y que pasarían varios años hasta que se formasen conexiones estructuralmente sólidas, una vez que aquellas ramificaciones estuvieran enchufadas en los puntos correctos de los córtex prefrontales maduros. De todos modos, el cerebro de Julieta habría madurado dos o tres años antes que el de Romeo, de forma que podría haber vuelto a sus cabales antes que él. Estas extensiones inacabadas —sin mielina—, especialmente prominentes en las conexiones entre el centro emocional de la amígdala y el centro de control emocional del córtex prefrontal, necesitan recubrirse de una sustancia, llamada mielina, que permite la conductividad rápida antes de que puedan funcionar de forma eficaz en situaciones de estrés.[72] Esto puede no ocurrir hasta el final de la adolescencia o el principio de la edad adulta. Sin una conexión rápida hasta el córtex prefrontal, los enormes trasvases de impulsos emocionales conducen a menudo a comportamientos rudos e inmediatos y a la sobrecarga del circuito.

Si una adolescente se altera por una restricción paterna que le disguste, como: «Ya sabemos que estuviste bebiendo en la fiesta, que andas demasiado metida entre chicos y que tus notas son malas, de modo que te vas a quedar encerrada en casa», su amígdala quizá no sepa responder otra cosa que «os odio». Aun así, vigila los sutiles signos de rebeldía que pueden sobrevenir: ella encontrará otros medios para desautorizarte.

Karen, antigua paciente mía —ahora profesora titular de bioquímica—, me contó una historia que ilustra esta realidad de las adolescentes. Ella creció en una pequeña ciudad del estado de Washington, donde muchos estudiantes abandonaban la enseñanza media para trabajar en las compañías madereras del país. Sus amigas se colocaron como cocineras o secretarias en los campamentos de leñadores; o se casaron y casi inmediatamente quedaron embarazadas. Cuando estudiaba segundo curso de la enseñanza media, Karen estaba desesperada por marcharse de casa. Estaba decidida a ir a la universidad, una idea descabellada en una ciudad donde sólo los profesores, el médico y el bibliotecario tenían una carrera universitaria. Sus padres la acusaban de vivir en un mundo de fantasía. No tenían dinero para enviarla a la universidad y le preguntaban qué pensaba hacer con un título universitario, cuando lo más probable era que se quedase preñada apenas tuviera veinte años.

Su desdén fortaleció el afán de Karen por encontrar una salida. A los dieciocho años decidió quedarse en la escuela y graduarse, pero tenía edad suficiente para colocarse como gogó en uno de los bares del pueblo, frecuentados por los leñadores que bajaban a gastarse allí su paga. Se fue a vivir con su novio y trabajaba por la noche en el bar. Demasiado joven para hacer toples, se las arregló para que le dieran propinas de veinte dólares, que los clientes le metían en el sujetador.

Esa clase de trabajo no era el más adecuado para una futura profesora de bioquímica, que digamos. Aun así, Karen ganó bastante dinero para pagarse su primer semestre en la universidad y, después, sus buenas notas fueron recompensadas con una beca completa. Ahora que Karen es madre de tres adolescentes, dos chicas y un chico, procura imaginar cómo habría reaccionado si su hija de dieciocho años le hubiera anunciado que trabajaba como bailarina de *pole-dance* en un bar. Por su parte, ella había evitado todo incidente peligroso, pero su actuación como gogó podría haber derivado en cualquier otra cosa.

Los cambios de las condiciones hormonales en los cerebros femeninos durante el ciclo menstrual añaden todavía más volatilidad a la mezcla. Si el estrógeno y la progesterona se limitaran a crecer durante la adolescencia y permanecieran en aquel nuevo nivel superior, el cerebro femenino se reajustaría permanentemente. Sin embargo, como hemos visto, tales hormonas llegan en oleadas. Dado que el cerebro de la adolescente está sometido a cambios considerables, sobre todo en áreas en particular sensibles a las oscilaciones hormonales, la pubertad puede ser una época virulentamente impulsiva para muchas chicas.[73] Si no padece estrés en una semana favorable del ciclo menstrual, el córtex prefrontal de la adolescente puede funcionar con normalidad. En tales etapas puede mostrar buen juicio y buena conducta, pero un leve estrés —como una decepción o una mala nota— pueden hacer descarrilar en un día de SPM el córtex prefrontal, causando una respuesta emocional exagerada y una conducta descontrolada —como la de gritar y dar portazos—, lo que en mi casa llamamos un jaleo. Las oleadas de testosterona en los adolescentes pueden tener efectos cerebrales similares, pero aún no se han estudiado. A esa edad, las oleadas de hormonas hacen que un estrés ligero o cualquier nimiedad parezcan una catástrofe.[74]

Puede resultar difícil tranquilizar la amígdala inflamada de una muchacha.[75] Muchas de ellas se orientan hacia las drogas, el alcohol y la comida (dejan de comer o se atiborran) cuando están sometidas a estrés.[76] Si eres padre o madre de adolescentes, te toca pasar por alto mucho de lo que dicen. No prestes oído a retóricas impulsivas o emotivas. Es necesario conservar la serenidad. Las adolescentes manifiestan sus intenciones —y las sienten— con tal pasión que son capaces de convencerte aunque no quieras. Lo único que se debe recordar es que los circuitos de control de impulsos de la adolescente no pueden controlar su aparición. Guste o no hay que proporcionar el control que su cerebro es incapaz de mantener. Aun cuando Joan odiase a sus padres por amenazarla con ir a por ella y llevársela en el coche, «mis padres hicieron lo que debían», me dijo años después. El deber de los padres era actuar con el buen juicio que le faltaba a ella en aquella época.

DEPRESIÓN

No pasó mucho tiempo antes de que Mike empezara a darse cuenta de que los impulsos de Shana estaban descontrolados. Si había podido variar en un santiamén respecto de Jeff, también podía cambiar de opinión acerca de él y decidió romper la relación. Algunos de los amigos de Shana también estaban furiosos con ella por cómo había tratado a Jeff, y Shana se estaba quedando aislada. Hasta entonces la muchacha lo estaba haciendo bien: escribía en el periódico de la escuela, se tomaba en serio la escultura e iba a disponer de un buen abanico de centros universitarios para elegir. Los profesores estimaban su creatividad y su chispa. Pero cuando Mike cortó con ella, todo cambió. Shana perdió un montón de kilos. Dejó de ir bien en la escuela y abandonó el periódico escolar, ya no escribía los textos que le habían encomendado. No podía concentrarse para hacer sus deberes ni dormir; estaba obsesionada con su peso y su aspecto; no era capaz de evitar que su cerebro dejara de pensar en su ex. Pude verle unas pocas cicatrices en el brazo y comprendí que se estaba haciendo cortes. Me alarmé mucho, porque ésa es la etapa en que se duplica la proporción de depresiones entre mujer y hombre.[77]

Los chicos y las chicas sufren el mismo riesgo de depresión ante las hormonas de la pubertad. Pero a los quince años, ellas tienen el doble de posibilidades de padecer depresiones.[78] La genética también puede jugar un papel en la depresión femenina.[79] Por ejemplo, en ciertas familias que tienen altas tasas de depresión, los investigadores han encontrado una mutación en un gen llamado CREB-1 que somete a las adolescentes —pero no así a los chicos— al riesgo más alto de depresión clínica.[80] La madre y la abuela de Shana habían sufrido graves depresiones en su adolescencia y una prima suya se había suicidado. Estos hechos la situaban en serio peligro. Shana padecía una auténtica depresión clínica. Empecé a tratarla con antidepresivos, permanecí en contacto continuo con ella e hice una terapia cognitiva semanal. Entre cuatro y seis semanas más tarde volvió a ser capaz de concentrarse, aprobar los exámenes finales y dejar de obsesionarse con Mike y su peso.

BIOLOGÍA DE LAS MUCHACHAS MALICIOSAS

La afluencia hormonal puede volver en un periquete a unas chicas agradables en chicas malvadas, cosa que suele ocurrir con la rivalidad sexual, tan intensa y básica entre las adolescentes.[81] Sin embargo, esa rivalidad se desarrolla con una serie de normas diferente a la de los chicos.[82] Las muchachas se sienten inclinadas a reunirse en grupos, pero hay un aspecto en el cual dichos grupos entran en guerra. Las adolescentes pueden ser tremendamente malas, ya lo sabemos. Cuando las mujeres compiten con otras mujeres a menudo usan herramientas más sutiles, como el difundir rumores para desprestigiar a una rival.[83] De ese modo pueden borrar sus huellas: «No era mi intención hacer daño. Lo siento.» Semejante táctica disminuye el peligro de destruir el lazo que el cerebro de la adolescente considera esencial para la supervivencia. Sin embargo, también es esencial para ella la rivalidad sexual.

Recuerdo que cuando yo estaba en séptimo curso, había una chica muy guapa, a quien las otras le tenían mucha envidia, porque atraía toda la atención de los chicos. Era tímida y las demás dieron por sentado que era una esnob. Cierto día una muchacha no tan guapa, que se sentaba justo detrás de ella en la clase, se sacó de la boca una bola de chicle y se la pegó al pelo. Sin darse cuenta, la chica guapa empezó a revolver el chicle formando tal enredo que el único modo de deshacerlo fue cortándole sus seductores rizos. La reina de la malicia que había pegado el chicle en el cabello de esa muchacha se sintió triunfante. Su imperativo biológico de competir por el atractivo sexual había logrado una victoria momentánea.

Las hormonas habitualmente asociadas con la agresión tanto entre los varones como las hembras son los andrógenos.[84] Empiezan a elevarse al comienzo de la pubertad y continúan hasta culminar a los diecinueve años en ellas y a los veintiuno en ellos.[85] Los tres principales andrógenos que producen las mujeres son la testosterona, la DHEA y la androstenediona. Un estudio de la Universidad de Utah descubrió en la mayoría de las adolescentes agresivas y descaradas altos niveles del andrógeno androstenediona. El acné es una buena clave de que los niveles de andrógeno de un adolescente están elevados. Las muchachas con niveles elevados de testosterona y DHEA tienden a tener relaciones sexuales precoces.[86] Cuando conocí a Shana a los quince años no sólo tenía acné y senos totalmente desarrollados, sino que desde el año anterior tenía relaciones sexuales.

Los impulsos agresivos pueden fluctuar con las hormonas del ciclo menstrual. Durante algunas semanas del ciclo la adolescente estará más interesada en los contactos sociales. En otras semanas lo estará más en tener poder sobre los muchachos y otras chicas.[87] Esta asociación implica que las cantidades superiores de andrógenos, producidas por los ovarios durante las segunda y tercera semanas, aumentan los niveles de agresión en las mujeres y adolescentes.[88] La empatía reducida, la disminución de relaciones y el sentido de pertenencia se asocian en ambos sexos con niveles más elevados de andrógenos. No podemos saberlo con seguridad, pero es posible que los niveles más elevados de andrógenos de Shana en ciertas semanas de su ciclo dispararan la agresividad de sus exabruptos.

Cuando los niveles de andrógeno disminuyen, no sólo se reduce la agresividad sino que también mengua el impulso sexual. Las adolescentes que toman anticonceptivos orales reducen la agresividad y el impulso sexual, porque reprimen los ovarios y se produce menos andrógeno. Aun cuando tanto los hombres como las mujeres generan testosterona, aquéllos producen diez veces más, lo cual significa que su impulso sexual es otras tantas veces mayor que el de las mujeres. Los científicos saben que probablemente no son sólo los andrógenos los que aumentan el espíritu agresivo en las mujeres, sino también el estrógeno. Según el mismo estudio de la Universidad de Utah, las mujeres más extrovertidas, con un alto grado de autoestima, tenían niveles más elevados de estrógeno, testosterona y androstenediona.[89] También se figuraban que estaban por encima de lo que las compañeras pensaban de ellas. Los demás acostumbraban a tomarlas por muchachas pretenciosas.

Desde luego, una hormona no provoca por sí sola ninguna conducta. Las hormonas simplemente aumentan la probabilidad de que en ciertas circunstancias sobrevenga determinado comportamiento. Y, así como no existe una sola sede de agresividad en el cerebro, tampoco hay una sola hormona de la agresividad. Sin embargo, ambos sexos necesitan cierta dosis de agresividad para tener éxito y alcanzar poder en el mundo. Las hormonas cambian la realidad de las adolescentes, y la percepción que tienen de sí mismas como seres sexuales, asertivos e independientes.

Durante la adolescencia los circuitos cerebrales de una chica pasan por muchas etapas de crecimiento y poda. Es como si recibiera un nuevo surtido de cables de extensión y tuviera que concretar cuál de ellos enchufar en cada punto. Ahora ya puede empezar a manifestarse la potencia total de sus circuitos femeninos cerebrales. Y ¿hacia dónde la impulsarán? Exactamente hacia los brazos de un hombre.

3

Amor y confianza

Melissa, una descocada productora cinematográfica de San Francisco, se moría de ganas de enamorarse. Su carrera iba transcurriendo a ritmo estable y a los treinta y dos años se sentía dispuesta a entrar en la siguiente fase de su vida. Anhelaba una familia y la relación estable con un hombre que estuviera junto a ella más allá de unos cuantos meses cargados de sexo. El único problema era que no parecía encontrar al sujeto adecuado. Melissa acudía a innumerables citas concertadas por amigos o quedaba con hombres a quienes había conocido a través de internet, pero ninguno le hacía sentir mariposas en el estómago ni el apremio intenso e irracional de estar cerca de él constantemente.

Cierta noche su mejor amiga, Leslie, llamó y le pidió a Melissa que fueran a bailar salsa; Melissa no tenía ganas. Quería quedarse en casa, relajarse y ver la tele, pero Leslie era incansable y al final Melissa accedió. Se alborotó su rizado cabello para estar sexy, se puso una falda centelleante, sus nuevos zapatos de tacón de cuero rojo y también se pintó de rojo los labios para hacer resaltar la boca. Paró un taxi para ir al club de baile.

Leslie ya estaba allí tomando un margarita cuando llegó Melissa. Mientras se relajaban antes de invadir la pista de baile, Melissa vio a un hombre alto, guapo, de facciones marcadas, moreno y con una mata de pelo negro, que destacaba en la sala. «Vaya, qué bueno está», dijo.

Se volvió hacia Leslie y le pidió que mirase a aquel hombre, pero era demasiado tarde. Él se acercaba. Melissa clavó los ojos en el desconocido. Una onda de energía le electrizó la espalda. Era una sensación que no había experimentado durante los meses de citas fallidas. En aquel hombre había algo vagamente familiar. «Mmm ¿quién es ése?», le susurró a Leslie mientras su córtex cerebral examinaba los archivos de la memoria. No encontró datos, pero todos sus circuitos de atención estaban ya en «estado de alerta para el emparejamiento». ¿Estará solo o con alguien?, se preguntó. Miró a su alrededor en busca de una de esas mujeres espectaculares que parecen ir siempre adheridas a los tipos esculturales, pero no vio a ninguna; y él seguía aproximándose.

A medida que se acercaba, Melissa prestaba cada vez menos atención a las palabras de su amiga. Sujetó con fuerza el vaso que tenía en la mano. No le quitaba los ojos de encima, se fijaba en todos los detalles: los zapatos de cuero de Armani, los llamativos pantalones de pana y la ausencia de alianza en el dedo de la mano izquierda. Todo lo demás se desvanecía en la lejanía mientras el cerebro de Melissa anhelaba establecer contacto. Sentía que se estaba enamorando. El impulso de emparejamiento la había dominado.

—Hola, soy Rob —dijo él apoyándose bastante nervioso en la barra. Su voz era puro terciopelo—. ¿Nos hemos visto antes?

Melissa era incapaz de entender sus palabras. Sólo podía disfrutar la sensación que le producía, su aroma a tierra y sus diabólicos ojos verdes.

Había empezado la danza del romance, y el coreógrafo no era ni un amigo ni una casamentera. Era la biología del cerebro de Melissa. Ya sabemos que la evolución ha programado en nuestros circuitos cerebrales del amor la simetría de los cuerpos y las caras que nos hechizan, los movimientos que nos seducen y la palpitante pasión de lo atractivo.[1] La «química» a corto y largo plazo entre dos personas puede parecer accidental, pero la realidad es que nuestros cerebros están programados de antemano para saberlo. Nos inducen sutil pero firmemente hacia parejas que puedan compensar nuestras deficiencias en la lotería de la reproducción humana.

El cerebro de Melissa empieza a registrar la huella de Rob. Las hormonas le brotan. Mientras él le cuenta que es asesor de marketing, que vive en un loft en Potrero Hill y hace acopio de valor para pedirle un baile, el cerebro de ella, más deprisa que el mejor ordenador, evalúa las cualidades que lo pueden situar en el camino de convertirse en su pareja. Ya se ha encendido alguna luz verde advirtiendo que es buena persona y, bum, unas cálidas ondas avasalladoras de atracción y deseo inundan el cuerpo de Melissa, con aflujo directo de dopamina, euforia chispeante y entusiasmo. Su cerebro también le ha remitido un chute de testosterona, la hormona que despierta el deseo sexual.[2]

A medida que habla, Rob también está tomándole de cerca la medida a Melissa. Si sus cálculos resultan positivos, experimentará una subida neuroquímica que le impulsará a ligar con ella.[3] Con sus circuitos del amor mutuamente conectados, los dos salen a la pista y pasan las horas siguientes enganchados en sudorosos ritmos de salsa. A las dos de la madrugada la música se va apagando y el club empieza a vaciarse. Leslie se ha ido a casa hace horas. De pie en la esquina, Melissa dice que tiene que marcharse y se vuelve con coquetería sobre sus altos tacones.

—Espera —dice Rob—, no tengo tu teléfono. Quiero volver a verte.

—Búscame en Google y me encontrarás —contesta ella y, sonriendo, toma un taxi.

Empieza la cacería.

Los cálculos iniciales de un romance son inconscientes para los hombres y las mujeres y se muestran muy diferentes. En los emparejamientos a corto plazo, por ejemplo, los hombres son los cazadores y las mujeres quienes seleccionan. No se trata de estereotipos sexuales. Ésta es nuestra herencia de aquellos antepasados que aprendieron durante millones de años a propagar sus genes. Como observó Darwin, los machos de todas las especies están hechos para cortejar a las hembras y es característico de las hembras seleccionar a sus pretendientes. Tal es la arquitectura cerebral del amor diseñada por los que triunfaron reproductivamente en la evolución. Incluso las figuras, las caras, los olores y las edades de las parejas que escogemos están influenciados por patrones establecidos milenios atrás.

La verdad es que somos mucho más predecibles de lo que pensamos. En el curso de nuestra evolución como especie, los cerebros han aprendido a identificar a las parejas más sanas, a las que con más probabilidad nos darán hijos, y a aquellas cuyos recursos y actitud podrán ayudar a sobrevivir a nuestra descendencia.[4] Las lecciones que aprendieron los hombres y mujeres primitivos están hondamente codificadas en nuestros modernos cerebros como circuitos neurológicos del amor.[5] Están presentes desde el momento en que nacemos, y en la pubertad se activan por obra de cócteles de sustancias neuroquímicas de acción rápida.

Es un sistema bien orquestado. Nuestros cerebros identifican una pareja potencial y, si se ajusta a nuestra lista ancestral de deseos, conseguimos un aporte de sustancias químicas que nos inundan con un impulso de atracción enfocada como un láser. Llamémoslo amor o encaprichamiento. Ése es el primer paso dentro del antiguo camino de emparejamiento. Se han abierto las puertas al programa cerebral de cortejo-emparejamiento-procreación. Melissa podría no haber querido conocer a nadie aquella noche, pero su cerebro tenía otros planes, que resultan profundos y primitivos. Cuando su cerebro vio a Rob al otro lado de la sala, partió una señal de emparejamiento y vinculación a largo plazo. Y Melissa tuvo la suerte de que el cerebro de él sintiese lo mismo. Cada uno de ellos superará la ansiedad, las amenazas y las alegrías turbadoras sobre las cuales tienen escaso control, porque la biología está construyendo ya su futuro común.

LA ESTRUCTURA MENTAL EN EL EMPAREJAMIENTO

Cuando Melissa pasea ufana por las calles de la ciudad, saborea su café latte o navega por internet en busca de posibles citas, mientras espera que Rob localice su teléfono en su sitio web —Melissa le dijo el nombre de su última película, de modo que si es listo, la encontrará—, no es fácil creer que lo que tiene dentro de su cráneo es un cerebro de la Edad de Piedra. Sin embargo, ésa es la verdad según los científicos que estudian la ingeniería de la mente humana en cuanto a emparejamiento-atracción.[6] Pasamos más del 99 % de los millones de años que les costó evolucionar a los seres humanos viviendo en condiciones primitivas. Como resultado, según la teoría, nuestros cerebros se desarrollaron para resolver los problemas con los que topaban aquellos primeros antepasados humanos. El desafío más importante al que debían enfrentarse era la reproducción. No se trataba sólo de tener niños, sino de asegurar que vivieran lo suficiente para propagar sus genes. Los hombres primitivos cuyas elecciones de pareja produjeron más descendencia superviviente triunfaron en la transmisión de sus genes. Sus sistemas cerebrales específicos para la atracción y cortejo fueron los más afortunados. Los antepasados que efectuaron acciones reproductivas equivocadas no dejaron huella en el futuro de la especie. Como resultado, los circuitos cerebrales de los mejores reproductores de la Edad de Piedra se convirtieron en los circuitos estándar de los humanos modernos. Estos circuitos del cortejo son lo que se conoce como enamorarse. Podemos pensar que somos un poco más sofisticados que Pedro o Vilma Picapiedra, pero nuestros perfiles y equipos mentales básicos son los mismos.

Que nuestros instintos mentales no hayan cambiado en millones de años puede explicar por qué las mujeres de todo el mundo buscan las mismas cualidades ideales en una pareja a largo plazo, según el psicólogo evolucionista David Buss.[7] Durante más de cinco años Buss estudió las preferencias en materia de varones de más de diez mil mujeres pertenecientes a treinta y siete culturas de todas las partes del mundo, desde alemanas occidentales y taiwanesas hasta pigmeos mbuti y esquimales aleutianos. Descubrió que, en todas las culturas, las mujeres tienen menos interés en el atractivo físico de un posible marido, y más en sus recursos materiales y estatus social. Rob le había contado a Melissa que era asesor de marketing; de ésos los había a cientos en San Francisco y Melissa había visto a muchos tener que cerrar el despacho. Ella no se dio cuenta de que semejante idea le ponía difícil establecer si Rob era «el Adecuado» o «el Aquí y Ahora». Los hallazgos de Buss pueden resultar incómodos en una época en que muchas mujeres alcanzan puestos altos y se enorgullecen de su independencia social y económica. Sin embargo, descubrió que, en todas esas treinta y siete culturas, las mujeres valoran aquellas cualidades en una pareja mucho más que los varones, que prescinden del patrimonio de las mujeres y de su capacidad para prosperar. Melissa puede ser una unidad económica independiente, pero quiere que su pareja también proporcione ingresos. Las hembras de los pergoleros o aves del emparrado comparten esta preferencia al escoger emparejarse con el macho que haya construido el nido más bonito. Mi marido bromea con que él es como un pergolero macho, pues construyó una hermosa casa varios años antes de que nos conociéramos; estaba preparado y esperándome. Las mujeres, según han descubierto algunos investigadores, buscan parejas que sean, por término medio, al menos diez centímetros más altas y tres años y medio mayores. Estas preferencias femeninas respecto de la pareja son universales. Como resultado, según concluyen los científicos, son parte de la arquitectura heredada del sistema de selección de la pareja que hay en el cerebro femenino y se supone que persiguen una finalidad.

Según Robert Trivers, biólogo evolucionista de vanguardia de la Universidad Rutgers, la elección de una pareja de acuerdo con tales atributos constituye una hábil estrategia de inversión.[8] Las hembras humanas cuentan con un número limitado de huevos e invierten mucho más que los machos en parir y educar niños, por lo cual les conviene ser extremadamente cuidadosas con sus «joyas de la familia». Por esta razón, Melissa no se acostó con Rob la primera noche, aunque con la dopamina y la testosterona que fluían por sus circuitos cerebrales de atracción, le resultara difícil resistir. Por esta razón también conservó cierto número de distintos sujetos en su carnet de baile. Mientras un hombre puede preñar a una mujer con un solo acto de relación y marcharse, la mujer se queda con nueve meses de embarazo, los peligros del parto, meses de lactancia y la desafiante tarea de esforzarse por asegurar la supervivencia del bebé. Las antepasadas que se enfrentaron con esos desafíos a solas probablemente tuvieron menos éxito en la propagación de sus genes. Aunque la madre soltera se haya puesto de moda entre ciertos grupos de mujeres modernas, queda por ver si ese modelo dará buen resultado. Incluso hoy, en algunas culturas primitivas, la presencia de un padre triplica la tasa de supervivencia de los niños.[9] En consecuencia, la apuesta más segura para las mujeres es emparejarse a largo plazo con varones que probablemente permanezcan a su lado, las protejan a ellas y a los niños, y mejoren su acceso a los alimentos, el techo y otros recursos.[10]

Melissa actuó de modo inteligente al tomarse tiempo y asegurarse de que Rob era un buen partido. Su sueño era un marido a quien amar, que la amara y adorara.[11] Su peor temor era un hombre que pudiera serle infiel como su padre era con su madre. Después de la noche en la discoteca, captó diversos indicios positivos. Rob era más alto, mayor y parecía que no pasaba apuros económicos. En las letras grandes del esquema de cosas de la Edad de Piedra, cumplía los requisitos, pero todavía no estaba claro si era el tipo adecuado para compartir la vida a largo plazo.

ATRACCIÓN QUÍMICA

Si el añejo circuito cerebral de Melissa estaba explorando en busca de patrimonio y protección, ¿qué buscaba el cerebro de Rob en una pareja a largo plazo? De acuerdo con Buss y otros científicos, algo diferente de parte a parte. En todo el mundo, los hombres prefieren esposas físicamente atractivas, de entre veinte y cuarenta años, que sean por lo general dos años y medio más jóvenes que ellos. También quieren que sus posibles parejas a largo plazo tengan piel clara, ojos luminosos, labios carnosos, cabello brillante y figuras curvilíneas como un reloj de arena.[12] El hecho de que estas preferencias varoniles se mantengan en todas las culturas indica que son parte de la herencia en los circuitos de sus antepasados lejanos. No se trataba sólo de que Rob tuviera debilidad por las chicas con rizos brillantes; es que el cabello de Melissa encendía su antiguo circuito de atracción.

¿Por qué encabezan estos criterios específicos la lista de los hombres? Desde una perspectiva práctica, todos estos rasgos, por superficiales que puedan parecer, son sólidas señales visuales de fertilidad. Los hombres podrán saberlo o no de manera consciente, pero sus cerebros sí saben que la fertilidad femenina les ofrece la más alta remuneración reproductiva para su inversión. Con decenas de millones de espermatozoides, los hombres son capaces de producir un número casi ilimitado de descendientes, en tanto que cuenten con suficientes mujeres fértiles para mantener relaciones sexuales con ellas.[13] Como resultado, su principal tarea consiste en emparejarse con mujeres que puedan ser fértiles y reproducirse. Hacerlo con mujeres estériles supondría un derroche de su haber genético futuro. De este modo, durante millones de años el circuito cerebral masculino ha evolucionado para fijarse en mujeres que den rápidas señales visuales de fertilidad.[14] La edad, desde luego, es un factor importante; la salud es otro. El alto nivel de actividad, el porte juvenil, los rasgos físicos simétricos, la piel suave, el cabello lustroso y los labios llenos por el estrógeno son signos fácilmente observables de la edad, la fertilidad y la salud. Por tanto, no es raro que las mujeres busquen los efectos moldeadores de las inyecciones de colágeno y el tratamiento antiarrugas que proporciona el bótox.

Las formas son también un notable indicador de la fertilidad, a pesar de los implantes en los senos. Antes de la pubertad, varones y hembras tienen formas corporales, y proporción entre cintura y caderas, muy similares. Tan pronto entran en acción las hormonas reproductivas, las mujeres sanas desarrollan formas más curvas con cinturas que son más o menos un tercio más estrechas que las caderas.[15] Las mujeres de este tipo tienen más estrógeno y quedan embarazadas más fácilmente a una edad más temprana que las que tienen cinturas de tamaño más parecido a las caderas.[16] Un talle fino da indicio instantáneo de la disponibilidad reproductiva de una mujer, puesto que la preñez altera de manera radical su perfil.[17] La reputación social es también un factor que pesa a menudo en la evaluación que hacen los varones, puesto que los que tienen más éxito en la reproducción necesitan también elegir mujeres que se emparejen sólo con ellos. Los hombres quieren estar seguros de su paternidad y asimismo poder contar con las aptitudes maternales de una mujer para garantizar que su descendencia prospere. Si Melissa se hubiera ido a la cama con Rob esa misma noche o hubiera presumido de la cantidad de tipos con quienes se había acostado, él, en su cerebro de la Edad de Piedra, podría haber juzgado que le sería infiel o que tenía mala fama. El hecho de que se mostrara afectuosa en la pista de baile y se fuera a casa a una hora decorosa en taxi, demostró que era toda una dama con la cual cabía emparejarse a largo plazo.

CALCULAR EL PELIGRO POTENCIAL

Rob dejó un mensaje en su contestador y Melissa esperó unos cuantos días antes de devolverle la llamada. Aunque se habían besado en su primera cita, no pensaba irse a la cama con Rob hasta no saber algo más de él. Rob era increíblemente divertido y encantador; parecía llevar una vida ordenada, pero ella necesitaba sentir en las tripas que podía confiar en él. Los circuitos cerebrales de la ansiedad suelen dispararse al tratar con extraños, y los circuitos del miedo estaban rodando a toda máquina en la amígdala de Melissa.[18] La natural cautela ante los extraños forma parte del circuito cerebral tanto de los varones como de las mujeres, pero éstas en particular, cuando buscan pareja, dedican un temprano y cuidadoso examen al probable nivel de compromiso de un hombre.[19]

La seducción y el subsiguiente abandono de la mujer seducida es una vieja estratagema que se remonta a los principios de nuestra especie. Cierto estudio estableció que muchos estudiantes reconocían que aparentaban ser más amables, más sinceros y más dignos de confianza de lo que eran en realidad.[20] Algunos antropólogos especulan sobre que la selección natural favoreció a los hombres que tenían maña para engañar a las mujeres y convencerlas de tener relaciones sexuales.[21] Las mujeres, como resultado, tenían que ser más astutas para descubrir las mentiras y exageraciones de los hombres; hoy día, el cerebro femenino está bien adaptado para esa tarea. Un estudio de la psicóloga Eleanor Maccoby, de la Universidad de Stanford, demostró que las chicas aprenden antes que los varones a distinguir entre la realidad y los cuentos de hadas o los meros fingimientos.[22] Al llegar a la edad adulta, las mujeres modernas han afinado su capacidad de leer los matices emotivos en el tono de voz, la manera de mirar y las expresiones faciales.[23]

Como resultado de esta precaución extra, el cerebro femenino típico no está tan dispuesto como el del hombre a dejarse avasallar por el capricho o la mera excitación del comportamiento sexual.[24] Las mujeres alcanzan la misma cumbre romántica o más, pero suelen tardar más en confesar que están enamoradas y son más precavidas que los varones en las semanas y meses iniciales de una relación.[25] Los cerebros masculinos tienen circuitos neurológicos diferentes para el amor. Los estudios y las imágenes cerebrales en mujeres enamoradas muestran mayor actividad en muchas más áreas, en particular sentimientos viscerales y circuitos de atención y memoria, mientras que los hombres enamorados muestran más actividad en áreas de procesamiento visual de alto nivel.[26] Estas superiores conexiones visuales pueden explicar también por qué los hombres tienden a enamorarse «a primera vista» con más facilidad que las mujeres.[27]

Tan pronto como una persona se enamora, se cierran las rutas que hay en su cerebro de carácter precavido y crítico. Según Helen Fisher —antropóloga de la Universidad Rutgers—, la evolución puede haber creado estos circuitos cerebrales del enamoramiento para asegurar que encontramos pareja y luego concentrarse en exclusiva en aquella única persona. Ayudará al proceso no estudiar con ojo demasiado crítico los defectos de la persona amada. En su estudio sobre el estado de enamoramiento, más mujeres que hombres afirmaron que no les importaban mucho los defectos de los amados, y sacaron puntuaciones más altas en el test del amor apasionado.[28]

EL CEREBRO ENAMORADO

Melissa y Rob hablaban por teléfono casi todas las noches. Los sábados se encontraban en el parque para pasear el perro de Rob o en el apartamento de Melissa para ver las imágenes diarias en bruto de su último rodaje. Rob se sentía seguro en su trabajo y por fin había dejado de hablar de su anterior novia, Ruth. El ocaso de ese vínculo con Ruth le proporcionó a Melissa el indicio de que ella no era un mero segundo plato en la mesa y de que él estaba listo para concentrarse exclusivamente en ella. Sin querer, ya se había enamorado de él, pero aún no se lo había dicho. Empezó a ver con simpatía el afecto físico de Rob y permitió que sus impulsos sexuales se pusieran a tono con su impulso amoroso.

Al cabo de tres meses Melissa y Rob se fueron apasionadamente a la cama, después de pasar un día tomando el sol en el parque en trance amoroso mutuo. La pareja estaba cayendo en un fogoso amor consumado.

Enamorarse es una de las conductas o estados cerebrales más irracionales que cabe imaginar tanto entre los hombres como entre las mujeres. El cerebro se vuelve «ilógico» en el umbral de un nuevo romance, literalmente ciego a las deficiencias del amado. Es un estado involuntario. Estar enamorado hasta la médula, o el llamado amor loco, forma un estado cerebral documentado en la actualidad. Esa suerte de amor convive en los circuitos cerebrales con estados de obsesión, manías, embriaguez, sed y hambre.[29] No es una emoción, pero intensifica o disminuye otras emociones. Los circuitos del enamoramiento son ante todo un sistema de motivación que es diferente del área cerebral del impulso sexual, pero se superpone con la misma. Esta actividad cerebral febril funciona sobre hormonas y sustancias neuroquímicas tales como la dopamina, el estrógeno, la oxitocina y la testosterona.[30]

Los circuitos cerebrales que se activan cuando estamos enamorados encajan con los del drogadicto que ansia desesperadamente la siguiente dosis.[31] La amígdala —el sistema de alerta ante el miedo del cerebro— y el córtex cingulado anterior —el sistema cerebral de la inquietud y del pensamiento crítico— se ponen patas arriba cuando los circuitos del amor corren a toda marcha.[32] Algo muy parecido acontece cuando la gente consume éxtasis: la precaución normal que tienen los humanos ante los extraños se desconecta y se sintonizan los circuitos del amor. Es decir, el amor romántico es una manera natural de «colocarse». Los síntomas clásicos del amor temprano se asemejan a los de los efectos iniciales de drogas como anfetaminas, cocaína y opiáceos: heroína, morfina y oxicodona. Estos narcóticos disparan el circuito cerebral de la recompensa, causando descargas químicas y efectos similares a los del romance. De hecho, hay algo de verdad en la idea de que la gente puede volverse adicta al amor.[33] Las parejas románticas, en particular en los primeros seis meses, anhelan el sentimiento extasiado de estar juntos y pueden sentirse totalmente dependientes el uno del otro. Estudios sobre el amor apasionado muestran que este estado cerebral dura más o menos de seis a ocho meses. Es un estado tan intenso que el interés, el bienestar y la supervivencia de la persona amada se hacen tan importantes o más que los propios.

Durante esta primera fase del amor Melissa memorizaba intensamente cualquier detalle de Rob. Cuando ella tuvo que ir a Los Ángeles durante una semana para mostrar en una conferencia parte del proyecto de su nueva película, los dos sufrieron con la separación. No era simple fantasía; era el dolor de la retirada neuroquímica. Durante las épocas de separación física, cuando tocar o acariciar es imposible, puede crearse una ansiedad, casi hambre por la persona amada. Algunas personas ni siquiera se dan cuenta de lo sometidas o enamoradas que están hasta que sienten ese tirón de las fibras del corazón cuando el amado no está cerca. Tenemos costumbre de pensar que esa nostalgia es sólo psicológica, pero en realidad es física. El cerebro se encuentra en un estado equiparable al de abstinencia de las drogas. «El cariño crece con la ausencia», habría dicho tu madre si te viera llorando por las esquinas porque tu chico estaba lejos. Puedo recordar los primeros días de las citas con mi marido cuando yo ya sabía que «era el elegido», pero él todavía no. Durante una breve separación «decidió» que debíamos casarnos, demos gracias a la retirada de la dopamina y la oxitocina. Su fibra sensible captó al fin la atención de su cerebro varonil tan autosuficiente e independiente, según te dirán sus amigos y familiares.

Durante una separación la motivación del reencuentro puede alcanzar niveles febriles en el cerebro. Rob estaba tan desesperado a mitad de la semana, anhelaba tanto el contacto físico con Melissa, que tomó un avión para verla durante un día. Una vez producido el reencuentro, todos los componentes del lazo amoroso original pueden reinstaurarse por obra de la dopamina y la oxitocina. Actividades como las caricias, los besos, las miradas, los abrazos y el orgasmo pueden reponer el vínculo químico del amor y la confianza en el cerebro. El flujo de la oxitocina-dopamina vuelve a suprimir la ansiedad y el escepticismo, además de revigorizar los circuitos amorosos del cerebro.

Las madres advierten a menudo a sus hijas que no se pongan excesivamente pronto al alcance de un nuevo novio; tal advertencia puede ser más sabia de lo que ellas creen. El acto de abrazar o acariciar libera oxitocina en el cerebro, sobre todo entre las hembras, y quizá genera la tendencia a confiar en el varón a quien abrazan.[34] También aumenta la probabilidad de que creas todo lo que él te cuente, sea lo que sea. La inyección de la hormona oxitocina o dopamina en el cerebro de un mamífero social puede incluso inducir a una conducta de abrazo y emparejamiento, sin el habitual requisito previo de amor romántico y comportamiento sexual, en especial entre las hembras.[35] Pensemos en el experimento suizo en el cual los investigadores aplicaron un rociador nasal con oxitocina a un supuesto grupo de inversores y los compararon con otro grupo, al que aplicaron un rociador nasal de placebo.[36] Los inversores que recibieron oxitocina ofrecieron el doble de dinero que el grupo que sólo recibió el placebo. El grupo de la oxitocina estaba más dispuesto a confiar en un extraño que fingía ser asesor financiero, y se sentía más seguro de que la inversión sería rentable. Dicho estudio determinó que la oxitocina dispara los circuitos de la confianza en el cerebro.

Por un experimento sobre los abrazos sabemos también que el cerebro libera oxitocina de manera natural después de un abrazo de veinte segundos con la pareja, con lo cual se sella el vínculo y se disparan los circuitos cerebrales de la confianza.[37] Así pues, no permitas que un sujeto te abrace a menos que te propongas otorgarle confianza. También liberan oxitocina en el cerebro femenino los tocamientos, las miradas, la interacción emocional positiva, los besos y el orgasmo.[38] Tal contacto puede ayudar a poner en marcha en el cerebro los circuitos del amor romántico. El estrógeno y la progesterona disparan estos efectos vinculantes en el cerebro femenino, aumentando también la oxitocina y la dopamina. Cierto estudio ha demostrado que en diferentes semanas del ciclo menstrual las hembras logran más de una sacudida agradable por efecto de las sustancias químicas de su cerebro.[39] Dichas hormonas activan luego los circuitos cerebrales de la conducta amorosa y tuteladora, mientras desconectan los circuitos de la precaución y la aversión.[40] En otras palabras, si circulan por tu cerebro niveles elevados de oxitocina y dopamina, tu juicio está dañado. Dichas hormonas cierran la mente escéptica.

En el fondo, el impulso de enamorarse está siempre latente. De todos modos, estar enamorado requiere que le dediques espacio a la persona amada en tu vida y en tu cerebro, integrándola en tu propia imagen por vía de los circuitos cerebrales de vinculación y memoria emocional. Cuando se desarrolla este proceso se necesita menos estímulo de oxitocina y dopamina para sostener el vínculo emocional. De este modo ya no es necesario pasarse veinticuatro horas diarias amarrado en un abrazo. El impulso básico para la vinculación romántica está integrado en los circuitos del cerebro. El desarrollo cerebral en el útero, la suma de cuidados que se reciban en la infancia y las experiencias emocionales determinan variaciones en los circuitos cerebrales del amor y la confianza en otros.[41] Melissa sabía que su padre era un mujeriego y eso la hizo todavía más escéptica en cuanto a enamorarse y encariñarse. La disposición individual para enamorarse y crear una relación emocional puede verse afectada por las variaciones en los circuitos cerebrales causadas por la experiencia y el estado hormonal del cerebro. El estrés en el entorno puede alentar o frenar la creación de vínculos. Los vínculos emocionales y los lazos que establecemos con nuestras primeras figuras protectoras duran toda la vida. Esas tempranas figuras protectoras se convierten en parte de nuestros circuitos cerebrales por vía del refuerzo proporcionado por reiteradas experiencias de cuidados físicos y emocionales, o por su ausencia. Los circuitos de seguridad se basan en esas figuras protectoras predecibles y seguras. Sin ellas no se forman en el cerebro circuitos de seguridad o éstos son escasos. Se podrá sentir amor a corto plazo, pero la vinculación emocional a largo plazo puede ser más difícil de lograr y mantener.[42]

LA MENTE EMPAREJADA

¿Cómo se transforma en el cerebro la realidad apremiante de «He de tenerlo todos los minutos del día», en la de «Ah, hola, otra vez tú, cariño, ¿cómo va todo?». Los flujos hormonales de dopamina en el cerebro van descendiendo de manera gradual. Si dispusiéramos de un aparato de resonancia magnética para observar los cambios cerebrales que suceden cuando una mujer pasa de un estado de amor romántico inicial a uno de emparejamiento a largo plazo, veríamos que disminuye el brillo de los circuitos de recompensa-placer y los apremiantes de hambre-apetencia, al paso que se iluminan los circuitos de adhesión y vinculación, adquiriendo un cálido fulgor amarillo.

Ya sabemos que los sentimientos arrebatados de amor pasional no duran siempre y para algunos la pérdida de intensidad puede ser deprimente. Así conocí a Melissa. Acudió a verme después de un año de relación con Rob. Contó que, durante los primeros cinco meses, Rob y ella tenían relaciones sexuales maravillosas y excitantes a diario; que esperaban con avidez cualquier minuto que pudieran pasar uno al lado del otro. Cuando acudió a mí vivían juntos, trabajaban en empleos agotadores y empezaban a hablar de matrimonio y de formar una familia.

Sin embargo, ella había comenzado a «desinflarse» a propósito de la relación. Sus sentimientos viscerales ya no le proporcionaban en modo alguno tanta certidumbre. La alarmaba que ya no sentía el mismo interés por el sexo. No se trataba de que hubiera encontrado ni tampoco deseado a nadie más. Era sólo cuestión de que, en aquel momento, las cosas, comparadas con los primeros cinco meses de relación, carecían de la pasión y entusiasmo que esperaba al principio. ¿Qué estaba haciendo mal? ¿Era Rob el hombre adecuado? ¿Era ella normal? ¿Podría ser feliz con él a largo plazo si desaparecía la chispa sexual y los intensos buenos sentimientos viscerales de su relación?

Muchas personas, como Melissa, creen que la pérdida de la cumbre romántica del amor inicial es señal de que se está hundiendo la relación de una pareja. Sin embargo, en realidad la pareja puede estar trasladándose simplemente a una fase importante de la relación, a largo plazo, impulsada por la suma de diferentes circuitos neurológicos adicionales.[43] Los científicos defienden que la «red de adhesión» es un sistema cerebral aparte, el que sustituye la irracional intensidad del romance por una sensación más duradera de paz, calma y comunicación. Añadidas a las sustancias químicas excitantes de placer del sistema de recompensas —como la dopamina—, el sistema de la adhesión y la vinculación de pareja suele generar más cantidad de la sustancia química del emparejamiento —la oxitocina—, logrando que los dos busquen el placer de la compañía del otro. Los circuitos cerebrales del compromiso a largo plazo y la conservación del vínculo se vuelven más activos. Cuando los investigadores del University College de Londres escanearon los cerebros de personas que llevaban un promedio de dos o tres años de relación amorosa, encontraron que, en vez de los circuitos cerebrales productores de dopamina propios del amor apasionado, se iluminaban otras áreas cerebrales, tales como las relacionadas con el juicio crítico.[44] La actividad en el circuito cerebral de la adhesión se mantiene y revigoriza durante los meses y años siguientes mediante experiencias mutuamente gratas y positivas, todas las cuales generan oxitocina.

Desde una perspectiva práctica, el viraje desde el amor apasionado a un pacífico vínculo de pareja tiene una explicación sensata. En definitiva, el cuidado de los niños sería casi imposible si los dos continuasen centrándose en exclusiva el uno en el otro. El descenso del extremado entusiasmo amoroso y la intensidad sexual parece hecho a la medida para promocionar la supervivencia de nuestros genes. No es un signo de enfriamiento del amor, sino de su evolución hacia una fase nueva, más sostenible a largo plazo, con vínculos creados por dos neurohormonas: la vasopresina y la oxitocina.

Estas neurohormonas, producidas en la pituitaria y el hipotálamo, controlan la conducta de vinculación social.[45] El cerebro masculino emplea la vasopresina para la vinculación social y parental, mientras que el femenino usa sobre todo la oxitocina y el estrógeno.[46] Los varones tienen muchos más receptores de la vasopresina, mientras que las mujeres tienen considerablemente más para la oxitocina. Para que se una con éxito una pareja romántica se estima que los hombres necesitan estas dos neurohormonas.[47] Estimulada por la testosterona y disparada por el orgasmo sexual, la vasopresina incentiva la energía, la atención y el empuje viriles. Cuando los hombres enamorados experimentan los efectos de la vasopresina, proyectan un foco tipo láser sobre su amada y la localizan activamente con los ojos de su mente aunque ella no esté delante.[48]

Las mujeres, en cambio, pueden vincularse con una pareja romántica en cuanto experimenten el aflujo de dopamina y oxitocina suscitado por el tocamiento, la entrega y recepción de placer sexual. Mantener mis pies calientes en la cama quizá no sea la responsabilidad primordial de mi marido, pero acariciarme para que libere oxitocina sí que lo es. Con el tiempo, incluso la visión de un amante puede conducir a que una mujer libere oxitocina.[49]

Sue Carter ha estudiado con gran detalle el excepcional poder afectivo de la oxitocina y la vasopresina en aquellos pequeños mamíferos peludos llamados topillos de la pradera, que se emparejan de por vida.[50] Como los humanos, esos roedores están llenos de pasión física cuando se encuentran y pasan dos días concediéndose un sexo casi ininterrumpido. Pero a diferencia de los humanos, los cambios químicos en los cerebros de dichos roedores pueden examinarse directamente en el curso de ese regocijo. Dichos estudios muestran que el acoplamiento sexual libera grandes cantidades de oxitocina en el cerebro de la hembra y de vasopresina en el del macho. Esas dos neurohormonas, a su vez, aumentan los niveles de dopamina —el ingrediente del placer—, la cual hace que los topillos enloquezcan de amor el uno por el otro. Gracias a este vigoroso pegamento neuroquímico, la pareja queda unida para toda la vida. Tanto en los machos como en las hembras, la oxitocina causa relajación, atrevimiento, vinculación y contento mutuo. Para mantener la larga duración de sus efectos, el sistema de vinculación del cerebro necesita repetidas, casi diarias, actividades mediante la oxitocina estimulada por la proximidad y el contacto. Los machos necesitan contacto físico dos o tres veces más a menudo que las hembras para mantener el mismo nivel de oxitocina, de acuerdo con un estudio de la investigadora sueca Kerstin Uvnäs-Moberg.[51] Sin tocamiento frecuente —por ejemplo, cuando los dos están separados—, los circuitos y los receptores cerebrales de la dopamina y la oxitocina pueden sentirse exhaustos. Posiblemente ninguno de los miembros de la pareja se dé cuenta de cuánto depende de la presencia física del otro hasta que están separados por un tiempo; la oxitocina de sus cerebros los hace volver siempre al otro para el placer, la comodidad y la serenidad.[52] No es de extrañar que Rob tomase el avión para ir a Los Ángeles.

SEXO, ESTRÉS Y EL CEREBRO FEMENINO

Los estudios sobre los topillos de la pradera han subrayado también diferencias de vinculación entre machos y hembras.[53] En los roedores hembra el emparejamiento se produce mejor en condiciones de escaso estrés. En los machos, el estrés agudo funciona mejor. Investigadores de la Universidad de Maryland descubrieron que si se somete a un topillo de la pradera hembra a una situación de estrés, no se vinculará con un macho hasta después de haberse emparejado con él. En cambio, si se somete a estrés a un macho, se emparejará enseguida con la primera hembra que encuentre.[54]

También entre los humanos los circuitos masculinos del amor experimentan un impulso extra cuando los niveles de estrés son elevados. Después de un desafío físico intenso, por ejemplo, los varones se ligarán pronta y sexualmente con la primera hembra propicia que tengan a la vista. Ésta puede ser la razón por la cual los militares sometidos al estrés de la guerra acostumbren a volver a casa con esposas. Las mujeres, en cambio, rechazan avances o expresiones de afecto y deseo cuando están sometidas a estrés.[55] Quizá se deba a que la hormona del estrés, el cortisol, bloquea la acción de la oxitocina en el cerebro femenino interrumpiendo de forma brusca el deseo de una mujer en pos de sexo y contacto físico. Para ella, nueve meses de embarazo, seguidos del cuidado de un niño en condiciones estresantes, tiene menos sentido de lo que tiene para él depositar rápidamente el esperma.

Las vidas amorosas de diferentes subespecies de topillos de la pradera proporcionan también luces acerca de los mecanismos cerebrales de la monogamia, rasgo presente sólo en el 5 % de los mamíferos. Los topillos de la pradera son excelentes consortes que forman lazos vitalicios y monógamos después de sus cópulas maratonianas. Los topillos de la montaña, en cambio, nunca se atan a una sola pareja. La diferencia, según han descubierto los científicos, es que los de la pradera tienen el equivalente de un gen de la monogamia, un diminuto trozo de ADN del que carecen los de la montaña.[56] En cuanto su relación con Rob se volvió más seria, Melissa empezó a preocuparse: ¿Rob sería como un topillo de la pradera o como un topillo de la montaña?

Hasta donde los investigadores saben, los machos humanos presentan conductas dentro de un espectro que va de totalmente polígamas a totalmente monógamas. Los científicos suponen que esta variabilidad puede depender de diferentes genes y hormonas.[57] Hay un gen que codifica un tipo particular de receptor de vasopresina en el cerebro. Los topillos de la pradera que tienen este gen cuentan en sus cerebros con más de los mencionados receptores que los de la montaña; en consecuencia, son mucho más sensibles a los efectos emparejadores de la vasopresina. Cuando los científicos inyectaron este gen «ausente» en los cerebros de los topillos de la montaña, los machos normalmente promiscuos se volvieron monógamos al instante, ligados a la pareja como papás hogareños.[58]

Los machos que disponían de una versión más larga del gen receptor de la vasopresina mostraban más monogamia y pasaban más tiempo cuidando y lamiendo a sus cachorros. También mostraban mayor preferencia por sus parejas, incluso cuando se daba la oportunidad de una escapada con una hembra joven, fértil y con ganas de flirteo.[59] Los machos dotados de la variación más larga de genes son las parejas y padres más responsables y dignos de confianza. El gen humano cuenta por lo menos con diecisiete longitudes. Por ello, una broma habitual entre las científicas es que deberíamos preocuparnos más por la longitud del gen de la vasopresina que por la longitud de cualquier otra cosa. Quizá algún día habrá un kit de test en las farmacias, similar a la prueba de embarazo, a propósito de lo largo que sea este gen para que puedas asegurarte de que te llevas al mejor hombre antes de comprometerte. La monogamia masculina puede estar, por tanto, predeterminada para cada individuo y transmitirse genéticamente a la siguiente generación. Es posible que los padres dedicados y las parejas fieles nazcan y no se hagan ni se forjen según el ejemplo del padre.

Nuestros parientes primates —los chimpancés y los bonobos— tienen también diferentes longitudes de este gen, que determinan su conducta social.[60] Los chimpancés, que cuentan con el gen más breve, viven en sociedades basadas territorialmente, controladas por machos que hacen frecuentes y fatales incursiones guerreras contra los grupos vecinos. Los bonobos se rigen por jerarquías femeninas y sellan toda interacción social con un rato de frotamiento sexual. Son excepcionalmente sociables y su gen muestra la versión larga.[61] La versión humana del gen se parece más al bonobo. Parece que quienes tienen el gen más largo responden mejor socialmente. Por ejemplo, este gen es más corto en personas con autismo, que viven en condiciones de profundo déficit social.[62] Las diferencias en el compromiso de emparejamiento pueden tener relación con nuestras diferencias individuales en la longitud de este gen y en las hormonas.[63]

Dado que las mujeres sólo pueden tener un niño cada nueve meses, anhelan formar parejas fieles con hombres que las ayuden a criar a esos hijos. Pero la realidad es más complicada. Hoy sabemos que las mujeres también engañan a sus parejas.[64] Los investigadores han descubierto que ciertas hembras de especies «monógamas» de pájaros parecen tener aventuras amorosas en busca de los mejores genes para sus crías. Los científicos evolucionistas han especulado durante mucho tiempo que lo que se dice de los gorriones y los gallos cabe también aplicarlo a los seres humanos.

LA RUPTURA

Cierta noche Rob no llamó a Melissa después de haber dicho que lo haría. Era impropio de él y ella empezó a preocuparse. ¿Le habría pasado algo? ¿Estaría con otra? Melissa pudo sentir físicamente su miedo. De modo extraño, el estado de amor romántico puede reanudarse por efecto de la amenaza o el miedo a perder a la pareja o a ser defraudado. Esto último intensifica el fenómeno del amor apasionado en los circuitos cerebrales tanto de los hombres como de las mujeres.[65] La mencionada región cerebral busca a la persona amada con desesperación y avidez. Se produce un bajón semejante al de la abstinencia de drogas. Por momentos la propia supervivencia parece amenazada y en la amígdala se dispara un estado de temerosa alarma. El córtex cingulado anterior —parte del cerebro que se ocupa de las angustias y del juicio crítico— empieza a generar ideas negativas acerca de la pérdida de la persona amada.[66] En este estado de atención altamente motivada se producen ideas obsesivas de reencuentro. Semejante estado no suscita confianza ni emparejamiento, sino la búsqueda penosa e intensa del amado. Melissa enloqueció ante la idea de perder a Rob. La parte de ella que había asimilado y ampliado las opiniones, intereses, creencias, aficiones, manías y carácter de Rob sufría un agudo síntoma de abstinencia emocional, física y cognitiva, que se alojaba profundamente en las áreas del cerebro impulsadas por la recompensa.

Sobreviene entonces una penosa retirada de aquella expansión eufórica de la persona que se había dado rápidamente durante la etapa romántico-ascendente del amor. Cuando las mujeres experimentan la traición o la pérdida del amor, también responden de modo diferente de los hombres. Si pierden el amor, los hombres abandonados son tres o cuatro veces más propensos a suicidarse. En cambio, las mujeres caen en la depresión. Las mujeres defraudadas no pueden comer, dormir, trabajar ni concentrarse; lloran sin cesar, se retraen de actividades sociales y tienen pensamientos suicidas. Por ejemplo, mi paciente Louise, de dieciocho años, había sido inseparable de su novio, Jason, hasta la tarde en que él partió hacia la universidad. Jason cortó con ella sin previo aviso y le dijo que deseaba estar libre para salir con otras chicas mientras se encontraba fuera. Cuatro días después recibió una llamada urgente del padre de Louise: la chica estaba tirada en el suelo gimiendo inconsolablemente, sin comer ni dormir, llamaba a Jason y, entre lágrimas, decía que prefería morir a estar sin él.

A Louise le dolía —literalmente— la pérdida del amor. Hasta hace poco creíamos que sólo eran frases retóricas como «sentimientos heridos» y «corazón partido». Sin embargo, nuevos estudios con imágenes cerebrales han revelado hasta qué punto son exactas.[67] Según sus resultados, el rechazo daña de veras, como el dolor físico, porque dispara los mismos circuitos cerebrales. Los escaneos cerebrales de personas que acaban de ser defraudadas por sus seres amados muestran también un viraje químico desde la alta actividad del amor romántico a la bioquímica plana de la pérdida y la pena. Melissa no había llegado todavía a este punto. Si no se producen los brotes amorosos de dopamina, la reacción depresión-desesperación desciende sobre el cerebro como una nube negra.

Eso le sucedió a Louise, pero no a Melissa. Rob ni siquiera se dio cuenta de que ella esperaba que la llamase aquella noche y había salido a jugar al póquer con los amigos. Cuando advirtió el daño que le había causado a Melissa, se disculpó y prometió llamarla siempre. El episodio hizo que tanto Melissa como Rob se dieran cuenta de lo esenciales que eran el uno para el otro y, de hecho, los motivó para dar el paso siguiente hacia una relación permanente. Se comprometieron.

Puede ser que el «dolor cerebral» del amor perdido actúe como una alarma física para alertarnos de los peligros de la separación social.[68] El dolor capta nuestra atención, desordena nuestra conducta; nos motiva para afirmar nuestra seguridad y terminar con nuestro padecimiento. Dada la importancia para la supervivencia humana de encontrar una pareja, reproducirse y obtener alimento, cuidado y protección, es probable que el dolor de la pérdida y el rechazo esté grabado en nuestros circuitos cerebrales, de modo que lo evitaremos, o por lo menos pasaremos enseguida a otra pareja, la cual nos hará levitar con nuevas dopamina y oxitocina arrebatadoras. ¿Cuál es el disparador de este subidón? El sexo.

4

Sexo: el cerebro por debajo de la cintura

Por fin todo estaba en orden. La mente de ella estaba tranquila. El masaje lograba su cometido. Las vacaciones siempre son el mejor sitio: sin trabajo, sin preocupaciones, sin teléfono, sin correos electrónicos. Ningún lugar al que la mente de Marcie pudiese escapar. Hasta tenía los pies calientes y no necesitaba pensar en buscar calcetines. Él era apasionado y un gran amante. Marcie podía dejarlo hacer y que todo siguiera su curso. El centro de la ansiedad del cerebro de ella se iba cerrando. No brillaba con tanta intensidad el área de toma consciente de decisiones. Las constelaciones neuroquímicas y neurológicas estaban alineándose para el orgasmo. Explosión.

Es contradictorio, pero la puesta en marcha sexual de la mujer empieza con una desconexión del cerebro. Los impulsos pueden correr hacia los centros de placer y disparar un orgasmo sólo en el caso de que la amígdala, centro del temor y la ansiedad del cerebro, esté desactivada.[1] Antes de que la amígdala haya sido desenchufada, cualquier preocupación del último minuto —trabajo, niños, compromisos, servir la cena, poner la mesa— puede interrumpir el camino hacia el orgasmo.

El hecho de que una mujer requiera este paso neurológico extra puede explicar por qué tarda un tiempo promedio de tres a diez veces más largo que el hombre corriente en alcanzar el orgasmo.[2] Así pues, chica, dile a tu hombre que vaya despacio y tenga paciencia, sobre todo si estás intentando quedarte embarazada. La investigación ha demostrado que el motivo biológico de que los machos eyaculen más aprisa es que las hembras que tienen el orgasmo después de que el varón ha eyaculado están más propensas a concebir.

El sistema es delicado, pero la conexión con el cerebro es tan directa como cabe. Los nervios de la punta del clítoris comunican directamente con el centro del placer sexual del cerebro femenino. Cuando dichos nervios se estimulan, disparan actividad electroquímica hasta llegar a un umbral, desencadenan un estallido de impulsos y liberan sustancias neuroquímicas de emparejamiento y bienestar, como la dopamina, la oxitocina y las endorfinas.[3] ¡Ah, el clímax! Si la estimulación clitoriana se interrumpe demasiado pronto, si los nervios del clítoris no son lo bastante sensibles o si el temor, el estrés o la culpa interrumpen el estímulo, el clítoris se para en seco en su camino.

Marcie vino a consultarme cuando conoció a John. Había tenido su primera relación larga y profunda con Glenn, a los veintipocos años. Pero no le duró, aun cuando él era apuesto y una pareja cómoda con la cual se sentía totalmente segura. Marcie había disfrutado de veras de su vida sexual y siempre había tenido grandes orgasmos con él, pero Glenn no era el hombre con quien quería casarse. Cuando empezó a salir otra vez y pescó a John, descubrió que su cuerpo no respondía con la prontitud de antes. No se trataba de que John fuese un mal amante o no estuviese adecuadamente equipado, más bien todo lo contrario. Era más divertido e incluso más guapo que Glenn, pero John no era Glenn, el hombre con quien ella se había acostumbrado a sentirse cómoda y segura. John era nuevo, de modo que se sentía tensa a su lado y no podía llegar al orgasmo. Cierto día Marcie fue al médico con una dolorosa contractura en el cuello y él le prescribió Valium para relajar el músculo. Se tomó una pastilla en la cena y, cuando se fue a la cama con John y mantuvieron relaciones sexuales, no hubo problemas con el orgasmo. El Valium había relajado el cerebro de ella, su amígdala estaba desactivada y Marcie pudo alcanzar con facilidad el umbral neuroquímico del orgasmo.[4]

Es probable que éste no se produzca si no estás relajada, cómoda, calentita y mimada. En un estudio de exploración cerebral en el orgasmo femenino, los investigadores descubrieron que las mujeres necesitaban estar cómodas y tener los pies calientes antes de sentirse atraídas hacia el sexo.[5] Para muchas mujeres, estar relajadas —gracias a un baño caliente, a un masaje de pies, a unas vacaciones o al alcohol— mejora su capacidad para llegar al orgasmo, incluso con parejas con quienes no se sienten completamente cómodas.

Es más probable que tengan orgasmos fáciles las mujeres que estén profundamente enamoradas y en las fases iniciales de la pasión, y sientan que sus parejas las desean y adoran.[6] Para algunas mujeres, el estado de seguridad que brinda una relación comprometida o el matrimonio puede permitir que el cerebro alcance el orgasmo con más facilidad que con alguien nuevo.[7] Mientras se desencadena el orgasmo, oleadas de oxitocina hacen que el pecho y la cara de una mujer se ruboricen porque se expanden los vasos sanguíneos. La rodea un brillo de contento y satisfacción; el miedo y el estrés están bloqueados. Sin embargo, el modo en que todo esto sucede sigue siendo un misterio para los hombres que nos rodean. Cualquier mujer ha tenido la experiencia de acostarse con un tío que pregunta: «¿Te has corrido?» Por norma, a ellos les cuesta saberlo.

A causa de la delicada interconexión de lo fisiológico y lo psicológico, el orgasmo femenino ha permanecido esquivo a los confundidos varones amantes y hasta a los científicos. Durante decenios las mujeres se han prestado voluntariamente a ser exploradas, filmadas, grabadas, entrevistadas, medidas, cableadas y monitorizadas por ellos. El aliento entrecortado, la espalda arqueada, los pies calientes, las muecas de la cara, los gemidos involuntarios y la tensión elevada en el orgasmo femenino... todo ello ha sido objeto de medición. Ahora, gracias a las resonancias magnéticas (IRM), que muestran las áreas activadas y desactivadas del cerebro, sabemos mucho más acerca de cómo el cerebro femenino controla el orgasmo.

Si efectuáramos una exploración por resonancia magnética funcional (IRMf) del cerebro de Marcie, mientras se encaminaba hacia el dormitorio con John, encontraríamos que muchos de sus circuitos cerebrales estarían altamente activados. Mientras ella se deslizaba entre las cálidas sábanas, acariciaba a John y empezaban los besos y abrazos, ciertas áreas de su cerebro se irían calmando y zonas sensibles de los genitales y el pecho comenzarían a iluminarse. Cuando John empezara a tocarle el clítoris, las luminosas áreas cerebrales de Marcie se pondrían rojas y, a medida que fuera excitándose mientras le frotaba el clítoris, su área cerebral de las preocupaciones y el temor —la amígdala— se desactivaría hasta aparecer con un calmo color azul. Conforme se fuera excitando más y lo atrajera hacia el interior de su cuerpo, la amígdala se desactivaría por completo y los centros de placer vibrarían en rojo hasta que —bingo— las rápidas ondas palpitantes del orgasmo inundaran su cerebro y su cuerpo.

Para un varón, los orgasmos son más sencillos. La sangre tiene que fluir hasta un punto crucial para que se produzca el clímax sexual. En una mujer es preciso que se alineen las estrellas neuroquímicas. Más importante aún, la mujer tiene que confiar en su amante.

Dado que el modelo varonil de excitación es básicamente hidráulico —la sangre fluye hacia el pene ocasionando la erección—, los investigadores han buscado sin cesar en las mujeres un mecanismo de semejante simplicidad. Los médicos han supuesto que los problemas de excitación de las mujeres derivan del escaso riego sanguíneo hasta el clítoris. Aun así, nunca ha habido prueba alguna de que esto sea verdad y ningún investigador ha encontrado jamás la manera de medir cambios físicos en el clítoris cuando se excita.[8] En cambio, se han dedicado a otros indicadores tales como la lubricación, usando métodos groseros como pesar tampones antes y después de que sujetos femeninos de investigación contemplen películas eróticas. La interpretación científica de la reacción sexual femenina aún lleva un retraso de décadas, si no siglos, con respecto a la investigación sobre las erecciones viriles; y el progreso en ese terreno sigue siendo decepcionantemente lento. Incluso se da el caso de un reciente texto de anatomía que omitía la descripción del clítoris, al paso que dedicaba tres páginas a la del pene.[9] Los médicos siguen pensando que el hecho de que un hombre no pueda tener una erección constituye una señal médica de alarma; pero nadie parece sentir la misma urgencia a propósito de la satisfacción sexual de las mujeres.

Desde la alardeada aparición del Viagra en 1998, se ha enardecido el interés científico en las diferencias de sexo. Las compañías farmacéuticas se han volcado intentando encontrar una píldora o parche que pueda encender de manera fiable el deseo femenino. Hasta ahora han fracasado todos sus esfuerzos para descubrir un viagra rosa. En 2004 Pfizer terminó oficialmente su esfuerzo de ocho años para demostrar que el Viagra aumentaba el flujo de sangre hacia el clítoris y, por ende, aumentaba el placer sexual de las mujeres.[10]

Sabemos con certeza que, así como el cerebro femenino no es una versión menor del cerebro masculino, el clítoris tampoco es un pene pequeño. El conjunto de tejidos que rodean la abertura vaginal, la uretra y el tercio exterior de la vagina está conectado por nervios y vasos sanguíneos hasta el extremo del clítoris, de modo que todos estos tejidos a la vez son causantes de la excitación que conduce al orgasmo. Algunas mujeres se refieren a esta área como su anillo de fuego.

En contra de lo que creía erróneamente Freud, no existe un orgasmo vaginal contrapuesto al clitoriano. Durante casi un siglo la teoría freudiana hizo creer a las mujeres que eran inadecuadas o un tanto incompletas si «sólo» tenían orgasmos clitorianos. Freud ignoraba la anatomía del clítoris o la del cerebro femenino. Los neurocientíficos han descubierto que la vagina está conectada con el clítoris y, por consiguiente, el orgasmo femenino corresponde por completo a este órgano único, el cual está conectado a su vez con los centros cerebrales del placer. El clítoris, en realidad, es el cerebro que hay por debajo de la cintura. Sin embargo, la actuación no corresponde por completo a la zona de debajo de la cintura, ni se guía del todo por factores psicológicos. Para el neurocientífico moderno, lo psicológico y lo fisiológico no son diferentes; son sólo las caras opuestas de la misma moneda.

NO HACE FALTA GRAN COSA PARA ESTROPEAR LA BUENA DISPOSICIÓN

El mal aliento, el exceso de babeo, un movimiento torpe de la rodilla, la mano o la boca, cualquier pequeño detalle puede reanudar la acción de la amígdala femenina, cortar el interés sexual y el orgasmo apenas iniciado.

Malas experiencias pretéritas pueden empezar a ocupar los circuitos cerebrales de una mujer, causando sentimientos de vergüenza, torpeza o inseguridad. Julie, de veintiocho años, acudió a mi consulta porque era incapaz de tener un orgasmo. Finalmente reveló que su tío la había acosado cuando era niña y que esa experiencia le había hecho sentir rechazo por el sexo. Se angustiaba terriblemente cuando mantenía relaciones sexuales, incluso con su novio entregado y enamorado. Como Julie, cuatro de cada diez chicas han tenido alguna experiencia infantil que las sobresaltó sexualmente y continuó ocupando sus cerebros a la hora de mantener encuentros sexuales adultos. La incapacidad para alcanzar el orgasmo es uno de los síntomas más comunes. Julie mejoró su disfrute del sexo después de recibir terapia tanto sexual como traumática. Meses más tarde me llamó para informarme de que había tenido su primer orgasmo.

Especialmente entre las mujeres, en la excitabilidad influyen factores tanto biológicos como psicológicos. Las mujeres «multitarea» acaban teniendo más distracciones que ocupan sus circuitos cerebrales y se interponen en el camino del deseo sexual. Tres meses después, tras comenzar un nuevo trabajo que requería muchas horas, otra paciente empezó a sufrir dificultades para alcanzar el orgasmo. No tenía suficiente tiempo para relajarse con su marido y empezó a fingirlos para evitar agraviar el ego de él. Las preocupaciones y la tensión del nuevo trabajo interferían en la capacidad de relajarse, sentirse segura y permitir que su amígdala se desactivase.

La interferencia de las preocupaciones y el estrés con la satisfacción sexual puede ser también una razón por la cual a las mujeres les gustan los vibradores. Un vibrador aplicado en el clítoris puede proporcionar en menos tiempo un orgasmo más fácil. No tienes que preocuparte de la relación, del ego de la pareja, de si él eyaculará demasiado pronto ni de qué aspecto tienes en la cama. Otra paciente, divorciada, de cuarenta y tantos años, se acostumbró tanto a su vibrador que, cuando mantuvo una relación con un hombre, advirtió que éste no hacía tan buen trabajo como su chisme mecánico. Al final tomó medidas drásticas: enterró su vibrador en el patio de atrás para obligarse a sí misma a acostumbrarse a un pene real.

Una mujer necesita que la lleven hasta el ánimo adecuado. Antes del sexo debe haber relajación y ternura en las relaciones. La mujer no puede estar enfadada con su compañero. El enfado con la pareja es la razón más frecuente de los problemas sexuales. La mayoría de los terapeutas sexuales dice que para las mujeres los preliminares son todo lo que sucede en las veinticuatro horas previas a la penetración del pene. Para los varones, son lo que sucede tres minutos antes. Dado que muchas partes del cerebro de una mujer actúan a la vez, ella debe entrar en situación, ante todo, empezando por relajarse y reconectar de manera positiva con su pareja. Por eso necesita sus buenas veinticuatro horas para entrar en situación, y de ahí que salir de vacaciones resulte un potente afrodisíaco. A ella le permite desconectarse del estrés de la vida cotidiana. Así pues, que los hombres ofrezcan flores, bombones y palabras dulces, porque son de provecho. Una mujer no puede estar enfadada con su hombre y al mismo tiempo querer tener sexo con él. Y, mujer, dile a tu hombre que si piensa criticarte o empezar una discusión el mismo día en que espera pasarlo bien, debería pensarlo dos veces. Tendrá que esperar a que pasen veinticuatro horas antes de que estés dispuesta.

LA FUNCIÓN DEL ORGASMO FEMENINO

Desde una perspectiva evolucionista, el orgasmo femenino no constituye un gran misterio. No es mucho más que una eyaculación biológicamente sencilla acompañada por un incentivo casi adictivo a buscar ulteriores encuentros sexuales. La teoría sostiene que cuanto mayor sea el número de inseminaciones que efectúe un macho, más serán las probabilidades de que sus genes se vean representados en generaciones futuras. El clímax sexual de las mujeres es más complejo y recóndito; y puede fingirse con facilidad. Las mujeres no tienen una necesidad ineludible de experimentar un orgasmo para concebir, aunque ayuda que lo experimenten.

Pese a que algunos científicos entienden que el orgasmo femenino no sirve para nada, en realidad sirve para que una mujer se mantenga tumbada después del sexo, reteniendo pasivamente el esperma e incrementando su probabilidad de concepción. No digamos ya que el orgasmo es un placer intenso y que cualquier cosa que nos haga sentir bien nos hace desear repetirla una y otra vez, justo lo que se propone la Madre Naturaleza. Otros han sugerido que el orgasmo femenino evolucionó para crear un emparejamiento más sólido entre los amantes, inspirando a las mujeres sentimientos de intimidad y confianza con respecto a sus parejas. Un orgasmo comunica la satisfacción sexual de una mujer y su devoción por el enamorado.

Muchos psicólogos evolucionistas han llegado también a considerar el orgasmo femenino como una adaptación sofisticada que permite a las mujeres manipular —incluso sin darse cuenta— para decidir a cuál de sus amantes permitirán fertilizar sus óvulos.[11] El aliento acelerado, los gemidos, el corazón alborotado, las contracciones y espasmos musculares, los estados de placer casi alucinantes que el orgasmo inspira, pueden constituir un hecho biológico complejo con un designio funcional. Los científicos creen que el orgasmo puede actuar como una «competición de espermas», mediante la cual los cuerpos y los cerebros femeninos escogen un vencedor.[12]

Se sabe de antiguo que las contracciones musculares y la succión uterina asociadas con el orgasmo femenino tiran del esperma a través de la barrera mucosa cervical. En un informe publicado acerca de la fuerza de la succión orgásmica hacia el cérvix, un médico reseñó que las contracciones uterina y vaginal de una paciente durante el sexo con un marino le habían hecho succionar el condón.[13] En el curso de la exploración el condón se halló dentro del diminuto canal cervical. Esto indica que el orgasmo femenino puede funcionar para tirar del esperma acercándolo al óvulo. Los científicos han descubierto que, cuando una mujer llega al clímax en cualquier momento comprendido entre un minuto antes y cuarenta y cinco minutos después de que su enamorado eyacule, retiene mucha más cantidad de esperma que si no experimenta el orgasmo.[14] La falta de orgasmo significa que penetrará menos esperma en el interior del cérvix, portal de entrada del útero donde está esperando el óvulo. Mientras que al hombre le preocupa no satisfacer como amante a la mujer —por el temor de que ella se aparte o no quiera volver a tener relaciones sexuales con él—, las mujeres orgásmicas pueden, en realidad, proponerse algo mucho más inteligente. Con sus orgasmos, una mujer decide qué pareja será el padre de sus hijos. Si el cerebro de la Edad de Piedra que tiene Marcie piensa que John es sexualmente atractivo y bien parecido para ser una buena apuesta genética con vistas a la descendencia, sentir el orgasmo se convierte en un asunto serio.

La biología tiene una manera de gobernar nuestras mentes conscientes manipulando la realidad para asegurar la supervivencia evolucionista, de modo que los circuitos inconscientes del cerebro de una mujer escogerán al tipo mejor dotado, puesto que le proporcionará orgasmos más satisfactorios. Los ecologistas conductistas han observado que las hembras de los animales —desde las moscas escorpión hasta las golondrinas— prefieren machos con alto grado de simetría corporal bilateral, es decir, que ambos lados del cuerpo estén equilibrados. La razón de que el perfecto equilibrio corporal sea importante es que la traslación de genes hacia las distintas partes del cuerpo puede verse perturbada por la enfermedad, la desnutrición o los defectos genéticos. Los genes defectuosos o la enfermedad pueden causar desviación de la simetría bilateral en rasgos como las manos, los ojos e incluso las plumas de la cola de los pájaros, que son las características visuales sobre las que eligen sus opciones nuestras semejantes femeninas en el reino animal. Las hembras también quieren que el ejemplar mejor dotado sea el padre de su descendencia. Los mejores machos, aquellos cuyos sistemas de inmunidad son vigorosos y suministran salud, se desarrollan con mayor simetría corporal. Las hembras que escogen pretendientes simétricos están garantizando que su descendencia cuente con buenos genes.

Los humanos comparten esta preferencia. Según algunos estudios, las mujeres escogen constantemente a los hombres cuyas caras, manos, hombros y otras partes del cuerpo sean más simétricas.[15] No se trata de una simple cuestión de estética. Hay un amplio y creciente corpus de bibliografía médica que documenta que las personas simétricas son más sanas física y psicológicamente que las menos simétricas. De este modo, si el tipo con quien te citas tiene un aspecto un poco raro a tus ojos y te desagrada, puede que la naturaleza te esté mandando señales acerca de la calidad de sus genes.[16] John resultaba ser el hombre mejor parecido con quien había salido Marcie, lo cual quizá tenía algo que ver con el deseo de ella de que fuera el padre de sus hijos.

Los científicos han razonado que si los orgasmos femeninos son una manera de asegurar buenos genes para la descendencia, las mujeres deberían llegar a gozar de más orgasmos con parejas simétricas y bien parecidas. En la Universidad de Albuquerque, los investigadores observaron a ochenta y seis parejas heterosexuales, sexualmente activas.[17] El promedio de edad era de veinte años, y las parejas llevaban dos de convivencia, de modo que se habían establecido ya relaciones estables. Los investigadores hicieron que cada uno contestase de manera privada y anónima a preguntas sobre sus experiencias sexuales y orgasmos. Luego tomaron fotografías de la cara de cada persona y usaron un ordenador para analizar los rasgos por simetría. Midieron también varias partes del cuerpo: la anchura de los codos, las muñecas, las manos, los tobillos, los pies, los huesos de las piernas y la longitud de los dedos índice y meñique.

Ciertamente, la supuesta relación entre la simetría masculina y el orgasmo femenino resultó ser exacta. Los informes aportados por las mujeres —y sus amantes— indicaron que aquellas cuyas parejas tenían más simetría disfrutaban de una frecuencia significativamente mayor de orgasmos en el trato sexual que las que tenían parejas menos simétricas.

Los hombres apuestos lo saben de primera mano. Los estudios muestran que los hombres simétricos pasan por períodos de cortejo más breves antes de tener una relación sexual con las mujeres a quienes cortejan.[18] También gastan menos tiempo y dinero en sus encuentros. Estos chicos agraciados engañan a sus parejas más a menudo que los tipos que tienen cuerpos peor formados. No es esto lo que las mujeres querríamos creer. Por el contrario, nos gusta la hipótesis de emparejamiento que sostiene que las mujeres con parejas amables y atentas tendrán más orgasmos. Pero la realidad es que los hombres pueden pertenecer a dos categorías diferentes: los hay que buscan sexo febril y otros que buscan seguridad, comodidad y crianza de los niños. Las mujeres ansían ambas cosas en un único envoltorio, pero, por desgracia, la ciencia muestra que eso es hacerse demasiadas ilusiones.

Por supuesto, nadie es perfectamente simétrico, pero todas estimamos que los mejor dotados son los que poseen mayor simetría. Para sorpresa de los investigadores, la pasión romántica de las mujeres por sus parejas no aumenta la frecuencia de los orgasmos. No sólo es así, sino que, aunque la sabiduría popular mantenga que el control de natalidad y la protección contra ETS aumentan las tasas de orgasmos entre las mujeres —al parecer, porque permiten que se sientan más relajadas durante el coito—, no ha aparecido relación alguna entre el orgasmo femenino y el uso de anticonceptivos.[19] Por el contrario, sólo se estableció relación entre el buen aspecto de la pareja y la alta frecuencia de orgasmos femeninos durante la cópula.[20] Después de todo, nuestros cerebros están construidos para sobrevivir en la Edad de Piedra, que carecía de anticonceptivos. En términos evolucionistas, los condones y la píldora son sólo triunfos fugaces, demasiado recientes para haber cambiado el modo en que experimentamos las emociones o el sexo.

BIOLOGÍA DE LA INFIDELIDAD FEMENINA

La Madre Naturaleza acude a todos los recursos disponibles para asegurarse de que las parejas se juntan y hacen niños, y esto exige que el sexo acontezca en el momento oportuno del mes.[21] Por ejemplo, los olores están intensamente relacionados con las emociones, la memoria y la conducta sexual. La nariz de las mujeres y sus circuitos cerebrales son muy sensibles justo antes de la ovulación; y no sólo a aromas ordinarios, sino también a los efectos imperceptibles de las feromonas masculinas.[22] Las feromonas son sustancias químicas sociales que despiden la piel y las glándulas sudoríparas de los seres humanos y otros animales.[23] Las feromonas alteran las percepciones cerebrales y las emociones e influyen en los deseos, entre ellos el deseo sexual. El cerebro cambia su sensibilidad al olor cuando la subida del estrógeno conduce a la ovulación.[24] Este proceso sólo necesita una pequeña cantidad de una feromona: la cantidad emitida en una centésima de gota de sudor humano basta para causar un efecto poderoso. No sorprende que la industria de la perfumería se vuelva loca intentado agregar esta sustancia a los perfumes y a las lociones para después del afeitado.

Pero lo que la industria de los olores no sabe es que el efecto depende del día y hasta de la hora del ciclo menstrual.[25] Por ejemplo, antes de la ovulación, cuando las mujeres se encuentran en la cúspide de su fertilidad mensual, y están expuestas a una feromona de las glándulas sudoríparas masculinas llamada androstadienona —pariente próximo de la androstenediona—, el mayor andrógeno que producen los ovarios, su actitud se anima en el plazo de seis minutos y su agudeza mental se afina.[26] Estas feromonas transmitidas por el aire evitan que las mujeres se pongan de mal talante durante las horas siguientes. Empezando en la pubertad, sólo los cerebros femeninos —no los masculinos— son capaces de detectar la feromona androstadienona y son sensibles a la misma tan sólo durante ciertas fases del mes.[27] Puede ocurrir que la androstadienona actúe sobre las emociones de las mujeres en la cúspide reproductiva mensual para allanar el camino de interacciones sociales y reproductivas. Es interesante que Marcie mencionara en su primera visita que algo del olor de John la había cautivado.

Jan Havlicek, de la Universidad Carolina (de Praga), ha utilizado el olor corporal de los hombres y la nariz de las mujeres para desarrollar una polémica teoría acerca de las feromonas y el cerebro femenino.[28] Encontró que las mujeres ovulantes que ya tienen pareja preferían el olor de otros hombres más dominantes; en cambio, las mujeres sin pareja no mostraban esta preferencia. Havlicek sostiene que sus hallazgos fundamentan la teoría de que las mujeres sin pareja quieren hombres que las cuiden y ayuden a fundar una familia. Sin embargo, una vez asegurado el hogar, sienten la necesidad biológica de mariposear con hombres que tengan los mejores genes. Estudios sobre formas de emparejamiento en ciertas especies de pájaros, que se pensaba que se emparejaban de por vida, mostraron que hasta el 30 % de las crías eran de otros machos que aquellos que las cuidaban y vivían con las madres.[29]

El mito de la fidelidad femenina recibe otro golpe con el sucio secretito que muestran los estudios genéticos humanos: el 10 % de los presuntos padres investigados por los científicos no tienen relación genética con los vástagos que esos hombres están seguros de haber engendrado.[30] El secreto profesional impide que los científicos revelen a nadie esta circunstancia. Pero ¿por qué ocurre tal cosa? ¿Será que el cerebro femenino está más predispuesto a desatar el orgasmo y a concebir con un hombre que no sea su pareja habitual? Se cree que sentir el orgasmo con una pareja particularmente deseable es ventajoso para la reproducción.[31] Dado que el orgasmo de una mujer absorbe el esperma hacia arriba del tracto reproductivo femenino, el orgasmo con un hombre atractivo aporta mayor probabilidad de que el esperma llegue al óvulo.[32] Ese aumento de probabilidad de concepción con una pareja atractiva puede ser la razón de que las mujeres se sientan, en general, más atraídas por otros hombres en la segunda semana del ciclo menstrual —justo antes de la ovulación—, que es el momento más fértil y erótico de su mes.[33]

Otro estudio encontró que las mujeres que tienen amantes paralelos empiezan a fingir el orgasmo más a menudo con sus parejas estables.[34] Fingir el orgasmo con las parejas fijas era más común incluso entre mujeres que aseguraban que no iban más allá de flirtear con otros. Los hombres están biológicamente orientados a buscar indicios de satisfacción sexual por una razón: porque esta satisfacción garantiza la fidelidad de las mujeres. Fingir un orgasmo puede servir para que la pareja estable de una mujer no piense en su infidelidad. Fingir interés en su pareja estable es un viejo truco de los hombres para engañar a la mujer en cuanto a la fidelidad conyugal, a veces durante muchos años de matrimonio. Los investigadores han demostrado que, cuando las mujeres tienen aventuras extramaritales, retienen menos esperma de sus parejas estables (maridos, en muchos casos) y experimentan más orgasmos copulatorios durante las citas clandestinas, reteniendo más semen de sus amantes secretos.[35] En conjunto, estos hallazgos sugieren que el orgasmo femenino tiene menos que ver con que sean guapos los elegidos para casarse que con otras consideraciones recónditas, subconscientes, primitivas de las dotes genéticas de los amantes extramaritales. Las mujeres no están más hechas que los hombres para la monogamia.[36] Están diseñadas para mantener sus opciones abiertas y fingen orgasmos con el propósito de apartar la atención de la pareja de sus infidelidades.

COMBUSTIBLE PARA EL AMOR

El disparador del deseo sexual para ambos sexos es la testosterona andrógena, sustancia que algunos denominan de manera errónea hormona masculina. En realidad es una hormona sexual agresiva y tanto los hombres como las mujeres tienen gran cantidad de ella. Los hombres la producen en los testículos y las glándulas adrenales; las mujeres, en estas mismas glándulas y en los ovarios.[37] Tanto en unos como en otras la testosterona es el combustible químico que pone en marcha la máquina sexual del cerebro. Cuando hay bastante combustible, la testosterona despierta al hipotálamo, enciende sentimientos eróticos, despierta fantasías sexuales y sensaciones físicas en las zonas erógenas. El proceso funciona igual en hombres que en mujeres, pero existe una gran diferencia entre los sexos según la cantidad de testosterona que esté disponible para poner en marcha el cerebro.[38] Como promedio, los hombres tienen de diez a cien veces más testosterona que las mujeres.

Hasta el flirteo está relacionado con la testosterona. Ciertos estudios han demostrado que las hembras de ratas con niveles elevados de testosterona son más juguetonas que otras y se dejan llevar por una conducta más «lanzada», acaso el equivalente entre roedores de la procacidad sexual.[39] Entre los humanos, el amanecer de los sentimientos y las relaciones sexuales coincide en las chicas con sus niveles de testosterona. Un estudio con muchachas de octavo, noveno y décimo curso descubrió la relación entre niveles más elevados de testosterona y un aumento en la frecuencia de pensamientos sexuales y masturbación.[40] Otro estudio sobre chicas adolescentes reveló que el auge de la testosterona era un anuncio significativo de la primera relación sexual.[41]

A pesar del agudo incremento del interés sexual, estimulado por la testosterona —tanto en adolescentes masculinos como femeninas—, sigue existiendo una diferencia significativa en su libido y su comportamiento sexual. Entre los ocho y los catorce años, el nivel de estrógeno de una chica aumenta de diez a veinte veces, pero el de su testosterona sólo crece alrededor de cinco veces. El nivel de testosterona de un muchacho aumenta veinticinco veces entre los nueve y los quince años.[42] Con este poderoso combustible sexual extra, es habitual en los muchachos vivir el impulso sexual tres veces más que las jóvenes de la misma edad, diferencia que durará toda la vida.[43] Mientras que los muchachos tienen un nivel de testosterona en aumento constante durante la pubertad, las hormonas sexuales de las chicas fluyen y refluyen cada semana, modificando su interés sexual casi a diario.

Si la testosterona de una mujer cae por debajo de cierto nivel, perderá por completo el interés sexual.[44] Jill, una maestra premenopáusica de cuarenta y dos años, acudió a mi consulta para quejarse de que su falta de libido le causaba problemas conyugales. Su nivel sanguíneo de testosterona era muy bajo, de modo que empecé a tratarla con testosterona.[45] Para registrar su reacción a la hormona le pedí que tomara nota de cuántas fantasías o sueños sexuales tenía, de cuántas veces se masturbaba o se interesaba por la masturbación. Si hubiéramos registrado sólo el número de veces que tenía relaciones sexuales, probablemente nos habría dado la medida de la libido del esposo. Le pedí a Jill que volviera al cabo de tres semanas para comprobar su progreso. Durante el tiempo transcurrido entre ambas citas Jill duplicó por equivocación su dosis de testosterona. Tenía la cara colorada y resplandeciente cuando volvió a mi clínica. Me contó avergonzada su error y confesó que sus apremios sexuales eran a la sazón tan fuertes que corría al baño entre las clases para masturbarse. Dijo: «Esto se está convirtiendo en una verdadera lata, ¡pero ahora ya sé cómo debe de sentirse un chico de diecinueve años!»

Si Jill hubiera esperado un poco más, dentro de su ciclo menstrual otra hormona podría haber interferido con parte de la inundación de testosterona en su cuerpo. La testosterona es el disparador principal que el cerebro necesita para encender el deseo sexual, pero no es la única sustancia neuroquímica que afecta a la reacción y el interés sexual femeninos. La progesterona, que se eleva en la segunda mitad del ciclo menstrual, reprime el deseo sexual y actúa para invertir en parte el efecto de la testosterona en el sistema de una mujer.[46] A algunos delincuentes sexuales masculinos se les llega a inyectar progesterona para menguar su impulso sexual. Las mujeres también tienen menos interés por el sexo cuando el nivel de progesterona está elevado, en las últimas dos semanas de su ciclo menstrual.[47] La testosterona crece de manera natural, junto con los apremios sexuales, durante la segunda semana del ciclo, antes de que se produzca la ovulación en el momento cumbre de la fertilidad. El estrógeno no aumenta el impulso sexual por sí mismo, pero culmina junto con la testosterona en el punto medio del ciclo menstrual. El estrógeno tiende a hacer que las mujeres sean más receptivas para el sexo y es esencial para la lubricación vaginal.

LA GRAN DIVISORIA SEXUAL

En el cerebro masculino, los centros relacionados con el sexo son el doble de grandes que las estructuras correspondientes del cerebro femenino.[48] En lo tocante al cerebro, el tamaño crea una diferencia en la forma en que hombres y mujeres piensan, reaccionan y viven el sexo. El sexo ocupa, literalmente, un espacio mayor en las mentes de los hombre que en las de las mujeres. Sienten presión en sus gónadas y próstatas a menos que eyaculen a menudo. Los varones tienen el doble de espacio cerebral y capacidad de procesamiento dedicados al sexo que las mujeres. Mientras ellas tienen una autovía de ocho carriles y ellos una carretera secundaria para procesar la emoción, los hombres cuentan con un aeropuerto como el O'Hare de Chicago para procesar ideas sexuales, mientras que las mujeres sólo tienen un aeródromo de andar por casa, donde aterrizan aviones pequeños y particulares. Esto explica probablemente por qué el 85 % de los varones de entre veinte y treinta años piensa en el sexo bastantes veces al día, en tanto que las mujeres lo hacen una vez al día, a lo sumo, y tres o cuatro veces en sus días más fértiles.[49] Esto crea curiosas interacciones entre los sexos. Es frecuente que los chicos pidan a las mujeres tener relaciones sexuales. No es habitual que sea eso lo primero que surge en las mentes femeninas.

Estos cambios estructurales en el cerebro empiezan a las ocho semanas de la concepción, cuando la testosterona del feto masculino fertiliza para que crezcan los centros cerebrales relacionados con el sexo que hay en el hipotálamo.[50] En la pubertad se registra una nueva afluencia copiosa de testosterona que robustece y amplía otras conexiones cerebrales del hombre, las cuales proporcionan información a los centros sexuales, que incluyen los sistemas visual, olfativo, táctil y cognitivo. Cuando la testosterona aumenta por veinticinco, entre los nueve y los quince años, alimenta estas conexiones sexuales más grandes del cerebro masculino para el resto de su juventud.

Muchas de estas estructuras y conexiones también existen en el cerebro femenino, pero tienen la mitad de tamaño. Desde el punto de vista biológico, las mujeres dedican menos espacio mental a las iniciativas sexuales. Su interés sexual aumenta y disminuye de acuerdo con sus ciclos mensuales de testosterona. Los sistemas cerebrales que el varón tiene para el sexo se ponen en alerta con cada onda de perfume y con cada mujer que camina junto a él.

LO QUE LAS MUJERES NO COMPRENDEN DE LO QUE EL SEXO SIGNIFICA PARA UN HOMBRE

Jane y Evan, una pareja de treinta y tantos años, vino a verme por un problema familiar. Jane acababa de aceptar un nuevo empleo, había ganado algo de peso y comenzaba a trabajar muy duro; volcaba su tiempo y energía —incluso podría decirse que toda su libido— en causar buena impresión en el despacho. Había descubierto que ya nunca estaba de humor para practicar sexo. Su esposo se sentía perplejo, puesto que él había comenzado en un trabajo nuevo y exigente el año anterior y anhelaba el sexo incluso más que antes.[51] De todos modos, en cuanto Evan lograba estimular a Jane, ella disfrutaba el sexo y podía alcanzar el orgasmo. Era sólo que nunca se sentía con ganas de tomar la iniciativa. Es la queja más corriente entre las mujeres que trabajan y vienen a mi consulta.

La cosa parece bastante inofensiva: «Cariño, estoy hecha polvo. No he comido, el trabajo ha sido realmente pesado, me encantaría que nos acariciáramos en la cama un rato pero, en serio, sólo tengo ganas de comer, ver la tele e ir a dormir. ¿Te parece bien?» Él podrá decir que sí, pero en el fondo dominará el antiguo circuito. Acordémonos de que él está pensando en el sexo a cada momento. Si ella no lo desea, puede indicar un declive del atractivo o quizá que haya otro hombre.[52] En suma, el ocaso del amor. Evan insistió en que venían a verme para que los aconsejara como pareja porque estaba convencido de que Jane había dejado de amarlo o, peor aún, que ella tenía una aventura con otro. Mientras comentábamos las diferencias entre el cerebro masculino y el femenino, Jane se dio cuenta de que la realidad del cerebro de Evan mostraba una reacción inesperada ante su falta de deseo sexual. El cerebro de Evan interpretaba que la falta de deseo significaba «ella ya no me ama». Jane comenzó a empatizar más con lo que el sexo significaba para su marido.

Es lo mismo que pasa con una mujer y la comunicación verbal. Si su pareja deja de hablarle o de responder emocionalmente, pensará que la desaprueba, que ella ha hecho algo malo o que él ha dejado de quererla. Le entrará pánico al imaginarse que lo está perdiendo. Incluso creerá que su pareja tiene una aventura. Jane sólo estaba fatigada y no se sentía atractiva, pero a Evan se le metió en la cabeza la idea de que ella había dejado de quererlo.[53] Empezó a mostrarse celoso y posesivo, puesto que su realidad biológica lo hacía sospechar de un tercero.[54] Si ella no tenía relaciones sexuales con él, las tendría con otro. A fin de cuentas, es lo que él haría. En cuanto Jane comprendió todo eso, le dijo a Evan que se había hecho cargo de que el sexo era tan importante para un hombre como la comunicación para una mujer y se rió cuando él dijo: «Magnífico. Vamos a tener más comunicación masculina.»

Evan comprendió que Jane necesitaba más tiempo de preliminares, y Jane comprendió la necesidad de Evan de tener confirmación de que lo quería. De ese modo tuvieron más «comunicación masculina». Una cosa llevó a la otra y Jane se quedó embarazada. Su realidad iba a experimentar otro viraje y el sexo —lo sentimos, Evan— bajaría unos cuantos peldaños en la lista de asuntos pendientes. El cerebro de mamá empezaba a imponerse.

5

El cerebro de mamá

«La maternidad te cambia para siempre», me advirtió mi madre. Tenía razón. Mucho después de mi embarazo, sigo viviendo y respirando por dos, enganchada a mi hijo, en cuerpo y alma, con un vínculo más fuerte de lo que creía posible. Soy una mujer diferente desde que nació mi hijo y, como médica, valoro por qué. La maternidad te cambia, porque transforma el cerebro de una mujer, estructural, funcional y, en muchas formas, irreversiblemente.[1]

Podría decirse que es el modo en que la naturaleza asegura la supervivencia de la especie. ¿Cómo si no podría explicarse que alguien como yo, sin el menor interés hasta entonces por los niños, sintiera que había nacido para ser madre al salir de la neblina inducida por los fármacos en un parto difícil? Desde el punto de vista neurológico, era una realidad. Enterrados a conciencia en mi código genético estaban los disparadores de una conducta maternal básica, formados por las hormonas del embarazo, activados por el parto y robustecidos por el contacto directo, físico, con mi hijo.[2]

Tal como se ve en *La invasión de los ladrones de cuerpos* —o, más exactamente, en *La invasión de los ladrones de cerebros*—, una madre se ve alterada desde dentro de sus entrañas por el adorable pequeño alien que lleva consigo.

Éste es un rasgo que tenemos en común con las ovejas, los hámsteres, los micos y los babuinos. Toma por ejemplo la hembra de un hámster sirio. Antes de dar a luz ignora a las crías indefensas o incluso se las come. Tan pronto pare, reúne a su temblorosa prole, la mantiene alimentada y caliente, la cuida y lame, con la intención de poner en marcha las funciones corporales que las crías necesitan para asegurar su supervivencia.[3]

Los humanos no están tan definidos biológicamente. Los circuitos cerebrales innatos de una mujer —así como los de otros mamíferos— responden casi siempre a consignas básicas: el crecimiento de un feto en su seno, el nacimiento de la criatura, la lactancia, el tacto, el olor y el frecuente contacto piel con piel con su bebé.[4] Incluso quienes han adoptado, los padres, las mujeres que han tenido problemas en el parto y no han podido vincularse de inmediato con sus hijos, así como aquellas que no han estado nunca embarazadas pueden responder de modo maternal después de tener contacto íntimo y diario con un bebé.[5] Estas claves físicas generan nuevas pistas neuroquímicas en el cerebro de la madre, que crean y refuerzan los circuitos del mismo, ayudadas por una modificación química y grandes aumentos de la oxitocina.[6] Este cambio cerebral da origen a un cerebro motivado, siempre atento y decididamente protector, que obliga a la nueva madre a modificar sus reacciones y prioridades vitales.[7] Se ligará con ese ser como no se ha ligado nunca con nadie. Las alternativas son la vida y la muerte.

En la sociedad moderna, en la que las mujeres no son sólo responsables de parir niños sino que han de trabajar fuera de casa para poder mantenerlos económicamente, estos cambios en el cerebro crean el conflicto más profundo en la vida de una madre. Nicole, una bancaria consejera de inversiones de treinta y cuatro años, dedicó gran parte de su vida a trabajar duramente en la enseñanza media con el fin de ingresar en Harvard, para acceder a una prestigiosa carrera que le proporcionase seguridad económica e independencia. No había nada más lejos de sus proyectos que casarse cuando se licenció.[8] Después de la universidad viajó por el mundo, trabajó una temporada en el distrito financiero de San Francisco y luego entró en la Facultad de Empresariales de la Universidad de California, en Berkeley. Allí pasó cuatro años, cursó un máster de doble titulación en administración de empresas y relaciones internacionales a fin de prepararse para una carrera en economía global. Acabó en Berkeley a los veintiocho años y se trasladó a Nueva York, donde consiguió trabajo como asociada en un banco dedicado a las inversiones.

Cuantas más veces hagas algo, más células asigna el cerebro a dicha tarea; los circuitos de Nicole estaban centrados de lleno en su trabajo y en el curso de su carrera. Los dos años siguientes implicaron semanas laborales de ochenta horas, pesadas pero bien remuneradas. Quería alcanzar su meta y dedicó mente, cuerpo y alma a vincularse con su carrera. Pero no tardó en conocer y enamorarse de Charlie, un abogado muy guapo del sur, que trabajaba al otro lado de la sala; su cerebro empezó a repartir la asignación de células entre su adhesión a Charlie y su carrera. De ese modo, Nicole pasó el comienzo de su tercer decenio aprendiendo a equilibrar su relación —que acabó en matrimonio— con su exigente trabajo. No tardaría en llegar a su vida una tercera personita, y las células del cerebro se vieron forzadas a dividirse de nuevo.

EL BEBÉ EN EL CEREBRO

Por mucho que pongamos de nuestra parte, la biología puede invadir circuitos, y gran cantidad de mujeres experimentan los primeros síntomas del «cerebro de mamá» mucho antes de concebir un hijo, sobre todo si lo han estado intentando durante un tiempo. El «deseo del bebé» —el ansia profunda de tener un hijo— puede afectar a una mujer poco después de que haya acunado al recién nacido, suave y cálido, de otra. De súbito, incluso las mujeres menos inclinadas a ocuparse de los niños pueden empezar a anhelar el tierno y delicioso contacto y olor de los bebés. Se puede atribuir a relojes biológicos puntuales o a la influencia del «yo también» entre colegas, pero la verdadera razón es que ha sobrevenido un cambio cerebral y ha comenzado una nueva realidad. El suave olor de la cabeza de un niño lleva feromonas que estimulan al cerebro femenino para que produzca la poderosa poción del amor —la oxitocina—, creadora de una reacción química que induce al deseo de bebé.[9] Después de visitar por primera vez a Jessica, la nueva hija de mi hermana, cuando tenía tres meses, me quedé obsesionada con los bebés durante largo tiempo. En cierto modo sentí que mi nueva sobrina me había contagiado —literal y físicamente— una infección: el sorpresivo ataque de la naturaleza que dispara el deseo de tener un niño.

En el cerebro materno, la transformación acontece desde la concepción y puede dominar incluso los circuitos de la mujer más volcada en su trabajo, modificando la forma en que piensa, siente y da importancia a las cosas. A lo largo del embarazo el cerebro femenino está inundado de neurohormonas generadas por el feto y la placenta.[10] Nicole no tardó en experimentar en carne propia los efectos de estas hormonas. Charlie y ella acababan de volver de un fin de semana que habían pasado en el norte del estado de Nueva York, dedicados a hacer el amor, cuando empezó el proceso. Si dispusiéramos de un aparato de resonancia magnética que mirase en el interior del cerebro de Nicole, podríamos ver su cerebro femenino normal cuando el esperma penetra en el óvulo. Al cabo de dos semanas de haber sido fertilizado, se implanta con fuerza en el tejido uterino y se conecta con el riego sanguíneo de Nicole. En cuanto su riego sanguíneo y el del feto se unen, comienzan los cambios hormonales en el cuerpo y el cerebro de Nicole.

Los niveles de progesterona empiezan a aumentar en el torrente sanguíneo y el cerebro de Nicole. No tarda en notar que sus senos están más sensibles y su cerebro se serena. Podríamos ver que sus circuitos cerebrales se apaciguan y a la vez está soñolienta, siente más necesidad de descansar y de comer que de costumbre. Sus centros cerebrales de la sed y el hambre se ponen en marcha por efecto del alza de las hormonas. Nicole necesitará producir el doble de su volumen normal de sangre. No querrá alejarse demasiado de la botella de agua, del grifo ni del cuarto de baño. Además, en lo que respecta a la comida, sus señales cerebrales se volverán melindrosas, sobre todo por la mañana, conforme cambian las reacciones de su cerebro ante ciertos olores, especialmente los de los alimentos. Sin proponérselo, no querrá comer nada que cause daño a su frágil feto durante los primeros tres meses de embarazo. Por eso su cerebro es sumamente sensible a los olores, una sensibilidad que le provoca náuseas la mayor parte del tiempo. Puede llegar incluso al punto de vomitar todas las mañanas o, por lo menos, sentir que desearía hacerlo, sólo porque sus circuitos cerebrales del olor han cambiado totalmente por obra de las hormonas del embarazo.

Nicole se esfuerza por cumplir con todas las tareas diarias durante estos primeros meses. En el trabajo lo único que puede hacer es sentarse, contemplar la grapadora e intentar no tirarla por los aires. Sin embargo, al cuarto mes se registra un giro considerable. Su cerebro se ha habituado a los enormes cambios hormonales, puede comer normal, e incluso a dos carrillos. Tanto su cerebro consciente como el inconsciente están focalizados en lo que está ocurriendo en su útero. Cuando transcurre el quinto mes empieza a sentir pequeñas burbujas de gas en el abdomen; quizá al principio crea que son las habituales regurgitaciones de gas que ocasiona una comilona. Pero no, su cerebro las está registrando como movimientos del bebé. El cerebro de mamá lleva meses modificándose hormonalmente, pero hasta este instante Nicole no toma conciencia de que está desarrollando un bebé. Lleva casi medio año embarazada, y su cerebro ha ido cambiando y ampliando los circuitos del olfato, la sed y el hambre, frenando las células pulsantes del hipotálamo que habitualmente disparan el ciclo menstrual. Ya está dispuesta para que crezcan los circuitos del amor.

Con cada nueva patadita o movimiento, empieza a conocer a su bebé y fantasea largo y tendido acerca de cómo será tenerlo o tenerla en brazos. No puede imaginarlo; de todos modos espera con ansiedad a que llegue el momento. Es también la primera vez que Charlie puede interesarse en el desarrollo del bebé, sentir las pataditas y escuchar en el abdomen de Nicole los pequeños latidos del corazón. El bebé puede incluso responderle con golpecitos. Los padres suelen fantasear con un niño, y las mujeres, con una niña.

Me acuerdo de mi intensa avidez de comidas raras y de la sensación de que iba a vomitar sin remedio sólo por la vaharada de comida grasienta. Todos esos cambios son señales cerebrales de que algo o alguien ha invadido tu sistema. La progesterona sube de diez a cien veces su nivel normal entre el segundo y el cuarto mes de embarazo, e inunda el cerebro con sus efectos sedantes similares a los del Valium.

El efecto relajante de la progesterona y el aumento del estrógeno ayudan a proteger contra las hormonas del estrés durante el embarazo. El feto y la placenta producen en grandes cantidades dichas sustancias químicas del estilo «lucha o huye», como el cortisol, de modo que inundan el cuerpo y el cerebro de la madre.[11] Al final del embarazo los niveles hormonales de estrés son tan elevados en el cerebro de una mujer como lo estarían durante un ejercicio extenuante. De todos modos, cosa sorprendente, estas hormonas no conducen a sentimientos de estrés durante el embarazo.[12] Su influencia hace que la embarazada vigile su seguridad, nutrición y entorno, además de estar menos sintonizada con otra especie de tareas como las de hacer llamadas de trabajo y organizar su agenda. Por eso, especialmente en el último mes de embarazo, Nicole empieza a sentirse distraída, olvidadiza y preocupada. Desde la pubertad no han ocurrido tantos cambios simultáneos en su cerebro. Desde luego, cada reacción de la mujer depende de su estado psicológico y de los acontecimientos de su vida, pero éstos son los rasgos biológicos generales de su cambiante realidad durante el embarazo.[13]

Al mismo tiempo el tamaño y la estructura del cerebro femenino también están cambiando. Entre los seis meses y el parto, los escáneres cerebrales por resonancia magnética han mostrado que el cerebro de una mujer gestante se encoge.[14] Puede ocurrir porque algunas partes de su cerebro crecen mientras otras se reducen, estado que vuelve poco a poco a la normalidad alrededor de los seis meses después del parto.[15] En estudios sobre animales hemos visto que la parte pensante del cerebro —el córtex— aumenta durante el embarazo revelando la complejidad y flexibilidad de los cerebros femeninos.[16] Los científicos siguen sin saber con exactitud por qué cambia el tamaño del cerebro, pero el cambio parece constituir un indicador de la enorme reestructuración cerebral y del cambio metabólico que están en curso.[17] No se trata de que una mujer pierda células cerebrales. Algunos científicos creen que el cerebro de la mujer se encoge por efecto de modificaciones en el metabolismo celular exigido para la reestructuración de los circuitos del cerebro, que se preparan para convertir carreteras de un carril en autopistas. De este modo, mientras el cuerpo gana peso, el cerebro en realidad lo pierde: en la semana o quincena previas al parto, el cerebro vuelve a crecer en tamaño, mientras construye amplias redes de circuitos maternales.[18] Dicho de otro modo, la primera frase del niño debería ser: «Mamá, te encogí el cerebro.»

EL NACIMIENTO DEL CEREBRO DE MAMÁ

A medida que se acerca la fecha señalada, el cerebro de Nicole se preocupará casi exclusivamente por su bebé y por hacer cábalas sobre cómo, superando el dolor y el esfuerzo físico, va a sacar un niño sano sin matarse a sí misma ni matar al niño. Sus circuitos cerebrales maternales se ponen en alerta máxima. Saca fuerzas de flaqueza, aun cuando se sienta como una ballena varada y sólo pueda andar como un pato. A Charlie también le entra la preocupación, no por el proceso del parto, sino por aspectos prácticos como el del espacio para el bebé, pintar la habitación y adquirir todo el material necesario, la mayor parte del cual ya ha comprado hace meses. Se acuerda de pronto de otras seis cosas que les van a hacer falta. Los circuitos del cerebro de papá se conectan rápidamente para el gran evento. Empieza la cuenta atrás del parto.

A Nicole le dieron una fecha orientativa, pero le dijeron que podía suceder dos semanas antes o dos semanas después. Es así porque todo niño se dispone a nacer a su propio ritmo. Ésa será la primera de las muchas veces que Nicole y Charlie serán prisioneros del reloj innato del programa de desarrollo de su bebé, que raras veces coincide con lo que ellos piensan.

Finalmente llega el día. Nicole rompe aguas y el líquido amniótico cae a chorro por sus piernas. El bebé tiene la cabeza para abajo y está listo. El cerebro de mamá está conectado con precisión para el parto mediante una cascada de oxitocina. Impulsado por señales que parten del feto, enteramente desarrollado cuando está dispuesto para nacer, el nivel de progesterona de una embarazada desciende de repente y aflujos de oxitocina inundan su cerebro y su cuerpo, haciendo que el útero empiece las contracciones.[19]

A medida que la cabeza del bebé recorre el canal del parto, se disparan más aportaciones de oxitocina en el cerebro, activando nuevos receptores y creando cientos de nuevas conexiones entre las neuronas. El resultado en el parto puede ser la euforia inducida por la oxitocina y la dopamina, así como los sentidos hondamente incrementados del oído, tacto, vista y olfato.[20] Un minuto antes estabas sentada como una ballena varada y torpe y, un minuto después sientes que el útero se te sube a la garganta y no te puedes creer que sea factible el equivalente pélvico de expeler una sandía a través de la nariz. Para la mayoría de nosotras, al cabo de muchas horas el sufrimiento ha terminado; tu vida y tu cerebro han cambiado para siempre.

En el mundo de los mamíferos, estos cambios cerebrales en el parto no tienen nada de particular. Tomemos por ejemplo a las ovejas. Cuando la ovejita pasa por el canal materno del nacimiento, los impulsos de oxitocina rehacen los circuitos cerebrales de la madre en unos minutos haciéndola exquisitamente sensible al olor de su cría. A los cinco minutos o menos después del parto puede registrar el olor del recién nacido.[21] Por eso luego sólo permitirá que mame su cría y rechazará a otras que tienen olores extraños. Si la oveja no logra oler a su cría en esos primeros cinco minutos, no la reconocerá y la rechazará. El parto dispara rápidos cambios neurológicos en la oveja que pueden registrarse en la anatomía de su cerebro, su neuroquímica y su conducta.

Para la madre humana, los adorables olores de la cabeza, la piel, el culito de su recién nacido, hacen brotar la leche del pecho; otros fluidos corporales que la han bañado durante los primeros días quedarán químicamente implantados en su cerebro y podrá distinguir el olor de su bebé entre todos los demás con un 90 % de precisión.[22] Eso mismo es válido también para los llantos de su hijo y sus movimientos corporales. El tacto de la piel del bebé, el aspecto de los deditos de manos y pies, los breves llantos y gritos entrecortados quedan ya grabados a fuego en el cerebro de la madre.[23] En el plazo de horas o días puede embargarla un abrumador afán de protección y se establece en ella la agresividad materna. Su fuerza y resolución de cuidar a ese pequeño ser y de protegerlo se apoderan por completo de los circuitos cerebrales maternos. La madre siente que podría parar la marcha de un camión con su propio cuerpo para proteger al bebé. El cerebro se le ha modificado y, junto con él, la realidad. Tal es quizá el cambio de la realidad más importante que acontece en la vida de una mujer.

Ellie, madre primeriza de treinta y nueve años, llevaba dos años de feliz matrimonio con un comerciante autónomo cuando acudió a mi consulta. Durante el primer año de casada había sufrido un aborto. Al cabo de seis meses volvió a quedarse embarazada. Poco después del nacimiento de su hija, empezó a «rayarse», así lo denominó, acerca de la capacidad de su esposo para ganar dinero y la ausencia de un seguro médico. En realidad su situación económica no había cambiado en absoluto y nunca había sentido esos temores. Sin embargo, estaba hecha una furia con su marido por no proporcionarles una casa más segura a ella y a la niña. Sus necesidades y su realidad habían cambiado de manera radical, casi de la noche a la mañana; su nuevo cerebro protector de mamá estaba centrado en la capacidad de su esposo para mantener a la familia.

Las madres, con su instinto agresivo y protector intensamente exacerbado, se vuelven en extremo celosas en todos los aspectos del manejo de su casa, en particular en lo tocante a la seguridad infantil; por ejemplo, en cuanto a poner cubiertas a prueba de bebé en los enchufes, instalar pestillos en las puertas de los armarios de la cocina y asegurarse de que todo el mundo se lava las manos a conciencia antes de tocar al pequeño. Igual que un sistema GPS humano, los centros cerebrales de una madre para la vista, el sonido y el movimiento están orientados a monitorizar y seguir a su bebé.[24] Esta vigilancia incrementada puede adquirir todas las formas posibles, en función de la amenaza que una madre perciba contra la seguridad y estabilidad de su «nido». Incluso es algo normal el replanteamiento de las obligaciones del marido como proveedor.

Los circuitos cerebrales maternos cambian también en otros aspectos. Las madres pueden tener mejor memoria espacial que las que no han tenido hijos y pueden ser más flexibles, adaptativas y valerosas. Tales son las habilidades y talentos que necesitarán para custodiar y proteger a sus bebés. Si han tenido por lo menos una camada, las hembras de rata, por ejemplo, son más atrevidas, muestran menos actividad en los centros del miedo de su cerebro y se desempeñan mejor en las pruebas de laberintos porque tienen más memoria; además, son cinco veces más eficientes para cazar presas.[25] Estos cambios duran toda la vida, según han visto los investigadores. Las madres humanas pueden compartir esas experiencias. Semejante transformación es válida también incluso para las madres adoptivas. En tanto permanezcas en contacto físico continuado con el niño, tu cerebro emitirá oxitocina y formará los circuitos necesarios para crear y mantener el cerebro de mamá.[26]

EL CEREBRO DE PAPÁ

Los futuros papás experimentan cambios hormonales y cerebrales que, a grandes rasgos, se parecen a los de sus parejas embarazadas.[27] Esto puede explicar la extraña experiencia de mi paciente Joan. Su esposo Jason y ella se entusiasmaron cuando su test de embarazo dio positivo. A las tres semanas de gestación, sin embargo, Joan empezó a sentir un fuerte malestar por la mañana. Al llegar al tercer mes había mejorado gradualmente, pero entonces, para su asombro, Jason comenzó a sentir tales náuseas matinales que no podía desayunar y a duras penas conseguía levantarse de la cama. Perdió cerca de tres kilos en tres semanas y temió tener algún parásito. Pero lo que Jason tenía en realidad era el síndrome de Couvade o «embarazo simpático», dolencia común de los futuros padres (hasta el 65 % en todo el mundo), que comparten con sus parejas alguno de los síntomas del embarazo.[28]

Según han descubierto los investigadores, en las semanas previas al parto, los padres experimentan una subida del 20 % en su nivel de prolactina, la hormona de la crianza y la lactancia.[29] Al mismo tiempo, se duplica su nivel de hormona del estrés —el cortisol—, aumentando la sensibilidad y la alerta. Luego, en las primeras semanas posteriores al parto, la testosterona de los varones desciende un tercio, mientras su nivel de estrógeno aumenta más de lo corriente.[30] Estos cambios hormonales conducen a sus cerebros para vincularse emocionalmente con sus indefensos pequeñuelos. Los varones con niveles inferiores de testosterona oyen mejor el llanto de los bebés.[31] No oyen en cambio tan bien como las mamás los gimoteos, y los padres son más lentos que las madres en responder, aun cuando tienden a reaccionar con la misma rapidez cuando el bebé chilla.[32] Los niveles inferiores de testosterona en los hombres hacen disminuir también su impulso sexual durante esa fase.[33]

La testosterona reprime la conducta maternal tanto en las mujeres como en los varones. Los padres con síndrome de Couvade muestran niveles más elevados de prolactina que los otros y descensos más bruscos de testosterona cuando interactúan con sus bebés.[34] Según creen los científicos, es posible que las feromonas que produce una embarazada causen dichos cambios neuroquímicos en su pareja, preparándolo para ser un padre solícito y equipándolo —en secreto, a través del olfato— con alguno de los mecanismos de atención del cerebro de mamá.[35]

SECUESTRO DE LOS CIRCUITOS DEL PLACER

A diferencia de las ovejas, la mayoría de las hembras humanas tardan más de cinco minutos en vincularse con sus bebés, pero esa ventana no se cierra tan pronto en los humanos. Es una buena noticia para mujeres que, como yo, no han tenido experiencias de parto ideales y han sufrido anestesia, cesárea y trabajos de parto prolongados hasta dar a luz. En el momento en que nació mi hijo —después de treinta y seis horas de contracciones, anestesia epidural y morfina—, me sentía bastante aturdida y tenía escasa curiosidad por conocer al pequeño. No viví la oleada de arrebatado amor maternal que esperaba sentir al instante por mi bebé, en parte porque la anestesia y la morfina alteran los efectos de la oxitocina. No me sentí alerta ni protectora hasta haber salido de mi estado de sopor, y muy pronto me enamoré loca, perdidamente de mi nuevo hijo con toda mi sensibilidad y todo mi circuito maternal disparados.

«Estoy enamorada» es la expresión que emplean muchas madres para explicar lo que sienten por sus niños. No es sorprendente si se escanea el cerebro, porque el amor maternal se parece mucho al amor romántico. Ciertos investigadores han conectado a madres de recién nacidos a equipos de monitoreo cerebral, les mostraron fotografías de sus niños y luego otras de sus parejas románticas. Los escáneres revelaron que, en respuesta a ambas fotos, se iluminaban las mismas regiones del cerebro activadas por la oxitocina.[36] Ahora ya sé por qué sentía tanta pasión por mi hijo y por qué algunas veces mi marido se ponía celoso. En ambos tipos de amor hay aportes de dopamina y oxitocina en el cerebro que crean el vínculo, desconectando el pensamiento crítico y las emociones negativas, y enchufando circuitos de placer que producen sentimientos de júbilo y apego.[37] Científicos del University College de Londres descubrieron que las partes del cerebro habitualmente disponibles para formular juicios negativos y críticos de otros —por ejemplo, el córtex anterior cingulado— se desconectan cuando uno mira a una persona amada.[38] La respuesta tierna y nutricia de los circuitos de oxitocina se refuerza mediante el sentimiento de placer creado por aflujos de dopamina, la sustancia química propia del placer y la recompensa. La dopamina se incrementa en el cerebro de mamá por el estrógeno y la oxitocina.[39] Es el mismo circuito de recompensa disparado en un cerebro femenino por la comunicación íntima y el orgasmo.

Enamorarme sin remedio de mi bebé se convirtió para mí en un estado permanente del espíritu, reforzado cada día. Esto no significa que no me afectaran los retos y tribulaciones de cuidar al nuevo bebé, tales como haber pasado un día entero sin tiempo para darme una ducha o no haber podido dormir la noche anterior (las madres primerizas pierden un promedio de setecientas horas de sueño en el primer año tras el parto).[40] Según comentaba Janet, una de mis mejores amigas, que acababa de tener un niño: «Ahora ya sabes por qué se dice que un niño te cambia la vida, y que dos acaban con ella.» Es algo bueno que, en la mayoría de los casos, el botón del placer maternal sea accionado una y otra vez, y los lazos se estrechen más cuanto más cerca se está físicamente del bebé.[41]

Los crecientes vínculos incluyen los efectos de criar al niño dándole el pecho. La mayoría de las mujeres que amamantan a sus bebés reciben un beneficio extra: el estímulo regular de algunos de los más agradables aspectos del cerebro materno. En cierto estudio se dio a ratas madres la oportunidad de presionar una barra y obtener una pizca de cocaína o presionar otra y que una cría de rata acudiera a chupar sus pezones. ¿Cuál crees que preferían? Los chorros de oxitocina en el cerebro superaron siempre la toma de cocaína.[42] Puedes imaginar en qué medida dar de mamar refuerza la conducta maternal; tenía que ser útil para garantizar la supervivencia de nuestra especie. Cuando un bebé coge el seno de la madre con sus manitas y chupa el pezón, desencadena flujos explosivos de oxitocina, dopamina y prolactina en el cerebro de la madre. Empieza a fluir la leche del seno. Al principio todos aquellos tirones en tus pezones secos y sangrantes te pueden hacer pensar que será imposible superar otro día de tortura por culpa de la lactancia. Sin embargo, tras unas cuantas semanas —si no te has sentido arrastrada al harakiri—, tendrás la capacidad de sosegar a tu bebé chillón y calmarte tú misma gracias a la lactancia. En el plazo de tres o cuatro semanas la experiencia empieza a ser totalmente placentera; y no sólo porque el dolor haya cesado. Comienzas a esperar la hora de dar el pecho, a menos que estés tan necesitada de sueño que pases el día medio dormida. Pero en cierto momento de los meses iniciales podrás darte cuenta de que dar el pecho se ha vuelto fácil y de que lo disfrutas de verdad. Te baja la tensión, te sientes tranquila, relajada y te meces en oleadas de amor por tu bebé inspiradas por la oxitocina.[43]

La lactancia y el amor maternos sustituyen o interfieren a menudo en el nuevo deseo de la madre por su pareja.[44] Lisa me vino a ver un año después del nacimiento de su segundo niño. «Practicar el sexo —me dijo con total naturalidad— ya no figura en mi lista de los diez asuntos prioritarios. Preferiría con mucho una buena cabezada o terminar una de entre el millón de diferentes tareas que tengo sin acabar. Pero mi marido está empezando a molestarse, incluso a enfadarse al ver que el sexo no es una prioridad para mí.» Le pregunté a Lisa cómo iban los demás aspectos de su vida y me contó los sentimientos maravillosos que experimentaba estando físicamente cerca y tocando a sus hijos pequeños. Las lágrimas le inundaron los ojos cuando me contó cuánto ama y cómo se siente «enamorada» de sus chicos. El que tenía un año todavía mamaba dos o tres veces al día, y según Lisa nunca habría imaginado que pudiera existir una relación tan plena y abnegada con otra persona. «Amo a mi marido —me aseguró—, pero ahora mismo hay multitud de cosas más importantes que cuidar de sus necesidades sexuales. Algunas veces desearía que me dejara tranquila.»

La experiencia de Lisa no es singular y se basa en reacciones de los circuitos de su cerebro maternal. Lisa —como todas las mujeres que están piel con piel con niños y les dan el pecho— tiene el cerebro inundado en oxitocina y dopamina que la hacen sentirse amada, vinculada, y física y emocionalmente satisfecha. No es raro que no necesite contacto sexual. Muchos de los sentimientos positivos que obtiene gracias al trato sexual ya los consigue varias veces al día, al ir al encuentro de las necesidades físicas básicas de sus niños.

EL SENO LACTANTE Y EL CEREBRO ATONTADO

Sin embargo, todo beneficio tiene un coste, y un efecto secundario de la lactancia materna puede ser la falta de concentración mental. Aun cuando después del parto es bastante común un estado de confusión, dar el pecho puede aumentar y prolongar ese ligero estado de leve extravío.[45] Kathy, de treinta y dos años, vino a verme alarmada por su memoria. Estaba cada vez más distraída y había llegado a olvidarse de recoger en la escuela a su hijo de siete años. Todavía amamantaba a su hija de ocho meses y había observado que estaba más «despistada» cada día. Me dijo: «Lo que de verdad me preocupa es que entro en una habitación a buscar algo y me olvido de qué busco, no una vez sino veinte veces al día.» Kathy estaba alarmada porque su madre tenía alzhéimer y pensaba que sus despistes podían ser síntomas precoces de la enfermedad. Mientras hablábamos Kathy recordó que también se había vuelto olvidadiza después del nacimiento de su primer hijo y que el estado de confusión había cesado poco después de haberlo destetado.

Las partes del cerebro que cuidan de la precisión y la concentración se ocupan de proteger y seguir al recién nacido durante los primeros seis meses. Recordemos también que, más allá de la falta de sueño, el tamaño del cerebro de una mujer no vuelve a la normalidad hasta seis meses después del parto.[46] Hasta entonces, según Kathy descubrió, el grado de nebulosa mental puede ser alarmante. Una distinguida científica a quien conozco se espantó diez días después de haber dado a luz al descubrir que no podía reunir las palabras ni las frases básicas para mantener una conversación inteligente. Con todo, varios meses después, una vez que dejó de dar el pecho, se mostraba tan aguda como siempre.

Para la mayoría de las mujeres, algún despiste de cuando en cuando no es un precio demasiado alto a cambio de los beneficios aparejados a la lactancia.[47] Los bebés participan de las recompensas y, en realidad, son socios decisivos en el acto neurológico de la lactancia. Las hormonas liberadas por ésta y por el contacto de piel con piel excitan el cerebro maternal para crear nuevas conexiones. Cuanto más tiempo y más a menudo mame un bebé, en mayor grado suscita la respuesta de prolactina-oxitocina en el cerebro de mamá. En breve tiempo, una madre puede sentir que sus pechos se animan y gotean a la vista, sonido, tacto o la simple idea fugaz de amamantar a su bebé. La recompensa inmediata para el niño es alimento y comodidad. La oxitocina dilata los vasos sanguíneos en el pecho de la madre, calentando a su bebé, que también recibe con la leche materna dosis de sustancias que le dan bienestar. La leche ensancha el estómago del bebé mientras se alimenta y libera oxitocina en su cerebro. Esto sosiega y calma al bebé no sólo por la comida, sino por esas ondas relajantes de hormonas.[48]

Muchas madres sufren síntomas de «abstinencia» cuando están físicamente separadas de sus bebés y sienten miedo, ansiedad, incluso oleadas de pánico.[49] Ahora se reconoce que se trata de un estado neuroquímico más que psicológico. Puedo recordar mi retorno al trabajo cuando mi hijo tenía cinco meses y yo llevaba conmigo el sacaleches. El cerebro de mamá, según se ve, es un instrumento sutilmente afinado y la separación, sobre todo respecto de un bebé lactante, puede trastornar el talante de una madre quizá por el declive en los niveles cerebrales de oxitocina que regulan el estrés.[50] La mayoría de los días estaba hecha polvo, pero pensaba que se debía sólo al estrés de trabajar en el hospital a jornada completa e intentar llevar una casa.

Las madres lactantes experimentan también síntomas de abstinencia cuando destetan a sus bebés. Dado que el destete sucede a menudo coincidiendo con el retorno a un trabajo estresante, las madres pueden precipitarse a un estado de agitación y angustia. ¿Puedes imaginar cómo deben de sentirse la mayoría de las madres que dan el pecho al final de ocho horas o más de trabajo? En casa, los aflujos de oxitocina inundaban sus cerebros cada pocas horas por efecto de la lactancia de sus bebés. En el trabajo, el suministro de oxitocina se interrumpe, puesto que la oxitocina dura sólo de una a tres horas en el torrente sanguíneo y el cerebro.[51] Puedo recordar el vivo deseo que sentía la mayoría de los días a las tres de la tarde de marcharme a casa y reunirme con mi bebé. Muchas madres resuelven que pueden suavizar estos síntomas extrayendo cada vez que pueden la leche de sus senos en el trabajo. Así pueden reducir poco a poco el hábito de dar el pecho, aunque sigan haciéndolo por las noches y los fines de semana, para mantener la producción. Esto les permite obtener todavía aportes agradables de oxitocina y dopamina, además de seguir en contacto con sus bebés.

UN BUEN CEREBRO DE MAMÁ MERECE OTRO

Es también común el efecto secundario de la experiencia maternal tan cálida y providente. En mi consulta no es raro escuchar quejas sobre las madres. Me viene inmediatamente a la memoria mi paciente Veronica, de treinta y dos años, embarazada. Mientras hablaba, vi claro que su enardecida cólera contra su madre se debía a la poca atención que su ajetreada mamá le había dedicado a Veronica cuando era niña. Se marchaba a viajes de negocios y la dejaba al cuidado de una canguro toda una semana. Cuando la niña se alteraba, la madre parecía cerrarse emocionalmente en vez de ofrecerle cariño y apoyo. Decía que estaba demasiado ocupada con su trabajo y mandaba a Veronica a jugar a otra habitación. En ese momento en que Veronica estaba esperando su primer bebé, expresó el temor de convertirse en la misma clase de madre, absorta en su trabajo como directora artística de una revista. Dos generaciones de madres trabajadoras a las que les era imposible pasar tiempo con sus niños. ¿Es motivo para estar preocupada? Probablemente sí.

Los investigadores han descubierto que si, por la razón que sea —demasiados niños, problemas económicos o profesiones—, no es posible dedicar suficiente tiempo a los hijos, los vínculos entre las madres y los bebés son frágiles, cosa que puede afectar de manera negativa a los circuitos de confianza y seguridad de la prole.[52] Además, las hembras «heredan» la conducta maternal de sus progenitoras, sea buena o mala, y la transmiten a sus hijas y nietas.[53] Aun cuando el comportamiento en sí no puede transmitirse a través de los genes, la investigación reciente muestra que la capacidad de crianza en los mamíferos sí se transmite según un tipo de herencia que los científicos denominan ahora no genómico o epigenético, lo cual significa que está físicamente por encima de los genes.[54] En Canadá, el psicólogo Michael Meaney descubrió que una rata hembra nacida de una madre dedicada a las crías, pero educada por una madre desatenta, no actúa como su madre biológica sino como la madre que la educó. Los cerebros de las crías de la rata cambian según la cantidad de dedicación que reciben. Las crías hembra muestran los mayores cambios emocionales en los circuitos cerebrales, como la amígdala, que usan estrógeno y oxitocina.[55] Estos cambios afectan directamente a la capacidad de las hembras de rata en cuanto a cuidar de la siguiente generación de crías. El cerebro de la rata está construido a base de arquitectura, no de imitación. La conducta maternal desatenta se transmite a lo largo de tres generaciones, a menos que ocurra algún cambio beneficioso en el ambiente antes de la pubertad.[56]

Este hallazgo tiene enormes consecuencias, aunque sólo sea válido en parte para los humanos: cuanto mejor cuides a tu hija, mejor cuidará ella a tus nietos.[57] Para muchas de nosotras, la idea de ser exactamente iguales que nuestras madres puede resultar de lo más alarmante, pero los investigadores están descubriendo en los humanos lazos coincidentes entre niveles de vinculación madre-hija con la calidad del cuidado y la solidez de los vínculos maternales en la generación siguiente.[58] Los científicos también consideran que los entornos estresantes creados entre las exigencias del lugar de trabajo y las demandas del hogar pueden reducir la calidad —no digamos la cantidad— de atención maternal que puedan dar a sus hijos.[59] Y, desde luego, esta conducta puede afectar no sólo a los hijos sino a los nietos.

Los científicos también han demostrado que un cuidado intenso, por parte de un adulto cariñoso que infunda confianza, puede hacer que los niños sean más listos, sanos y aptos para hacer frente al estrés. Poseerán estas cualidades toda la vida y las transmitirán a las vidas de sus hijos.[60] Por el contrario, los niños que reciban un trato maternal desatento o insuficiente sufrirán estrés, serán hiperreactivos, enfermos y temerosos como adultos.[61] Son escasos y dispersos los estudios que comparan los efectos cerebrales causados por madres humanas intensamente pendientes de los hijos y otras que no lo están, pero uno de estos trabajos demostró que los adultos en edad universitaria que habían sufrido una atención maternal deficiente en la infancia mostraban respuestas hiperactivas cerebrales al estrés según la exploración por PET.[62] Los estudiosos encontraron que dichos adultos liberaban más cortisol —la hormona del estrés— en su torrente sanguíneo que aquellos de sus pares que habían recibido una esmerada atención maternal en la infancia. Aquellos que habían recibido escasa atención de sus madres mostraban aumento de angustia, sus cerebros eran más desconfiados y miedosos. Tal vez por esa razón Veronica se sintiera siempre más estresada en el trabajo y frente a los problemas de sus relaciones; por eso le entraba el pánico cuando pensaba en que iba a ser madre.

Escucho a menudo de boca de mis pacientes vívidos relatos acerca de cómo sus abuelas eran capaces de atenderlos, cuando las madres estaban ocupadas o deprimidas, o se veían sobrepasadas. La abuela paterna de Veronica la hacía sentirse muy querida, mientras que la abuela materna se mostraba emocionalmente tan distante como su madre. Veronica se echó a llorar cuando me contó que su abuela paterna era capaz de dejar los preparativos de una cena con invitados para pintar o jugar con ella a las muñecas. La abuela hacía tartas de arándanos con sirope caliente, ayudaba a Veronica a hacerse la cama y a limpiar su cuarto. Cuando había una fiesta y Veronica necesitaba ropa, la abuela la llevaba de compras y, a menudo, le dejaba comprar vestidos que a ella le encantaban, pero sabía que su madre no le habría consentido.

Si se da con la frecuencia suficiente, esta especie de peculiar atención por parte de una alomadre —sustituta de la madre— compensará la falta de atención en que puede haber caído la madre demasiado estresada.[63] Esa atención basta para romper el ciclo de la maternidad desatenta y permitir que la hija dispense cuidados más celosos a sus futuros hijos. La abuela paterna de Veronica quizá funcionase como el resorte que creó el cambio generacional. Años más tarde, cierta vez que Veronica se detuvo por la calle para presentarme a su hija pequeña, quedó claro que tenía un verdadero vínculo de amor con ella y que le había transmitido no ya el ejemplo negativo de la madre, sino la atención y la confianza dispensadas por su abuela.

TRASTORNO DE LA ATENCIÓN EN EL TRABAJO

Nicole, una madre con un máster en administración de empresas por Berkeley, se debatía entre dilemas similares cuando acudió a mi consulta. Se había vinculado tanto a su bebé que dudaba sobre volver o no al trabajo. Tenía un buen puesto con asombrosos beneficios, sueldo elevado y muchas oportunidades de ascenso. Su marido y ella habían contraído suficientes obligaciones económicas para necesitar los dos sueldos. Ella tenía que volver al trabajo y, aunque le costaba imaginarse dejando a su hijo en manos extrañas, por desgracia debía hacerlo.

La mayoría de las madres se encuentran más o menos perplejas si deben optar entre los placeres, responsabilidades y presiones de los niños y su necesidad de recursos económicos o emocionales. Sabemos que el cerebro femenino responde a este conflicto con un aumento del estrés y la angustia, y una mengua de la capacidad cerebral para hacer frente al trabajo y al cuidado de los hijos. Esta situación mantiene a los niños y a las madres en profunda y permanente crisis. Nicole volvió a verme cuando su hijo cumplió tres años y me dijo: «Mi vida ya no funciona en absoluto.» Me contó que su hijo tenía rabietas capaces de romper los tímpanos en el supermercado, mientras ella tenía sólo dos horas para resolver qué hacer con él y desempaquetar las compras antes de correr al trabajo. Me contó que cuando el niño estaba enfermo y su marido de viaje, se sorprendía rezando de madrugada por que al hijo le bajara la fiebre cuando llegase la mañana, de modo que pudiera ir a la guardería y ella asistir a su reunión matinal. Nicole había faltado al trabajo muchas veces aquel invierno a causa de las enfermedades del niño y la paciencia de su jefe empezaba a agotarse. Estaba llegando también la infinita serie de medias jornadas en la escuela y debía rogar a las madres de la clase de su hijo que no trabajaban que se ocupasen de él hasta que ella saliera de la oficina. Nicole no tenía claro que ni ella ni su hijo pudieran resistir más, pero no podía permitirse el lujo de dejar el trabajo.

Así pues, ¿está condenada la madre trabajadora? Bien, puede ser que sí y puede ser que no. En realidad, es posible encontrar la solución a estos problemas modernos acudiendo a nuestros antepasados primates. Como norma, los primates —incluidos los humanos— son bastante prácticos en cuanto al tiempo invertido en la crianza. Por ejemplo, los primates de la selva no son madres a tiempo completo más que muy raras veces. Muchas monas equilibran el cuidado de sus hijos con su «trabajo» esencial de buscar forraje, alimentarse y reposar. También echan una mano, si se las necesita, para cuidar a las crías de otras; la llamada alopaternidad. En realidad, en épocas de abundancia, otras mamás adoptan fácilmente y cuidan hijos ajenos, incluso los de otros grupos y especies.[64] Muchos mamíferos tienen esta aptitud para que las hembras se vinculen con otras crías afines, las alimenten y cuiden. Un fascinante estudio sobre la caza entre las mujeres de la tribu de los Agta, de Luzón (Filipinas), subraya las funciones propias de las redes parentales. No consideran práctico que las mujeres cacen, porque se entiende que la caza es incompatible con las obligaciones del cuidado de los niños. Se considera que las salidas a cazar estorban las funciones femeninas de lactancia, cuidado y cría de los hijos. De todos modos, hay estudios de culturas en las cuales las mujeres van de caza, que sugieren excepciones para confirmar la regla. Las mujeres Agta participan en la caza, precisamente porque hay otras disponibles para hacerse cargo del cuidado de los niños. Cuando salen de caza llevan a sus niños de pecho con ellas o los entregan a sus madres o a sus hermanas mayores para que los cuiden.[65]

La maternidad no es necesariamente una ocupación exclusiva de los humanos o restringida para la madre natural en un ambiente urbano. Desde la perspectiva del niño, la atención es la atención, sin que importe quién es el ser afectuoso e inductor de seguridad que la dispensa. Nicole consiguió negociar un horario más flexible en el trabajo, de modo que su hijo pudiera ir medio día a la guardería con un amigo del pequeño que vivía en la casa de al lado, y las dos madres se cubrían la una a la otra el resto del tiempo.

EL ENTORNO IDEAL DEL CEREBRO MATERNO

La predecibilidad es un factor ambiental que resulta esencial para la buena maternidad de cualquier animal.

No se trata de la cantidad de recursos disponibles, sino de la regularidad con que pueden obtenerse. En una investigación colocaron monas Rhesus madres con sus crías en tres escenarios distintos: una contaba con abundancia de alimentos cada día, otra disponía de pocos pero también a diario, y la tercera tenía muchos ciertos días y pocos otros. La cantidad de atención que las madres dispensaron a sus crías en esos escenarios quedó registrada en vídeo hora a hora. Las crías del mejor escenario, con abundancia de alimentos, obtuvieron una atención exquisita de sus madres; aquellas que estaban en los escenarios con pocos alimentos pero constantes recibieron casi la misma atención. En cambio, las del escenario impredecible no sólo recibieron menos atención, sino maltratos y agresiones de sus mamás. La madre y los monitos del escenario impredecible mostraban niveles de hormonas de estrés más elevados y niveles más bajos de oxitocina que sus similares en los otros escenarios.[66]

En un entorno humano impredecible, las madres se vuelven miedosas y apocadas, y las crías muestran señales de depresión. Los hijos se aferran a las mamás y están mucho menos interesados en explorar y jugar con otros, características que se prolongan en la adolescencia y la edad adulta.[67] El estudio respalda la obvia noción de que las madres se desempeñan mejor en un entorno predecible. Según la primatóloga Sarah Hrdy, los humanos evolucionaron como criadores cooperativos en situaciones en que las madres confiaron siempre en la atención alomaternal de otras.[68] De este modo, cualquier cosa que haga una madre y hagan otras para ayudarla, dentro o fuera de la casa, para asegurar la predecibilidad y disponibilidad de recursos —económicos, emocionales y sociales— puede asegurar el bienestar de la prole.

Recuerdo lo asombrada que me quedé al descubrir que mi estilo de vida independiente y autosuficiente no funcionaba después de tener un hijo. Siempre había creído que podría organizarme y hacer la mayor parte de las tareas maternales por mi cuenta. Estaba muy equivocada. Dado que el cerebro de una madre ha ampliado virtualmente su ámbito para incluir al hijo, las necesidades de éste se convierten en un imperativo biológico para la madre, acaso más perentorio para su cerebro que sus propias necesidades. Yo ya no podía programar mi vida con tanta precisión. No sabía qué ayuda precisaría de los demás, aparte de la de mi marido. Toda madre primeriza necesita comprender los cambios biológicos que van a suceder en su cerebro y, en consecuencia, planificar por adelantado el embarazo y la dinámica de su maternidad. Este desafío vital puede estimular el circuito cerebral para que crezca más que ningún otro. Será crucial establecer un entorno predecible para el trabajo y para un cuidado amoroso y que infunda seguridad al niño. El desarrollo emocional y mental de una madre depende en gran medida del contexto en el que ejerza la maternidad.[69] Será clave para tu éxito como madre saber que necesitarás ayuda de terceros, y que tu hijo precisará algunas buenas alomadres.[70] Si podemos crear un entorno fiable y seguro para el cerebro maternal, detendremos el efecto dominó de las madres estresadas y los hijos no menos estresados e inseguros.

Los cambios que ocurren en el cerebro de mamá son los más profundos y permanentes dentro de la vida de una mujer. Mientras el niño viva bajo su techo, su sistema GPS de circuitos cerebrales estará dedicado a seguir al niño amado. Mucho después de que el niño haya crecido y deje el nido, continúa actuando el mecanismo de seguimiento. Acaso sea ésa la razón de que tantas madres experimenten intenso dolor y pánico cuando pierden el contacto diario con aquella persona que es una extensión de su propia realidad, según su cerebro les indica.

Los psicólogos del desarrollo creen que la extrema capacidad del cerebro femenino para conectarse mediante la lectura de las caras, la interpretación de los tonos de voz y el registro de los matices de la emoción, son rasgos que fueron seleccionados evolutivamente desde la Edad de Piedra. Estos rasgos hacen posible que el cerebro femenino capte indicios de bebés que no hablan y prevea sus necesidades. El cerebro femenino aplicará esta habilidad extraordinaria a todas sus relaciones. Si está casada o emparejada con un cerebro masculino, cada uno habitará en dos realidades emocionalmente distintas. Cuanto más sepan los dos acerca de las diferencias de las realidades emocionales de los cerebros masculino y femenino, más esperanzas tendremos de que esas parejas se conviertan en relaciones y familias satisfactorias y colaboradoras, que es justo lo que el cerebro maternal necesita para encontrarse mejor que nunca.

6

Emoción: el cerebro de los sentimientos

¿Hay alguna verdad en el estereotipo cultural de que las mujeres son más sensibles emocionalmente que los hombres?[1] ¿O que un hombre no experimenta una emoción a menos que ésta lo golpee en la cabeza?[2] Mi marido decía que no nos hacía falta un capítulo especial sobre las emociones. Yo no entendía cómo podría escribir este libro sin él. La explicación de esa divergencia de opiniones radica en la biología de nuestros cerebros.

Mi paciente Sarah estaba convencida de que su marido, Nick, estaba viéndose con otra mujer. Durante varios días estuvo rumiando tal idea en silencio. En primer lugar, no se sentía segura de qué era lo que sospechaba. Luego, a medida que en su mente daba vueltas, la cólera ante la posibilidad de que él la engañase, su sentido visceral de la traición la superó. Dejó de sonreír. ¿Cómo podía él hacerles semejante cosa a su niñita y a ella? Andaba abatida por la casa. No podía comprender por qué su marido jamás intentaba levantarle el ánimo. ¿Es que no se daba cuenta de lo desdichada que era?

Nick le había parecido siempre tan estupendo a Sarah —era guapo y talentoso—, que se sentía honrada de ser su esposa. Cuando él dedicaba su brillantez a explicarle los pensamientos más profundos, Sarah sentía que recibía algo precioso de él y estaba pendiente de esos instantes en que él la encandilaba. Sin embargo, la situación cambiaba cuando se trataba de interacciones emocionales. Era bastante difícil llegar a él. Así pues, cierta noche, cuando Sarah rompió a llorar en la cena, Nick se quedó de piedra. Ella no podía entender que lo sorprendiera tanto. Sarah llevaba con la cara larga varios días. Evocaba todos aquellos momentos en que él la había impresionado y cuán maravillosamente la hacía sentir que de verdad la amara y se preocupara por ella. ¿Se equivocaba Sarah entonces, o era que ya no le gustaba? ¿Cómo podía él mostrarse tan insensible respecto de su estado anímico?

Imaginemos por un segundo que tenemos un aparato de resonancia magnética. Esto es lo que parecía haber dentro del cerebro y cuerpo de Sarah cuando analizaba su conversación con Nick. Mientras ella le pregunta si se está viendo con otra, el sistema visual de Sarah empieza a escrutar la cara de Nick en busca de señales de la respuesta emocional a su pregunta. ¿Pone él la cara rígida o la relaja? ¿Frunce la boca o la deja inmutable? Sea como sea la expresión de su cara, los ojos y los músculos faciales de ella la imitarán de manera automática. La profundidad y el ritmo de la respiración de Sarah comienzan a asemejarse a los de él. La posición y la tensión muscular de Sarah se parecerán a las suyas, y el cuerpo y cerebro de ella reciben las señales emocionales de él. Esta información se transmite a través de los circuitos cerebrales de Sarah para averiguar si hay algo comparable en la base de datos de su memoria emocional. Este proceso se llama espejeo y no todo el mundo lo puede hacer igual de bien. Aun cuando la mayoría de los estudios sobre el tema se han hecho sobre primates, los científicos suponen que puede haber más neuronas reflectantes en el cerebro humano femenino que en el masculino.[3]

El cerebro de Sarah empezará a estimular sus propios circuitos como si fueran suyas las sensaciones y emociones del cuerpo del marido.[4] De este modo, ella puede identificar y prever lo que él siente, a menudo antes de que él tenga conciencia de ello. Imitando la respiración, imitando la postura, ella se convierte en un detector de emociones humanas. Sarah siente las tensiones de él en las entrañas, siente las mandíbulas apretadas del marido en la tensión del cuello. El cerebro de Sarah registra ese enfrentamiento emocional: ansiedad, miedo y pánico controlado. Apenas él empieza a hablar, el cerebro de ella estudia con detenimiento si lo que el marido dice es congruente con su tono de voz. Si el tono y el contenido no coinciden, su cerebro se activará desaforadamente. El córtex de ella, sitio del pensamiento analítico, intentará aclarar la discordancia.[5] Sarah detectará una sutil incongruencia en el tono de voz de Nick, que es un poco más elevado de la cuenta en sus protestas de inocencia y devoción. Sus ojos están demasiado fijos en ella para hacerle creer lo que está diciendo. El significado de sus palabras, el tono de su voz y la expresión de sus ojos no concuerdan. Sarah se da cuenta de que él miente. Ahora pone toda la red emocional de su cerebro, así como sus circuitos de supresión cognitiva y emocional, al servicio de evitar llorar, pero la presa se rompe. Las lágrimas le resbalan por las mejillas. Nick parece perplejo. No ha estado siguiendo los matices emocionales de Sarah; de lo contrario, se habría dado cuenta de que su mujer estaba perdiendo el control.

Sarah tenía razón. Cuando Nick vino a verme como parte de mi terapia de parejas, reveló que había estado pasando mucho tiempo con una compañera de trabajo. La relación no se consumó, pero él había atravesado la frontera en su flirteo y estaba implicándose emocionalmente. Sarah lo sabía con absoluta certeza, lo sentía en cada fibra de su ser, pero, puesto que desde el punto de vista técnico no la había engañado, Nick se figuró que estaba fuera de toda sospecha. Cuando se dio cuenta de que Sarah había interpretado a la perfección lo que él sentía y pensaba, volvió a creer que estaba casado con una vidente, pero ella sólo hacía lo que el cerebro femenino es experto en hacer: leer caras, interpretar tonos de voz y analizar los matices emocionales.

El cerebro femenino de Sarah es una máquina emocional de alto rendimiento; que maniobra como un caza F15, montada para el seguimiento minuto a minuto de las señales no verbales de los sentimientos ajenos más íntimos.[6] En cambio, Nick, como la mayoría de los varones, no es, según los científicos, tan apto para leer las expresiones faciales ni los matices de emoción, en especial los signos de tristeza y abatimiento.[7] Visceralmente los hombres sólo se dan cuenta de que algo va mal cuando ven llorar. Por esta razón, las mujeres evolucionaron hasta llorar cuatro veces más fácilmente que los hombres, mostrando un inequívoco signo de tristeza y sufrimiento que los hombres no pueden pasar por alto.[8] Otras parejas como Nick y Sarah acuden a mi consulta para que las asesore. Ella se queja de la falta de sensibilidad emocional del hombre —porque tiene la suya bien afinada— y él se queja de que ella no parece darse cuenta de que la ama. Los cerebros masculino y femenino funcionan en diferentes realidades.

BIOLOGÍA DE LOS SENTIMIENTOS VISCERALES

Las mujeres saben cosas de la gente que tienen alrededor: sienten en las tripas la pena de un adolescente, los titubeos de un marido acerca de su carrera, la felicidad de un amigo que logra una meta o la infidelidad de una esposa.[9]

Los sentimientos viscerales no son sólo estados emocionales antojadizos, sino auténticas sensaciones físicas que transmiten un significado a ciertas áreas del cerebro. En parte, el aumento de este instinto puede tener relación con el número de células disponibles en el cerebro femenino para el seguimiento de las sensaciones corporales. Después de la pubertad, las mismas aumentan.[10] El incremento del estrógeno implica que las chicas experimentan más sensaciones viscerales y dolor físico que los muchachos.[11] Algunos científicos suponen que la mayor sensibilidad corporal de las mujeres agudiza la capacidad del cerebro para seguir y sentir emociones dolorosas cuando éstas se registran en el cuerpo.[12] Las áreas del cerebro que siguen los sentimientos viscerales son más grandes y más sensibles en el cerebro femenino, según estudios hechos con escáner.[13] Por consiguiente, la relación entre los sentimientos viscerales de la mujer y sus corazonadas intuitivas está fundamentada en la biología.[14]

Cuando una mujer empieza a recibir datos emocionales a través del vuelo de mariposas en su estómago o de una opresión en las entrañas —como le pasó a Sarah cuando le preguntó por fin a Nick si estaba viéndose con alguien—, su cuerpo envía un mensaje a la ínsula y al córtex cingulado anterior. La ínsula es un área situada en una vieja parte del cerebro donde primero se procesan los sentimientos viscerales. El córtex cingulado anterior, que es mayor y se activa con mayor facilidad en las mujeres, es un área crítica para prever, juzgar, controlar e integrar las emociones negativas.[15] Si se incrementa el ritmo de latidos de una mujer y se le hace un nudo en el estómago, el cerebro lo interpreta como una emoción intensa.

Tener la capacidad de adivinar lo que otra persona piensa o siente constituye, en esencia, la lectura del pensamiento. Por lo general el cerebro femenino tiene la capacidad de averiguar rápidamente los pensamientos, creencias e intenciones de otros basándose en los menores indicios. Cierta mañana, en el desayuno, mi paciente Jane levantó los ojos y vio que su marido, Evan, estaba sonriendo. Él tenía el periódico en las manos, pero la mirada en lo alto y sus ojos oscilaban de un lado para otro como si no la mirara. Jane había visto ese gesto muchas veces en su marido, abogado, y le preguntó: «¿En qué estás pensando? ¿A quién estás derrotando en el tribunal en este momento?» Evan respondió: «No pienso en nada», pero en realidad estaba ensayando inconscientemente un debate con la parte contraria que podría tener a última hora de aquel día; contaba con un gran argumento y estaba deseando que su oponente mordiera el polvo en el tribunal. Jane lo supo antes que él.

Las observaciones de Jane eran tan detalladas que a Evan le parecía que estaba leyéndole el pensamiento, y eso solía ponerlo nervioso. Jane había observado los ojos y la expresión facial de Evan y deducido correctamente lo que estaba pasando en su cerebro.[16] Y más tarde, cuando él pareció vacilar —una ligera pausa antes de hablar, rigidez en la boca, un tono bajo y plano de voz—, mientras hablaban de ir a la oficina, ella percibió que se acercaba un gran cambio en la profesión de él. Lo mencionó, pero Evan dijo que no había pensado en nada por el estilo. Unos días más tarde anunció que quería dejar su bufete para convertirse en juez. Las observaciones de Jane fueron subconscientes y por eso esas ideas no se registraron más que como sentimientos viscerales.

Los hombres no parecen tener la misma aptitud innata para leer las caras y el tono de voz a fin de captar el matiz emocional.[17] Esta diferencia quedó ampliamente probada durante las primeras semanas después de que Jane y Evan se conocieran. Ella me dijo que él iba demasiado deprisa para su gusto y que no se daba cuenta de su malestar. Una amiga de Evan le echó una ojeada a Jane, descubrió su incomodidad y previno a Evan para que se contuviera. Él no le hizo caso y los resultados fueron casi desastrosos.

En aquel momento la amiga de Evan estableció una coincidencia emocional con Jane, cosa que las mujeres parecen hacer de forma natural y que se ha descubierto como crucial para una psicoterapia eficaz. Un estudio de la Universidad Estatal de California, en Sacramento, a propósito del éxito de los psicoterapeutas con sus clientes, probó que los terapeutas que obtenían mejores resultados mostraban mayor congruencia emocional con sus pacientes en los puntos significativos de la terapia.[18] Estas conductas de espejo se mostraban de forma simultánea cuando los terapeutas se instalaban confortablemente en el clima en que vivían sus clientes mediante una buena relación. Todos los terapeutas que mostraron estas reacciones resultaron ser mujeres. Las chicas llevan años de ventaja a los chicos en cuanto a su habilidad para juzgar cómo no herir los sentimientos de alguien o cómo puede sentirse el personaje de una historia.[19] Esta aptitud puede ser resultado de la acción de las neuronas espejo que permiten a las chicas no sólo observar, sino también imitar o reflejar los gestos de las manos, las posturas corporales, el ritmo de la respiración, las miradas y las expresiones faciales de otras personas como una forma de intuición de lo que están sintiendo.[20]

Ya hemos descubierto el pastel. Ése es el secreto de la intuición, el punto de partida de la aptitud de una mujer para leer las mentes. No hay nada misterioso en ella. En realidad los estudios sobre imágenes cerebrales muestran que el simple acto de observar o imaginar a otra persona en un estado emocional particular puede activar de manera automática actitudes similares en el cerebro del observador; y las hembras son muy hábiles en esta forma de imitación emocional.[21] A través de tal modo de aproximación, Jane se figuró cómo se sentía Evan, porque ella podía experimentar ciertas sensaciones corporales de él.

Algunas veces los sentimientos de otras personas pueden abrumar a una mujer. Roxy, por ejemplo, se quedaba cortada cada vez que veía que otras personas se hacían daño —incluso si éste era tan insignificante como pisar un pie—, como si ella sintiera su dolor. Las neuronas espejo de Roxy sobreactuaban, pero ella era un ejemplo en grado extremo de lo que el cerebro femenino hace de forma natural desde la infancia e incluso en la edad adulta: experimentar el dolor de otra persona.[22] En el Instituto de Neurología del University College, en Londres, los investigadores introdujeron a unas mujeres en un aparato de resonancia magnética, a la vez que soltaban breves descargas eléctricas en las manos, algunas débiles y otras fuertes. A continuación eran las manos de las parejas de esas mujeres las que recibían las descargas. Se preguntaba a éstas si la descarga eléctrica enviada a las manos de la pareja era débil o fuerte. Los sujetos femeninos no podían ver las caras o cuerpos de sus parejas pero, aun así, cuando se les decía que éstas habían recibido una descarga fuerte, se encendían en sus cerebros las mismas áreas de dolor que se habían activado cuando eran ellas quienes recibían las descargas.[23] Las mujeres estaban sintiendo el dolor. Era como ponerse dentro del cerebro del otro, no sólo en su lugar. Los investigadores no han podido obtener respuestas cerebrales similares en los varones.

Muchos psicólogos evolucionistas han supuesto que esta capacidad para sentir el dolor ajeno y leer deprisa los matices emocionales proporcionó a las mujeres de la Edad de Piedra su aptitud para percibir conductas potencialmente peligrosas o agresivas, evitar así consecuencias para ellas y proteger a sus hijos.[24] Este talento también faculta a las mujeres para prever las necesidades físicas de niños que no hablan.

Ser tan sensible emocionalmente tiene sus pros y sus contras. Jane, enérgica y valerosa, me contó que le costaba horas conciliar el sueño después de ver una película de acción intensa. En un estudio sobre las consecuencias de ver películas de terror, resultó que las mujeres estaban más expuestas a perder el sueño que los hombres.[25] Hay estudios que muestran cómo desde la infancia las mujeres se sorprenden con mayor facilidad y reaccionan con más temor cuando se mide la conductividad eléctrica en su piel.[26] Evan tenía que ajustar sus hábitos cinéfilos si quería que lo acompañase Jane. De este modo, cuando él propuso que vieran *El padrino* se aseguró de que fuera a mediodía.

PENETRAR EN EL CEREBRO MASCULINO

En el cerebro masculino la mayoría de las emociones disparan menos sensaciones viscerales y más pensamiento racional.[27] La reacción típica del cerebro masculino ante una emoción estriba en evitarla a toda costa. Para obtener la atención emocional de un cerebro masculino, una mujer necesita hacer el equivalente a vociferar: «¡Arriba el periscopio! Se acerca una emoción. ¡Toda la tripulación a cubierta!»

A Jane le costó mucho transmitirle a Evan que iba demasiado deprisa cuando se conocieron. Jane me contó que había salido escaldada de relaciones anteriores y se sentía nerviosa y aprensiva cuando empezó a salir con Evan. Él no prestó ninguna atención a las señales que le mandaba de que tenía fobia a compromisos aceptados por ella de buena fe. A la tercera cita él le dijo que creía que era la mujer de sus sueños. A la segunda semana quería que se fueran a vivir juntos y planearan el futuro. Cuando Jane vino a su sesión semanal, parecía tan espantada como el ciervo sorprendido por los faros de un coche. A la tercera semana, mientras comían una pizza, Evan le hizo saber que quería casarse con ella, formar una familia, y que estaba seguro de que era la mujer con quien quería fundarla. Jane se puso lívida enseguida y corrió al baño. Hasta que ella no dio evidentes muestras de crisis, Evan no se dio cuenta de que iba demasiado rápido. No había prestado atención al anterior aviso de su amiga y, en ese momento, se hallaba en un buen lío.

A menudo romper a llorar capta la atención del cerebro masculino, pero las lágrimas casi siempre pillan por sorpresa al hombre y hacen que se sienta extremadamente incómodo.[28] Gracias a su pericia para leer las caras, una mujer reconocerá que los labios apretados, los pliegues alrededor de los ojos y las comisuras tensas de la boca son preludios del llanto. Un hombre no habrá percibido este cuadro y, por tanto, su reacción será: «¿Por qué lloras? Por favor, no hagas una montaña de un grano de arena. Disgustarse es una pérdida de tiempo.» Los investigadores concluyen que este guión típico significa que el cerebro varonil pasa por un proceso más largo para detectar el significado emocional. La mayoría de los hombres no quieren emplear tiempo en comprender las emociones y se impacientan porque ellos tardan más.[29] Este dilatado proceso puede llegar al extremo en cerebros masculinos que se hayan vuelto menos comunicativos y menos atentos a las emociones, por efecto de niveles de testosterona más elevados de lo normal. Simon Baron-Cohen, de la Universidad de Cambridge, cree que eso es lo que ocurre en varones con cerebro masculino extremo, característico en el trastorno de Asperger.[30] Estos hombres son incapaces de mirar una cara y no digamos de leerla. La irrupción emocional procedente del rostro de otra persona se registra en su cerebro como un dolor insoportable.

Las lágrimas de una mujer pueden despertar dolor en el cerebro de un hombre. El cerebro masculino registra como impotencia la cara de dolor; esa cara puede ser para ellos extremadamente difícil de soportar.[31] La primera vez que Jane lloró delante de Evan, en otras ocasiones muy afectuoso, se asombró de no recibir más que un abrazo dado para cubrir las formas y unas pocas palmadas en la espalda seguidas de un «Bueno, vale, ya está bien». Esta conducta, de aparente rechazo, se convirtió en una muralla para su relación. Los dos vinieron a verme para una sesión urgente de pareja. Evan necesitaba expresar a Jane que verla llorar le resultaba casi insoportable, porque cuando la veía sufrir se sentía impotente para consolarla. Poco a poco empezaron a trabajar para crear un compromiso, de modo que Jane pudiera obtener el consuelo que necesitaba y Evan aliviara la pena que sentía. Cuando Jane se alterara, Evan se sentaría en el sofá con una caja de clínex a mano, la acunaría con un brazo y tendría una revista o un libro en el otro para distraerse de su propio desasosiego. Al cabo de pocos años Evan ya pudo reconocer cuándo Jane necesitaba llorar, y pronto pudo limitarse a abrazarla y cuidarla hasta que se hubiera desahogado.

CUANDO ÉL NO RESPONDE DEL MODO QUE ELLA DESEA

Ser capaz de «aguantar el tipo» durante momentos emocionalmente difíciles está impreso en los circuitos femeninos, y por eso se sorprenden a menudo ante la incapacidad de los maridos para convivir con la tristeza o el abatimiento. Un estudio demostró que las niñas recién nacidas, de menos de veinticuatro horas, responden más a los llantos de otro bebé y a las caras humanas que los niños.[32] Las niñas de un año son más sensibles a la pena de otras personas, en especial las que parecen tristes o están heridas.[33] Los varones captan los sutiles signos de tristeza en una cara sólo el 40 % del tiempo; en cambio, las mujeres pueden captarlos el 90 %.[34] Y mientras ellos y ellas están igualmente cómodos junto a una persona feliz, sólo las mujeres dicen sentirse cómodas junto a alguien que esté triste.[35]

Piensa en las amigas que estarán junto a ti cuando te sientas triste o dolida. Te preguntarán cuándo ocurrió, qué se dijo, si has sido capaz de dormir o comer y «si necesitas que vaya». Para ellas los detalles son importantes. Me acuerdo de cuando me rompí un tobillo hace unos años y mis amigas pasaron por casa y me trajeron un guiso que sabían que me gustaba. Hicieron todo lo que estuvo en su mano para evitar que me sintiera enclaustrada. Sabían cómo ayudarme. Los amigos, en cambio, ofrecían un rápido «Espero que te mejores», antes de soltar el teléfono o salir por la puerta. No se trataba de que fueran insensibles adrede. Más bien se debería a sus arcaicos circuitos. Los hombres están acostumbrados a evitar el contacto con otros cuando ellos mismos pasan una época emocionalmente difícil. Procesan a solas sus problemas y piensan que las mujeres quieren hacer lo mismo.[36] ¡Abajo el periscopio, inmersión a veinte brazas, y que cada palo aguante su vela!

La misma aparente insensibilidad puede mostrarse en otros intercambios emocionales. Jane y Evan se fueron a vivir juntos y, después de unos cuantos meses libres de presiones, Jane se dio cuenta de que ella también quería pasar con Evan el resto de su vida y decidió hacérselo saber. Después de dos meses soltando indirectas —hablar de niños, de comprar los dos una casa, o de la ciudad donde se instalarían definitivamente—, Evan no había dado un solo paso. En nuestra siguiente sesión, Jane me informó de que, presa del pánico, había optado por el camino directo: «Estoy dispuesta a casarme», le dijo una tarde. Evan contestó: «Estupendo, es bueno saberlo», y se fue a ver el partido de baloncesto. Jane se asustó mucho. ¿Habría cambiado de idea? ¿Acaso ya no la quería? Lo acosó alrededor de la casa durante tres horas, bombardeándolo. Por culpa de su profunda frustración y humillación estalló en lágrimas, preguntándole si pensaba dejarla. «¡¿Cómo?! —exclamó Evan—. ¿Cómo has llegado a esa conclusión? Es la primera vez que me das la menor pista de que estás dispuesta a casarte conmigo.

Pensaba comprarte un anillo y preparar una bonita cena romántica, pero está claro que no me vas a dejar hacerlo. De modo que, vale, ¿quieres casarte conmigo?» Jane no podía comprender que él hubiera ignorado las señales de que estaba decidida, ni Evan podía entender por qué la había alterado tanto que él no le hubiera contestado en el acto.

¿Recuerdas a la niña pequeña que no se quedaba tranquila hasta que se le hacía una expresión mímica? Si no consigue la respuesta esperada, seguirá inquieta hasta concluir que ha hecho algo malo, que la otra persona ya no la quiere o no le cae bien. Algo parecido le ocurría a Jane. En vista de que Evan no le pidió en el acto que se casara con él ni respondió a su pregunta, Jane concluyó que ya no la quería. En realidad, Evan sólo estaba intentando ganar tiempo para hacer las cosas bien.

MEMORIA EMOCIONAL

Sería interesante seguir a Evan y a Jane en el curso de los años y ver qué recuerdo tienen de aquellos tiempos iniciales.[37] Lo más probable es que la versión de él, aunque sin culpa alguna, sea como el tráiler de una película. La versión de ella será la película entera. Jane lo tomará como señal del declinante amor de él. Cuando le exprese esa reacción a Evan, él no sabrá de qué le está hablando. Para comprender sus diferencias hemos de tener en cuenta que las emociones se almacenan como recuerdos en el cerebro femenino.

Dibujemos por un momento un mapa que muestre las áreas de las emociones en los cerebros de los dos sexos.[38] En el del hombre, las rutas de conexión entre las áreas serían caminos comarcales; en el de la mujer, autopistas. Según investigadores de la Universidad de Michigan, las mujeres emplean ambos lados del cerebro para responder a las experiencias emocionales, mientras que los hombres usan sólo un lado.[39] Dichos científicos descubrieron que las conexiones entre los centros emocionales eran también más activas y amplias en las mujeres. En otro estudio —esta vez de la Universidad de Stanford—, unos voluntarios observaron imágenes emotivas mientras se escaneaban sus cerebros. En las mujeres se encendieron nueve áreas cerebrales diferentes; en los varones, sólo dos.[40] La investigación también demuestra que es una característica de las mujeres recordar los acontecimientos emocionales —primeras citas, vacaciones o graves discusiones— de forma más vívida y durante más tiempo que los hombres.[41] Las mujeres sabrán lo que él dijo, lo que comieron, si hacía frío en la calle o si llovió en su aniversario, mientras que los hombres lo pueden olvidar todo excepto si ella estaba o no atractiva.[42]

Para ambos sexos la portera emocional es la amígdala, una estructura en forma de almendra situada en el fondo del cerebro.[43] La amígdala es algo así como el sistema interior de alarma y coordinación del cerebro, que conecta con el resto de los sistemas del cuerpo —vientre, piel, corazón, músculos, ojos, cara, oídos y glándulas adrenales—, para estar prevenidos ante los estímulos emocionales que se acerquen. La primera estación retransmisora hacia el cuerpo de la emoción de la amígdala es el hipotálamo. Como un Estado Mayor, está a su cargo coordinar la puesta en marcha de sistemas que elevan la presión arterial, los latidos cardíacos y el ritmo de la respiración, además de estimular la reacción de combate o fuga después de recibir informes del cuerpo. La amígdala también alerta al córtex —la sección de información del cerebro—, que evalúa la situación emocional, la analiza y determina cuánta atención merece. Si percibe bastante intensidad emocional, el córtex indica a la amígdala que avise al cerebro consciente para que preste atención. Ése es el momento en que nos invaden sentimientos emocionales conscientes. Antes de eso, todo el proceso cerebral ocurre entre bastidores. El centro de decisiones del cerebro u oficina ejecutiva —el córtex prefrontal— puede decidir cómo responder.

En parte, el motivo de que la memoria de ella sea mejor para los detalles emocionales es que la amígdala de una mujer se activa más fácilmente por obra de los matices emotivos.[44] Cuanto más enérgica sea la reacción de la amígdala ante una situación de estrés —ya sea accidente, amenaza, o suceso grato como una cena romántica—, más detalles archivará el hipocampo en el almacén de la memoria acerca de tal experiencia.[45] Los científicos creen que, como las mujeres poseen un hipocampo relativamente mayor, tienen recuerdos más claros de los detalles de las experiencias emocionales, tanto gratas como ingratas; saben cuándo ocurrieron, quién estaba allí, qué tiempo hacía, cómo olía el restaurante, como una foto sensorial detallada en tres dimensiones.[46]

Trece años después Jane se acuerda de cada minuto del día que ella y Evan decidieron casarse, pero conforme fue pasando el tiempo, Evan empezó a olvidarse de cómo sucedió. Acostumbraban a reírse del episodio en todas las ocasiones, pero ahora él la mira inexpresivo cuando Jane se acuerda de los detalles. Evan recuerda que Jane se puso mala la primera vez que le habló de matrimonio, pero no recuerda cómo se lo pidió. No guardó en la memoria ninguno de esos preciosos detalles. No se trata de que Evan no quiera a Jane, sino de que sus circuitos cerebrales son incapaces de retener la información, que no se graba en su memoria a largo plazo. Si ella hubiera activado la amígdala de Evan con una amenaza contra la relación o un peligro físico, el recuerdo habría quedado grabado en sus circuitos, tal como está en los de ella.

Existen dos excepciones en las cuales los hombres registran emociones y conservan recuerdos nítidos. Si la persona con quien están tratando es abiertamente amenazadora o violenta, un varón será capaz de leer la emoción tan deprisa como una mujer.[47] La respuesta de él ante una amenaza agresiva será tan rápida como la de ella y disparará una reacción muscular casi instantánea. La atención de Evan estará dispuesta en un instante si ella amenaza con abandonarlo o con hacerle daño. Jane me contó que, aunque no lo pensara, le había dicho a Evan durante una discusión que no podía soportar más su cabezonería y que se marchaba. Evan quedó tan traumatizado que le pidió que no le amenazase nunca con marcharse a menos que fuese a hacerlo de veras. Ésta fue una discusión que él no ha olvidado nunca.

EL CEREBRO FEMENINO CONVIVE MAL CON LA CÓLERA

Otra importante diferencia entre los cerebros masculino y femenino radica en cómo procesan el enfado. Aun cuando los hombres y las mujeres declaran que sienten la misma carga de ira, la manera de expresarla y de agredir es más evidente en los varones.[48] La amígdala es el centro cerebral del miedo, la cólera y la agresividad, y es físicamente mayor en los hombres que en las mujeres; en cambio, el centro de control de las mismas situaciones —el córtex prefrontal— es relativamente mayor en las mujeres.[49] Como resultado, es más fácil presionar el botón de la cólera masculina.[50] La amígdala varonil tiene también muchos receptores de testosterona que estimulan y elevan su respuesta a la cólera, en particular después de los brotes de testosterona en la pubertad. Por esta razón los varones que cuentan con niveles de testosterona elevados, incluyendo a los jóvenes, tienen limitados fusibles para la cólera.[51] Muchas mujeres que empiezan a tomar testosterona se dan cuenta también de que sus reacciones airadas se vuelven de pronto más rápidas.[52] A medida que los varones envejecen, su testosterona se reduce de manera natural. La amígdala se vuelve menos reactiva, el córtex prefrontal gana más control y ellos no se enfurecen con tanta celeridad.[53]

Las mujeres tienen una relación mucho menos directa con la ira. Crecí oyéndole decir a mi madre que la calidad y la duración de un matrimonio podían medirse por el número de mordiscos que tiene una mujer en la lengua. Cuando una mujer «se muerde la lengua» para evitar expresar cólera, no todo se debe a las normas sociales; es en parte efecto de sus circuitos cerebrales. Incluso en el caso de que una mujer quisiera expresar su enfado sin ambages, a menudo sus circuitos cerebrales intentarían bloquear esa respuesta para meditarla por miedo y previsión de la represalia. Así pues, el cerebro femenino tiene auténtica aversión al conflicto, instrumentada por el miedo de encolerizar a la otra persona y perder la relación. La aversión puede estar acompañada por el súbito cambio en algunas sustancias neuroquímicas del cerebro, como la serotonina, la dopamina y la norepinefrina, las cuales causan una insoportable activación en el cerebro, casi con los mismos síntomas que un ataque de apoplejía, cuando el enfado o sentimientos de conflicto aparecen en una relación.[54]

Acaso como reacción ante esta extrema incomodidad, el cerebro femenino ha desarrollado una etapa adicional a la hora de procesar y evitar el conflicto y la cólera, como una serie de circuitos que bloquean la emoción y la rumian, igual que una vaca tiene un estómago extra que mastica su alimento por segunda vez antes de digerirlo. Dichas áreas de dimensiones más grandes en el cerebro femenino son el córtex prefrontal y el córtex cingulado anterior.[55] Son la versión en el cerebro femenino del estómago adicional, para rumiar el enfado. Como vimos antes, las mujeres activan estas áreas más que los hombres por el miedo de sufrir una pérdida o un dolor.[56] En la vida salvaje, la pérdida de relación con un macho protector y proveedor podría haber significado la ruina. Ocultar un enfado de manera preventiva también puede haber salvado a ciertas mujeres y a sus vástagos de las represalias de los hombres: si ella no sacaba los pies del tiesto, era más difícil que provocara la reacción descontrolada de un varón con estallidos de mal genio.[57]

Los estudios demuestran que, cuando estalla un conflicto o discusión en un juego, las chicas suelen decidir que ahí acaba la partida, para evitar cualquier intercambio de palabras violentas, mientras que los chicos, por lo general, continúan jugando con intensidad, luchan por una posición, compiten y discuten horas y horas quién gana o quién tendrá acceso al juguete ansiado.[58] Si una mujer pierde los estribos al descubrir que su marido tiene una aventura o que su hijo está en peligro, su cólera estallará en el acto y ella llegará hasta donde haga falta. De lo contrario, evitará la ira o el enfrentamiento, de la misma manera que un varón evitará la emoción.

Las muchachas y las mujeres pueden no sentir siempre el estallido inicial de cólera venido directamente de la amígdala como lo sienten los hombres. Recuerdo cierta vez que un colega fue injusto conmigo y cuando llegué a casa se lo conté a mi marido. Él se puso en el acto furioso contra mi colega y no podía comprender por qué yo no lo estaba. En vez de desencadenar una respuesta de acción rápida en el cerebro como ocurre entre los varones, la ira en las muchachas y las mujeres se traslada a través del sentido visceral de la mente, de la previsión de conflicto-dolor y de los circuitos verbales del cerebro.[59] Tuve que rumiar aquel accidente durante un tiempo. Las mujeres hablan en primer lugar con otras cuando se enfadan con una tercera persona.[60] Los científicos suponen que, aunque una mujer tarde más en actuar físicamente empujada por la cólera, una vez que se ponen en marcha sus circuitos verbales más rápidos, pueden desencadenar un aluvión de palabras insultantes que un hombre no puede igualar.[61] Es una característica de los hombres usar menos palabras y tener menos fluidez verbal que las mujeres. Por eso pueden verse en inferioridad si tienen acalorados intercambios de palabras con mujeres. Los circuitos cerebrales de los hombres y sus cuerpos pueden desembocar fácilmente en una expresión física de ira, estimulada por la frustración de no ser capaces de ponerse a la altura de las mujeres.

Cuando veo a una pareja que no se comunica bien, el problema suele consistir en que los circuitos cerebrales del hombre acostumbran a llevarlo rápidamente a una reacción colérica agresiva; la mujer se espanta y queda paralizada.[62] Sus arcaicos circuitos la avisan que hay peligro, pero ella prevé que si huye, perderá a su proveedor y tendrá que defenderse sola. Si una pareja permanece bloqueada en este conflicto de la Edad de Piedra, no hay esperanzas de solución. A veces resulta eficaz ayudar a mis pacientes a entender las diferencias que hay en los circuitos emocionales de la cólera y la seguridad en los cerebros masculino y femenino.

ANSIEDAD Y DEPRESIÓN

Un día Sarah vino a mi consulta temblando. Nick y ella se habían peleado a propósito de la mujer con quien él flirteaba en su oficina. Sarah estaba convencida de que Nick había tonteado delante de sus narices aquel fin de semana en una cena. Cada vez que él cortaba la discusión y salía del cuarto, en la mente de Sarah parecía ponerse en marcha un vídeo que mostraba el divorcio, el reparto de bienes, la asignación de la custodia del hijo, la escena al despedirse de la familia de él y el traslado a otra ciudad. Ella pasaba un mal rato pensando en todo eso, estaba alerta para la próxima confrontación y tenía la certeza de que su matrimonio se hundía.

No era verdad. Nick estaba haciendo un gran esfuerzo, pero la discusión hacía que el cerebro de Sarah sufriera un trastorno neuroquímico agudo. Todos sus circuitos cerebrales estaban en alerta roja. Nick parecía imperturbable, mientras veía su partido de baloncesto de cada miércoles por la noche. No parecía incómodo cerca de ella en casa, pero Sarah no podía dormir, se pasaba el día llorando y estaba cada vez más deprimida. Según la realidad de Sarah, llegaba el fin del mundo, pero Nick parecía mostrar una indiferencia total.

¿Por qué se sentía Sarah insegura y atemorizada mientras que Nick no lo estaba? Los hombres y las mujeres tienen diferentes circuitos emocionales en cuanto a seguridad y temor, subrayados por nuestras particulares experiencias vitales.[63] En los circuitos cerebrales está inserto el sentimiento de seguridad. Las exploraciones ultrasónicas muestran que los cerebros de las muchachas y las mujeres se activan más que los de los hombres para anticipar el miedo o el dolor.[64] Según una investigación llevada a cabo en Columbia, el cerebro se entera de lo que es peligroso cuando se activan sus pistas del temor, y aprende lo que es seguro cuando se encienden sus circuitos de placer-recompensa.[65] Las hembras encuentran más dificultad que los machos en suprimir el miedo ante el peligro o el dolor anticipados.[66] Por eso Sarah se estaba rayando ella sola en casa.

La ansiedad es un estado que aparece cuando el estrés o el miedo ponen en acción la amígdala, provocando que el cerebro acumule toda su atención consciente en la amenaza presente. La ansiedad es cuatro veces más habitual en las mujeres.[67] Una mujer con mucha tendencia al estrés tiene un disparador que le hace sentir angustia mucho antes que a un hombre. Aunque no parezca un rasgo de adaptación, permite a su cerebro centrarse en el peligro inminente y responder con rapidez para proteger a sus hijos.

Por desgracia, esta intensa sensibilidad, tanto de las mujeres adultas como de las adolescentes, significa que son casi el doble de propensas que los hombres en cuanto a sufrir ansiedad y depresión, especialmente en el curso de sus años fértiles.[68] Este inquietante fenómeno se muestra a través de las culturas desde Europa, América del Norte y Asia, hasta Oriente Próximo. Los psicólogos han subrayado unas explicaciones culturales y sociales para este «bache de la depresión de género», pero cada vez más neurólogos están descubriendo que la sensibilidad respecto del miedo, el estrés, los genes, el estrógeno, la progesterona y la biología cerebral innata desempeñan papeles importantes. Se cree que aumentan el riesgo femenino de depresión muchas variaciones de los genes y los circuitos cerebrales afectados por el estrógeno y la serotonina.[69] El gen CREB-1, que está alterado en las mujeres proclives a la depresión, tiene un pequeño interruptor que pone en marcha el estrógeno.[70] Los científicos suponen que éste puede ser uno de los mecanismos por obra de los cuales se pone en marcha la vulnerabilidad femenina a la depresión en la pubertad, con los brotes de progesterona y estrógeno. Los efectos del estrógeno pueden explicar también por qué hay tres veces más mujeres que hombres que sufren «depresiones de invierno» o trastornos afectivos estacionales. Los investigadores saben que el estrógeno afecta al ritmo circadiano del cuerpo —el ciclo de sueño y vigilia estimulado por la luz del día y la oscuridad—, desencadenando dichas depresiones en mujeres genéticamente vulnerables.

Año tras año los científicos localizan más variaciones genéticas relacionadas con las depresiones que se dan en ciertas familias.[71] Otro gen —llamado transportador de serotonina o 5-HTT— parece disparar la depresión en mujeres que heredan determinada versión del mismo. Los científicos conjeturan que esa variación genética puede contribuir a que la depresión sea más corriente entre las mujeres, puesto que su disparador está accionado por amenazas y estrés grave.[72] Ésa puede haber sido la situación en el caso de Sarah, que procedía de una familia con una historia de depresiones femeninas. Como sé por las muchas mujeres que acuden a mi clínica, el estrés severo a raíz la pérdida de una relación suele presionar a mujeres genéticamente vulnerables hasta una situación límite que las hace caer en la depresión patológica.[73] Otros eventos hormonales —el embarazo, la depresión posparto, el síndrome premenstrual, la perimenopausia— también pueden trastornar el equilibrio emocional femenino y, durante períodos difíciles, una mujer puede necesitar ayuda farmacológica.[74]

CONOCER LA DIFERENCIA

A medida que los hombres y las mujeres se adentran en la mediana y avanzada edad, ganan más experiencia de la vida y se sienten más seguros; suelen contenerse menos para expresar una gama de emociones más amplia, incluidas aquellas que habían reprimido durante largo tiempo; en especial los varones. Pero no hay que darle vueltas al hecho de que las mujeres tienen diferentes percepciones emocionales, realidades, reacciones y recuerdos que los hombres ni a que las diferencias basadas en los circuitos y funciones cerebrales se hallan en la raíz de muchos desencuentros interesantes. Evan y Jane acabaron por conocer sus respectivas realidades. Cuando ella se derrumbaba llorando por depresión, él trataba de descubrir si en algún aspecto no se mostraba poco receptivo. Cuando ella estaba cansada y no quería tener relaciones sexuales, él luchaba contra sus instintos y daba por válidas sus razones. Cuando él se volvía irritable y posesivo, ella se daba cuenta de que no había sido lo bastante solícita sexualmente. Y en el momento en que llegaron a comprenderse, todo estuvo dispuesto para el cambio. Todavía quedaba por llegar un viraje importante en la realidad femenina.

7

El cerebro de la mujer madura

Sylvia se levantó una mañana y decidió: «Se acabó. Hasta aquí hemos llegado. Quiero el divorcio.» Había llegado a la convicción de que su esposo, Robert, era inasequible y egocéntrico. Estaba cansada de escuchar sus discursos y harta de sus exigencias de que el programa de ella se acomodase al suyo. Pero lo que realmente la sacó de quicio fue que, cuando estuvo hospitalizada una semana por una obstrucción intestinal, él la visitó sólo dos veces. En ambas ocasiones Robert se limitó a preguntar cosas acerca de la marcha de la casa.

Por lo menos, así es como Sylvia, mujer atractiva de pelo oscuro, ojos azules luminosos y andar elástico, me lo contó durante una sesión de terapia. Sentía que, desde los veintitantos años, había pasado la mayor parte de su tiempo cuidando de personas desvalidas y pendientes sólo de sí mismas. Sylvia les solucionaba los problemas, las apartaba del alcoholismo o de situaciones opresivas y, a cambio, la habían exprimido hasta dejarla emocionalmente seca. A los cincuenta y cuatro años era todavía muy atractiva y se sentía llena de energía. Lo que le sorprendía sobre todo era que le parecía que se hubiera disipado la niebla y al fin podía ver cosas que no veía antes. Los imperativos que habían pulsado su fibra sensible para que acudiera a cuidar de otros se habían extinguido. Sylvia estaba dispuesta a asumir ciertos riesgos y a empezar a caminar en dirección a sus sueños. Se preguntó: «¿Qué hay en mi vida que no funciona? Quiero sacarle más partido a la vida.» Durante años había cocinado, hecho la limpieza y educado a tres hijos como madre hogareña. Aunque deseaba trabajar, Robert se lo había impedido al negarle cualquier ayuda en la casa. Durante veintiocho años había hecho de chófer, alimentado y amado a sus hijos, vigilado que hicieran los deberes, cenaran y que el hogar no se viniera abajo. Y ahora, sin más, se preguntaba por qué.

La historia de Sylvia se ha convertido en un rito de paso demasiado familiar: es el caso de la mujer menopáusica que se desliga de todo y de todos, y quiere empezar de nuevo, especialmente ahora que 150.000 norteamericanas entran cada mes en esa fase de la vida. Es un proceso que resulta desconcertante para la mujer premenopáusica y asombra a muchos maridos. Una menopáusica se preocupa menos por complacer a los demás y quiere complacerse a sí misma. Este cambio se ha considerado como una etapa del desarrollo psicológico, pero es probable que también venga impulsado por una nueva realidad biológica, que tiene su base en el cerebro femenino cuando éste emprende su último gran cambio hormonal en la vida.

Si aplicásemos nuestro aparato de resonancia magnética al cerebro de Sylvia, veríamos un paisaje completamente distinto del de pocos años antes. La constancia en el flujo de los impulsos a través de los circuitos cerebrales ha sustituido a los brotes y bajadas del estrógeno y la progesterona causados por el ciclo menstrual. Su cerebro es una máquina más precisa y constante. No vemos los circuitos de respuesta rápida en la amígdala, que alteraban velozmente su visión del mundo justo antes del período, impulsándola algunas veces a ver tinieblas que no existían o a interpretar como un insulto algo que no lo era. Veríamos que los circuitos cerebrales entre la amígdala (procesador emocional) y el córtex prefrontal (área del análisis y enjuiciamiento de las emociones) son cien por cien funcionales y coherentes. Ya no se disparan a la primera de cambio en ciertas épocas del mes.[1] La amígdala se le sigue iluminando más que la de un varón cuando Sylvia ve una cara amenazante o se entera de una tragedia, pero ya no rompe a llorar así como así.[2]

El promedio de edad de la menopausia es de cincuenta y un años y medio. Se produce doce meses después del último período de la mujer; doce meses después de que los ovarios hayan dejado de producir las hormonas que impulsaban sus circuitos de comunicación y de emoción, afán de proveer y cuidar; la necesidad de evitar conflictos a toda costa. Los circuitos siguen existiendo, pero el combustible para hacer funcionar ese motor Maserati tan sensible, en cuanto a seguir las emociones ajenas, ha empezado a agotarse, y esa carencia causa un importante viraje en cómo percibe la mujer la realidad que la rodea. Cuando desciende su nivel de estrógeno, también lo hace el de oxitocina.[3] Está menos interesada en los matices de las emociones, menos preocupada por mantener la concordia; y le llega un flujo de dopamina menor respecto de las cosas que hacía antes, incluso conversar con sus amistades. Ya no recibe la calmante recompensa de la oxitocina por proveer y cuidar a sus hijitos y por ello está menos inclinada a mostrarse tan atenta a las necesidades personales de los demás.[4] Esto puede ocurrir precipitadamente y el problema consiste en que la familia de Sylvia no puede ver desde fuera cómo se rectifican las normas internas de ella.

Hasta la menopausia, el cerebro de Sylvia —como el de la mayoría de las mujeres— ha estado programado por la delicada interacción de las hormonas, el contacto físico, las emociones y los circuitos cerebrales que cuidan, remedian y ayudan de cualquier forma a los que están a su alrededor.[5] En el plano social, se la ha apremiado siempre para que complazca a los demás. En ocasiones, la necesidad de establecer contactos, la capacidad y el deseo altamente afinados de leer las emociones, pudieron empujarla a ayudar incluso en casos desesperados. Me contó la de veces que había perseguido a su amiga Marian por la ciudad, para asegurarse de que no condujera cuando iba bebida. Sylvia pasó la mayor parte de sus años de cuarentona tratando de complacer a un padre exigente, que se había vuelto senil después de la muerte de su madre; ella se había quedado con Robert convencida de que, si mantenía la concordia, todo el mundo permanecería dentro de la unidad familiar encantado de la vida. Su matrimonio nunca había sido sólido. Según me dijo, siempre había sentido la preocupación de que, cuando los hijos eran pequeños, si Robert y ella se separaban, a los niños les ocurriría cualquier desastre.

Pero ahora que habían crecido y no vivían en casa, tampoco estaban alimentados los circuitos que habían aportado el fundamento de esos impulsos. Sylvia estaba cambiando de ideas. Ahora deseaba ayudar a la gente a una escala más amplia, fuera de la familia. Oprah Winfrey, modelo de conducta para las mujeres de mediana edad, lo expresó de manera poética después de cumplir cincuenta años:

> Me maravillo de que a esta edad siga aún desarrollándome, alcanzando y traspasando las fronteras del yo para adquirir más ilustración. Cuando tenía veinte años pensaba que habría alguna edad adulta mágica a la que llegaría, acaso los treinta y cinco, y mi «situación de adulta» sería completa. Es gracioso cómo esta cifra fue cambiando en el curso de los años y cómo incluso a los cuarenta, calificados por la sociedad como mediana edad, sigo sintiendo que no era la adulta que tenía la

> certeza de llegar a ser. Ahora que mis experiencias vitales han sobrepasado cualquier ensueño o esperanza que imaginara nunca, tengo la seguridad de que hemos de continuar transformándonos para convertirnos en lo que tenemos que ser.[6]

Cuando su nivel de estrógeno descendió, también lo hizo la oxitocina, la hormona de la conexión y el cuidado.[7] En vez de aquellas agujas que se salían de la gráfica, los impulsos emocionales, proveedores y maternales de Sylvia se convirtieron en un rumor sordo y constante. Su cerebro rumia una nueva visión del mundo que equivale a la consigna de «no hacer prisioneros».

Ésa ha sido la visión que en el siglo XXI proporcionan los antiguos circuitos cerebrales femeninos. Este cambio de la realidad en el cerebro de Sylvia es la base de su nuevo equilibrio recién estrenado.[8] Los circuitos cerebrales no cambian tanto en el cerebro de la mujer madura, pero el vigoroso combustible —el estrógeno—, que en el pasado lo encendía y bombeaba, las sustancias neuroquímicas y la oxitocina se han debilitado. Esta verdad biológica representa un estímulo poderoso para seguir el camino. Uno de los grandes misterios para las mujeres de dicha edad —y para los hombres de su entorno— es el modo en que los cambios hormonales afectan a sus pensamientos, sentimientos y funcionamiento de sus cerebros.[9]

PERIMENOPAUSIA: EL ACCIDENTADO COMIENZO

Las hormonas de la mujer pasan varios años modificándose antes de que comience la menopausia. A partir de más o menos los cuarenta y tres años, el cerebro femenino se vuelve menos sensible al estrógeno, suscitando una cascada de síntomas que pueden variar de mes en mes y de año en año, que van desde los accesos de calor y el dolor de articulaciones hasta la angustia y la depresión.[10] Hoy día los científicos creen que la menopausia se dispara por efecto de este cambio en la sensibilidad respecto del estrógeno dentro del cerebro.[11] El impulso sexual puede cambiar radicalmente. Desciende el nivel de estrógeno y también lo hace el de testosterona, el potente combustible del impulso sexual.[12] La estabilidad de la visión del mundo en el cerebro femenino puede convertirse en inseguridad casi diaria a los cuarenta y siete o cuarenta y ocho años. Los veinticuatro meses anteriores a la menopausia, mientras los ovarios producen cantidades erráticas de estrógeno antes de parar por completo la producción, pueden ser un camino accidentado para algunas mujeres.[13]

Así se sentía Sylvia a los cuarenta y siete años, cuando llamó a mi clínica para pedir hora. Era la primera vez en su vida que veía a un psiquiatra. Corría el año anterior a que su hijo menor partiera a la universidad y ella tenía constantes alteraciones de humor —incluidas la irritabilidad, las explosiones emocionales, la falta de alegría y esperanza— que habían empezado a angustiarla. «La perimenopausia es como la adolescencia, pero sin gracia», me dijo un día. Es cierto: tu cerebro queda a merced de hormonas cambiantes, como lo estaba en la pubertad con toda la capacidad de reacción psicológica —agotador para los nervios— ante el estrés, las preocupaciones por el aspecto y las reacciones emocionales desmesuradas. Sylvia podía estar bien en un momento dado, pero bastaría un comentario inoportuno de Robert para hacerle empezar a dar portazos por toda la casa, refugiarse en el garaje y concederse un festival de sollozos durante una hora. Sylvia ya no podía soportarlo más y quiso que le recetase algo para tratar sus síntomas. Las restantes cuestiones con Robert tendrían que esperar. Así pues, le receté estrógeno y un antidepresivo. En dos semanas quedó asombrada de hasta qué punto se sentía mejor. Su cerebro necesitaba ayuda neuroquímica.

Para un afortunado 15 % de mujeres, la perimenopausia —de dos a nueve años antes de la menopausia— es como una brisa; pero para alrededor del 30 % puede causar incomodidades serias; y entre el 50 y el 60 % de las mujeres experimentan algunos síntomas perimenopáusicos, por lo menos parte del tiempo. Por desgracia, no hay modo de saber cómo reaccionarás hasta que llegue el momento.

De todos modos, hay algunas señales claras cuando se ha cruzado el umbral. Por de pronto, tus primeros sofocos son un signo de que tu cerebro está empezando a experimentar la retirada del estrógeno.[14] Tu hipotálamo, como reacción a la disminución de estrógeno, ha modificado sus células reguladoras del calor haciéndote sentir súbitamente encendida, incluso a temperaturas normales. Otra señal de perimenopausia es la abreviación de tu ciclo menstrual en un día o dos, incluso antes de haber experimentado los primeros sofocos. La respuesta del cerebro a la glucosa cambia también de manera espectacular, proporcionándote brotes y descensos bruscos de energía, apetencias de dulces y carbohidratos.[15] Este descenso del estrógeno afecta a la pituitaria, restringiendo el ciclo menstrual y volviendo errático el calendario de la ovulación y la fertilidad. Por tanto, ten cuidado: muchas mujeres acaban con un niño sorpresa que les cambia la vida, por efecto de la crisis en la predecibilidad de sus ciclos.

Fundé la Women's Mood and Hormone Clinic mucho antes de encontrarme en la perimenopausia o la menopausia, por lo cual todo lo que había experimentado era un síndrome premenstrual moderadamente molesto y un hipotiroidismo posparto.[16] Pero cuando me encontré en la mitad del decenio de los cuarenta años, empecé a tener unos SPM muy malos, con alta irritabilidad y graves cambios de humor. Al principio pensé que se debía al estrés de mi trabajo y a tener responsabilidades directas respecto de mi hijo. Sin duda tales realidades fueron parte de mi síndrome perimenopáusico, pero me resistí varios años a tomar hormonas pensando: «Oh, esto no es lo mismo que veo todos los días en mis pacientes.» ¡Cuánto me equivocaba! A los cuarenta y siete años me encontraba en plena perimenopausia. No podía dormir bien, me despertaba tan acalorada que a menudo tenía que cambiarme el camisón. Por la mañana me sentía fatal: fatigada, irritable y siempre al borde del llanto. Después de dos semanas tomando estrógeno y un antidepresivo, como por arte de magia, volví a sentirme yo misma.

Dado que el estrógeno afecta también a los niveles cerebrales de serotonina, dopamina, norepinefrina y acetilcolina —neurotransmisores que controlan el humor y la memoria—, no es de sorprender que cambios notables del nivel de estrógeno influyan en una amplia variedad de funciones cerebrales. En este punto es donde medicamentos como antidepresivos o IRSS (inhibidores de la recaptación selectiva de la serotonina) pueden ser eficaces, porque propulsan estos neurotransmisores en el cerebro. Hay estudios que demuestran que las mujeres perimenopáusicas dan cuenta de más síntomas de todas clases a sus médicos —desde el talante deprimido y los problemas de sueño hasta los lapsus de memoria e irritabilidad— que las mujeres que han pasado la menopausia.[17] También puede ser un aspecto significativo el interés por el sexo o la falta de él. Junto con el descenso del estrógeno, la testosterona —combustible del amor— también puede caer en picado en esta época.[18]

LA ÚLTIMA GINOCRISIS DE LA MUJER

Marilyn y su marido Steve acudieron a mi consulta cuando éste estaba a punto de volverse loco porque la mujer lo rechazaba sexualmente. «Ya no me deja ni tocarla», declaró. Según Marilyn: «El sexo me gustaba mucho y me gustaría volver a sentir eso, pero cada vez que me toca o le veo esa mirada en los ojos, me resulta... me resulta... irritante sin más. No es que no lo quiera, porque sí lo quiero.» Los maridos pueden sentirse perplejos; las hormonas masculinas no cambian de la noche a la mañana, aunque irán decreciendo y, gradualmente, también él tendrá menos apetencias sexuales. Sin embargo, su cerebro no atravesará los repentinos descensos de hormonas que sufre una mujer.

Fue buena idea que vinieran a verme, puesto que el suyo era un problema biológico que se estaba convirtiendo en conyugal a toda velocidad. Muchas mujeres experimentan una disminución de la libido, pero sospeché que la situación perimenopáusica de Marilyn era un poco más extrema de lo normal.[19] Medí su testosterona y encontré que apenas tenía.[20] ¿Podría ser ésa la causa de su rechazo a Steve? Marilyn decidió aclararlo probando la testosterona, de modo que le receté el parche y ella se lo aplicó aquel mismo día.[21]

Aun cuando la reacción sexual cambia mucho durante estos años de hormonas erráticas, el 50 % de las mujeres de cuarenta y dos a cincuenta y dos años pierden interés por el sexo, son más difíciles de excitar y ven que sus orgasmos son mucho menos frecuentes e intensos.[22] En la edad de la menopausia, las mujeres han perdido también hasta el 60 % de la testosterona que tenían a los veinte años.[23] Hoy por hoy disponemos de muchas formas de sustitución de la testosterona como parches, pastillas y geles.[24]

Cuando saludé a Marilyn y Steve en la sala de espera dos semanas más tarde, Steve levantó los dos pulgares. Marilyn dijo que en el transcurso de una semana había empezado a sentirse menos angustiada por las proposiciones sexuales de él, y que a la siguiente semana incluso pensó en tomar ella la iniciativa. Pero no lo hizo. Sus circuitos cerebrales del deseo sexual habían vuelto a encenderse por efecto de un poco de combustible hormonal poderoso. O lo empleas o lo pierdes, es una norma que vale para todo, incluidos la memoria y el sexo. El cerebro de debajo de la cintura se oxida si no se usa.

No todas las mujeres perimenopáusicas o posmenopáusicas pierden la testosterona o el interés sexual.[25] En realidad, «el entusiasmo posmenopáusico» es una expresión acuñada por la antropóloga Margaret Mead. Es una época en que ya no hemos de preocuparnos del control de la natalidad, el síndrome premenstrual, los calambres dolorosos u otros inconvenientes ginecológicos mensuales. Es una etapa de la vida libre de muchos agobios y llena de posibilidades maravillosas. Seguimos siendo lo bastante jóvenes para vivir la vida en toda su plenitud y disfrutar de las muchas cosas buenas que la naturaleza nos ha otorgado. Numerosas mujeres experimentan un renovado entusiasmo vital, incluso un deseo sexual rejuvenecido, y buscan aventuras divertidas o nuevos comienzos. Es como volver a vivir provistas de mejores normas. Para aquellas que no cuenten con ese entusiasmo, el parche de testosterona puede encenderlo.

En la época en que Sylvia decidió consultarme de nuevo, sobre su deseo de divorciarse de Robert —después de que él la visitara poco en el hospital—, había atravesado los últimos capítulos de la perimenopausia y dejado de tomar estrógeno y antidepresivos. Me contó entonces que sentía como si se hubiera alzado un velo en su cerebro en cuanto se acabaron los ciclos menstruales. Siempre había sufrido mucho por el SPM y, ahora que se había terminado, le parecía que su visión se había vuelto más clara respecto de lo que quería hacer con su vida y lo que ya no quería seguir haciendo. Le dijo a Robert que, aunque lo seguía respetando, se había aburrido de sus exigencias de que ella continuara cuidando las necesidades de su agenda y de mantener su amplia vivienda. Se había acabado la impronta mensual en sus circuitos cerebrales de los brotes de estrógeno y oxitocina, que aseguraban su dedicación a las necesidades de otro. Desde luego, Sylvia aún sentía un profundo amor por sus hijos, pero ya no contaba con su presencia física, con sus abrazos estimulantes de la oxitocina ni con sus aportes de estrógeno que disparaban sus circuitos de la tutela y las conductas correspondientes. Naturalmente, podía seguir cumpliendo con estas obligaciones, pero ya no se sentía llamada a hacerlo. Sylvia se volvió hacia Robert y le dijo: «Eres adulto y yo ya he terminado de educar a los niños. Ahora me toca tener una vida.»

Cuando sus hijos regresaron a casa durante las vacaciones de la universidad, Sylvia dejó claro que realmente gozaba viéndolos y tomando parte en sus vidas, pero que estaba harta de que siguieran esperando que ella les recogiera las cosas, les guisara y les lavara la ropa. Sus hijos incluso le tomaron el pelo, riéndose de cómo a partir de entonces ella metería su ropa en la lavadora-secadora pero ya no les casaría los calcetines. Sylvia también se rió pero, por primera vez en la vida, según dijo, les disparó una réplica: «Haceos vosotros la dichosa colada. ¡Ya es hora de que crezcáis!»

El cerebro de mamá estaba empezando a desenchufarse. Cuando una mujer ha puesto en marcha a todos sus hijos, sus antiguos circuitos maternales se aflojan y puede desconectar en el cerebro algunos de los contactos de su sistema de seguimiento de la prole. Cuando se corta el cordón umbilical, al marcharse los hijos de casa, los circuitos del cerebro de mamá quedan al fin libres para dedicarse a nuevas tareas, nuevos pensamientos, nuevas ideas. Muchas mujeres, sin embargo, pueden sentirse desesperadamente tristes y desorientadas cuando sus hijos abandonan el hogar por primera vez. Estos circuitos que evolucionaron durante millones de años en nuestras antepasadas, alimentados por el estrógeno y reforzados por la oxitocina y la dopamina, están ahora libres.[26]

Esta época de la vida no es tan áspera para muchas mujeres como lo fue para Sylvia. Lynn había estado unida en un profundo y amoroso matrimonio con Don durante más de treinta años, en la época en que sus hijos estaban en la universidad. Lynn y Don empezaron a viajar a los lugares que siempre habían querido conocer. Sentían la satisfacción de haber educado a dos hijos maravillosos y cabales. Lynn había disfrutado siendo madre, pero descubrió que, después de unos cuantos meses de sentir el corazón en un puño, cuando los hijos se fueron a la universidad, le empezó a gustar no tener que ocuparse de la rutina matinal de lograr que los chicos salieran por la puerta. Lynn era una exitosa y apreciada administradora en la universidad. Don era ingeniero en una empresa privada. Cuanto más tiempo pasaban juntos, más florecía su relación. Crearon años de amor y confianza mutuos para ayudarse en esa transición vital y establecer nuevas normas para el camino que tenían por delante.

La transición de la mitad de la vida no fue ni mucho menos tan plácida para Sylvia. En nuestra siguiente sesión decidió estudiar para graduarse y empezar a trabajar dos veces por semana en una clínica de salud mental. Sus hijos se mostraban un poco inquietos por estos nuevos afanes. La más joven seguía adelante y se adaptaba a la vida de la universidad. No necesitaba a su madre tanto como antes, pero aun así se quedó sorprendida y un poco ofendida cuando telefoneó a Sylvia y todo lo que su madre quería contarle era a propósito de sus nuevos proyectos y planes para volver también a estudiar. Sylvia me contó que a ella misma le chocó no estar ya angustiada ni interesarse por saber cómo le iba a la hija. La asombraba su reacción un tanto distante.

¿Qué estaba ocurriendo en su cerebro? No se trata sólo de que hubiera desaparecido el estrógeno y la oxitocina hubiera disminuido: también se habían extinguido las sensaciones físicas de tener que cuidar a los niños y tocarlos. Dichas sensaciones, junto con el estrógeno, ayudan a reforzar los circuitos de la crianza y aportan oxitocina al cerebro. Este proceso empieza para la mayoría de las madres durante la adolescencia de sus hijos, cuando éstos se resisten a que los abracen, besen o toquen. Por esa razón, cuando se van del nido, las madres se han acostumbrado a menos cuidado físico cercano y personal. Un experimento sobre la conducta maternal en las ratas comprobó que se requiere el contacto físico para mantener los circuitos cerebrales correspondientes a la conducta maternal activa. Los científicos insensibilizaron el tórax, el abdomen y el área de los pezones de unas ratas. Las madres podían ver, oler y oír a sus crías, pero no podían sentirlas bullendo a su alrededor. Resultó que los comportamientos maternales y de vinculación quedaron gravemente perjudicados. Las madres no controlaban, lamían ni criaban a sus cachorros en la forma en que lo haría una madre rata normal. Aunque sus circuitos cerebrales estaban organizados y dotados hormonalmente para las conductas maternales y tutelares, al carecer de la retroalimentación de la sensación táctil, las conexiones del cerebro de las madres ratas para el comportamiento típico de la crianza no se desarrollaban y, en consecuencia, morían muchas de sus crías.[27]

Las madres humanas usan también esa retroalimentación física para activar y mantener los circuitos cerebrales proveedores y tutelares. El contacto normal de vivir en la misma casa proporciona ya bastantes sensaciones para mantener las conductas citadas respecto de los hijos, aunque estén crecidos. Sin embargo, una vez que dejan la casa, ya es otra historia. Si la madre está menopáusica, las hormonas que construyeron, dotaron y mantuvieron aquellos circuitos cerebrales desaparecen.

Este cambio no significa que los circuitos cerebrales del cuidado hayan desaparecido para siempre. Cuatro de cada cinco mujeres de más de cincuenta años dicen que es importante para ellas disponer de un trabajo en el que puedan ayudar a los demás.[28] Aun cuando el impulso inicial para muchas menopáusicas parezca consistir en empezar a hacer algo en favor de ellas mismas, la renovación que viene luego las lleva a ayudar a otros. Los circuitos del cuidado pueden renovarse fácilmente. Si una mujer de más de cincuenta años llega a ser madre de un nuevo bebé, el contacto físico diario hará que aquellos circuitos resuciten en su cerebro, como podría contarte una de mis colegas después de adoptar a una niña china cuando tenía cincuenta y cinco años. Así pues, los circuitos permanecen y pueden ser encendidos de nuevo. En cuanto al cerebro maternal se refiere, no se agota hasta el final.

Sin embargo, para Sylvia ésa fue una época dorada. En su concepción del mundo, se sintió libre por fin para seguir a su flautista de Hamelin privado. Sylvia había emprendido sus propios proyectos. Por obra de sus nuevas clases se había convencido de que los problemas de conducta de los adolescentes tienen sus raíces en la educación temprana y se había apasionado por lograr mejoras en la manera en que los padres y los maestros tratan a los niños en edad preescolar. Como parte de sus quehaceres para conseguir un máster en trabajo social, se implicó en enseñar a los profesores de primaria dentro del sistema local de escuelas. Me contó que había vuelto también a los cultos de la iglesia en la que creció y que estaba construyéndose un estudio en el garaje para volver a pintar, actividad que había abandonado cuando se casó con Robert. En una de nuestras sesiones casi se echa a llorar, a causa de la felicidad que le proporcionaba su nueva vida. Sentía que estaba cambiando el mundo, y eso creaba un contraste directo con las discusiones cada vez más acaloradas que empezaban por la noche en cuanto Robert cruzaba la puerta.

¿QUIÉN ES USTED Y QUÉ HA HECHO CON MI MUJER?

Al cabo de poco Sylvia y Robert vinieron a verme juntos para otra sesión de pareja. Las cuestiones pendientes entre ambos habían llegado finalmente a un momento decisivo. Robert no podía dar crédito a lo que oía. Por ejemplo: «Hazte tu maldita cena o sal tú solo a buscarla. Por última vez: yo no tengo hambre. Ahora mismo estoy de maravilla pintando y no tengo ganas de dejar de hacerlo.» El marido contó que Sylvia le había dado un buen corte en una fiesta dos noches antes, cuando ella hizo una indicación acerca de invertir en ciertos valores y él le respondió que se mantuviera fuera del debate, porque no sabía de qué estaba hablando. Robert dijo que, a fin de cuentas, era él quien leía *Barron's*. «Vale, sigue leyéndolo —dijo ella—, y sigue perdiendo dinero. ¿Has visto últimamente mi cartera? He ganado tres veces más que tú, así que deja de humillarme.» Todo lo que Robert decía parecía molestarla. Sylvia anunció que se marchaba.

Cuando era más joven había hecho todo lo posible para evitar peleas con su marido, aunque estuviera furiosa.[29] ¿Te acuerdas de la grabación que se pone en marcha durante la adolescencia cuando el estrógeno gradúa las emociones y los circuitos de comunicación, aquella que hace que una mujer se aterre ante cualquier conflicto como si fuera una amenaza contra la relación? Dicha grabación no deja de funcionar hasta que una mujer la cancela de manera consciente, se le corta el suministro de hormonas que la alimenta, o ambas cosas, que era lo que ocurría entonces. Toda su vida Sylvia se había enorgullecido de ser tierna, tolerante y de estar dispuesta a dejar que su marido ganase, sobre todo cuando volvía a casa agotado y nervioso por culpa del trabajo. La empatía de Sylvia por Robert era efectiva. Ella guardaba la paz como le inducía a hacer su cerebro de la Edad de Piedra, para mantener unida a la familia. Tener marido es buena cosa. Casadas estamos mejor protegidas. Tales eran los mensajes que la privaban de meterse en conflictos. Si Robert se olvidaba de su aniversario, ella se mordía la lengua. Si él le soltaba algún comentario insultante después de un largo día de trabajo, ella clavaba la vista en el guiso que estaba cocinando y no contestaba.

Pero en cuanto Sylvia llegó a la menopausia, desaparecieron los filtros, aumentó su irritabilidad y su ira ya no se dirigió hacia aquel «estómago» suplementario para rumiar, antes de exteriorizarse. Su ratio entre la testosterona y el estrógeno estaba cambiando y las pistas de la cólera que la invadía iban pareciéndose más a las de un hombre.[30] Los efectos calmantes de la progesterona y la oxitocina ya no estaban actuando para enfriar la cólera. Aquella pareja nunca había aprendido a digerir ni a resolver sus desacuerdos. En esos momentos Sylvia se enfrentaba con Robert con regularidad aireando décadas de furia contenida.

En la siguiente sesión quedó claro que no toda la culpa era de Robert. Él estaba atravesando sus propios cambios vitales, más modestos, pero Sylvia seguía queriendo marcharse. Ninguno de los dos se daba cuenta todavía de la cambiante realidad de su cerebro, que iba modificando las normas no sólo de las discusiones sino de cada una de las interacciones de su relación.[31] Algunos estudios demuestran que las mujeres que son infelices en el matrimonio dan cuenta de más actitudes y enfermedades negativas durante los años de la menopausia.[32] Por eso, cuando se alza el velo hormonal y los hijos abandonan el hogar, las mujeres se sienten a menudo más desdichadas de lo que antes eran capaces de percibir. A menudo todas las desgracias se achacan al marido. Sin duda, Sylvia tenía quejas legítimas a propósito de Robert, pero la causa principal de su infelicidad seguía sin estar clara.

A la semana siguiente me contó que su hija le había dicho: «Mamá, te comportas de modo raro y papá se está asustando. Dice que no eres la mujer con quien ha estado casado cerca de treinta años y que tiene miedo de que hagas alguna locura como coger todo el dinero y escaparte.» Sylvia no estaba loca y no iba a desaparecer con sus ahorros, pero era cierto que no era la misma. Me dijo que su marido cierta vez le gritó: «¡¿Qué has hecho con mi esposa?!» Una abultada cantidad de sus circuitos cerebrales se había cerrado de repente y, con la misma inminencia, Sylvia había cambiado las normas de la relación conyugal.[33] Como suele pasar en tales situaciones, nadie había informado a Robert.

Se suele pensar que los hombres dejan a sus esposas gordinflonas, entradas en años y posmenopáusicas para irse con mujeres fértiles, más jóvenes y delgadas. Nada más lejos de la verdad. Las estadísticas nos muestran que más del 65 % de los divorcios, después de los cincuenta años, los inician las mujeres.[34] Sospecho que muchos de dichos divorcios provienen de la visión del mundo, drásticamente alterada, que tienen las mujeres posmenopáusicas. (Pero según he visto en mi consulta, podría deberse asimismo a que están cansadas de enfrentarse a dificultades y de aguantar a maridos infieles; que han estado esperando el día en que los hijos abandonen el hogar.) Aquellas cosas que habían sido importantes para las mujeres —la conexión social, la aprobación, los hijos y el hecho de asegurarse de que la familia permanecía unida— dejan de ser la prioridad de su mente. La cambiante química del cerebro femenino es la causa de la modificación de la visión del mundo que se registra en sus vidas.

En cualquiera de las ocasiones en que las hormonas oscilan y coartan nuestra realidad, es importante examinar los impulsos y asegurarse de que son auténticos y no inducidos por las hormonas. En la misma forma en que los descensos de estrógeno y progesterona antes del período te pueden hacer creer que estás gorda y fea y no vales nada, la ausencia de las hormonas reproductivas te puede hacer pensar que tu marido es la causa de todas tus penas. Quizá lo sea o quizá no. Tal como Sylvia aprendió durante nuestras sesiones, si entiendes algunas de las razones biológicas para tus cambiantes sentimientos y visión del mundo, tal vez puedas aprender a comentarlo con él y él podrá modificar su comportamiento y punto. Se trata de un largo proceso de educación, que es mejor empezar antes de que acontezca el «cambio».

¿QUIÉN HACE LA CENA?

En nuestra sesión posterior a mis vacaciones de agosto Sylvia me dijo que, a pesar de todo, quería divorciarse. En realidad se había empezado a mudar de casa durante el mes que estuve fuera. Sus amigos incluso habían comenzado a ponerla en contacto con otros hombres. No pasó mucho tiempo antes de que se sintiera tan aburrida con ellos como estaba con Robert. Sylvia descubrió pronto que los hombres mayores andaban buscando una enfermera con posibles, alguien que tuviera su propio patrimonio y cuidara de ellos durante el resto de sus vidas. Eso le resultaba un tanto chocante: era lo mismo que ella había buscado en un hombre cuando era joven. En aquella época ella quería a alguien que la cuidara y aportara sus propios fondos. También estaba dispuesta a cuidarlo a él y a los hijos. En cambio, a esas alturas ni se le pasaba por la cabeza.

Sylvia seguía con esperanzas de encontrar el «hombre perfecto» para envejecer junto a él; un compañero como ella, un alma gemela, alguien con quien poder hablar y compartir las alegrías de la vida, pero sin hacerse cargo de él, cocinar, lavar ni limpiar, como muchos de los hombres con los que salía esperaban de sus ex esposas. Como decía, no tenía la menor gana de hacer de enfermera ni tampoco quería que nadie le robara la cartera. «Si no es así —decía—, en este momento prefiero estar sola.» Después de todo, tenía cantidad de amigos sinceros que la hacían feliz. Sylvia anhelaba una existencia mucho menos estresada psicológicamente que la que había sufrido hasta entonces, siempre discutiendo con Robert.[35]

La disminución de las ganas de ocuparse de nadie ni de criar a nadie después de la menopausia puede no resultar un alivio para todas las mujeres. La investigación tiene que examinar todavía los efectos de un nivel bajo de oxitocina que provoca el descenso del estrógeno y puede conducir a ciertos cambios reales de conducta. Sin embargo, la mayoría de las mujeres sólo tienen una idea vaga de esos cambios; si es que la tienen. Marcia, de sesenta y un años, me confesó, por ejemplo, que se sentía mucho menos preocupada por los problemas y necesidades de su familia, amigos e hijos, menos inclinada a cuidarlos. Nadie se había quejado de este descenso de sus desvelos, aun cuando a su esposo le sorprendía tener que prepararse muchas veces la cena. En gran parte era algo que la misma Marcia observaba. No se interesaba realmente por la independencia emocional recién descubierta: empleaba más tiempo en placeres individuales, como la investigación genealógica, que le encantaba. Llevaba más de cuatro años sin tener una sola menstruación, pero su sequedad vaginal, sus continuos sudores nocturnos y el sueño interrumpido la habían llevado a empezar a tratarse con píldoras de estrógeno. Tres meses después de comenzar la terapia de estrógeno, retornaron los instintos nutricios de Marcia.[36] No se dio cuenta de cuán drásticamente habían cambiado en los cuatro años anteriores hasta que dichos instintos volvieron a invadirla. Marcia me contó cuánto la asombraba que una pildorita pudiera hacerla sentir como antes, con una personalidad que sólo vagamente reconocía haber perdido. La terapia de estrógeno pudo haber estimulado su cerebro para volver a producir niveles más elevados de oxitocina, poniendo en marcha formas familiares y filiales de conducta para alivio de su marido.

La última vez que una mujer tuvo una respuesta permanente de estrés, por efecto de hormonas constantemente bajas, fue en la pausa juvenil o durante los meses de embarazo, cuando las células pulsantes del hipotálamo están cerradas y se mantiene baja la reacción al estrés.[37] Después de diez años sin hormonas, una de mis pacientes posmenopáusicas me refirió que, aun cuando su impulso sexual estaba en crisis, su marido y ella habían dejado de pelearse cuando iban de viaje. Solía ocurrir que viajar la estresaba pero, de repente, empezó a disfrutar cada minuto de tener que levantarse temprano para tomar un avión y dirigirse a un lugar desconocido. Hasta le gustaba hacer las maletas y, a medida que el estrés fue desapareciendo, sus discusiones de viaje se extinguieron.

En cuanto a Sylvia, poco después de que se marchara de casa, se dio cuenta de que cesaban sus variaciones de humor y su irritabilidad. Me contó que su trabajo con maestros de parvulario y padres le había permitido convertirse en la persona que quería ser. Empezó a prepararse para las noches que pasaría sola, viendo películas antiguas, tomando largos baños de espuma y trabajando hasta altas horas en su nuevo estudio. Si llamaban los hijos, siempre le alegraba charlar con ellos, pero descubrió que no se involucraba tanto a la hora de ayudarlos a resolver sus problemas, que no se alteraba ni les daba inacabables consejos. Al principio pensó que su mal humor e irritabilidad habían disminuido porque había quitado de su vida el mayor de sus problemas: su desgraciado matrimonio. Se dio cuenta también, empero, de que sus sofocos casi habían desaparecido y de que de nuevo dormía bien.

Cuando volvió a mi consulta seis meses después de haber dejado a Robert, le pregunté con prudencia si todo consistía en que su marido estuviera fuera de su casa; si no era posible que ella se hubiese situado en un nuevo estado hormonal dentro del cual su humor era más constante. Sylvia mencionó también que se sentía menos irritable y, durante la visita, llegó a quejarse de estar sola y no tener a nadie con quien comentar los acaeceres de las vidas de sus hijos y la suya propia. Le sugerí que quizá estuviera echando en falta la compañía de Robert y que, si volvían a pasar tiempo juntos y negociaban nuevas normas, acaso se daría cuenta de que su relación resultaba más equilibrada.

SÓLO ES CUESTIÓN DE EMPEZAR

En la menopausia, al cerebro femenino le falta mucho tiempo para que llegue la hora de retirarse. En realidad, muchas de las vidas femeninas apenas están llegando a su punto álgido. Es una época intelectualmente euforizante en que ha disminuido la carga de cuidar de los hijos y la preocupación del cerebro de mamá. La contribución del trabajo a la personalidad, la identidad y la realización de una mujer vuelve a resultar tan importante como antes lo era que la dominase el cerebro maternal. Cuando Sylvia se enteró de que la habían admitido en un máster de trabajo social, se dio cuenta de que era uno de los días más felices de su vida. No había tenido semejante sensación de éxito desde que se había graduado, casado o tenido hijos.[38]

En realidad, el trabajo y los logros personales pueden ser trascendentales para que una mujer sienta bienestar durante esta transición vital. Ciertos estudios han demostrado que algunas mujeres, en un gran momento de su carrera dentro de esta etapa de la vida, consideraban que su trabajo era más importante para su identidad que las mujeres limitadas a mantener su carrera o verla desvanecerse. Además, las mujeres que se hallaban en etapas relevantes de su carrera puntuaban mejor en satisfacción, independencia y rendimiento efectivo a los cincuenta o sesenta años y sentían que su salud física era mejor que la de otras mujeres.[39] Después de la menopausia queda mucho por vivir y salta a la vista que asumir un trabajo con apasionamiento, sea el que sea, permite a una mujer sentirse revitalizada y realizada.

DÉJAME TRANQUILA YA

Edith me pidió hora de visita cuando su marido, psiquiatra, estaba liquidando su consulta con el propósito de jubilarse. Aun cuando tenían una buena relación la mayor parte del tiempo, lo único que ella anticipaba era que él no dejaría de invadir su espacio y de pedirle que le prestara servicio veinticuatro horas al día. Su desazón ante semejante idea le había causado insomnio; y resultó que Edith tenía razón. Apenas él llegaba a casa empezaba a preguntar: «¿Dónde está el almuerzo? ¿Has comprado mi salami? ¿Quién ha tocado mis herramientas? ¿Es que no vas a lavar los platos? Llevan una hora en el fregadero.» Si no había ido a comprar porque estaba ocupada, preguntaba: «¿Ocupada, con qué?» Edith había estado ayudando a la anciana amiga de su madre en las tareas domésticas. Había cuidado a sus nietos los martes. Tenía una partida regular de bridge, citas para almorzar y asistía a un club de lectura. Estaba ocupada trabajando en cosas que le importaban. Le gustaba su libertad. Su marido estaba atónito porque mostrara tan poco interés en él y tuviera tanta vida propia por vivir.

Hoy día, este cambio de conducta es el más común entre mujeres de sesenta y cinco años o más. Igual que Edith, acuden a mi consulta deprimidas, angustiadas e incapaces de dormir. Pronto descubro que los maridos se han jubilado el año anterior. Ellas se sienten objeto de conflictos, irritadas y arrancadas de sus trabajos y actividades.[40] No quieren vivir así el resto de sus días. Ese temor a perder la libertad puede sobrevenir, aunque la relación matrimonial sea básicamente buena. De alguna manera, muchas mujeres sienten que no pueden renegociar un contrato matrimonial que no está escrito. «Claro que puedes —les digo—. Tu vida depende de ello.»

Semanas más tarde, después de que Edith y su marido hubieran pasado un mes de vacaciones, volvió a visitarme. Con gesto satisfecho en la cara dijo: «¡Misión cumplida! Él ha accedido a dejar de darme la lata.» Habían renegociado las normas que regirían la siguiente fase de su vida.

LAS HORMONAS DEL CEREBRO FEMENINO DESPUÉS DE LA MENOPAUSIA

Las hormonas del cerebro forman parte de lo que nos hace mujeres. Son los combustibles que activan nuestros circuitos cerebrales específicos del sexo, que derivan en conducta y habilidades típicas de las mujeres. ¿Qué ocurre en nuestros cerebros femeninos en la menopausia cuando perdemos ese combustible hormonal? Las células cerebrales, los circuitos y las sustancias químicas neurológicas que se han fundamentado en el estrógeno se reducen.[41] En Canadá, la investigadora Barbara Sherwin descubrió que las mujeres que seguían la terapia estrogénica sustitutiva, después de extirparles los ovarios, conservaban la función memorística que tenían antes; en cambio, las mujeres que no recibían tratamiento sustitutivo tras la extirpación iban perdiendo la memoria verbal, a menos que pronto se les diera estrógeno. Esa terapia restauraba su memoria hasta alcanzar niveles premenopáusicos, pero sólo en los casos en que se comenzase inmediatamente o poco después de la operación.[42] Parece que existe un breve intervalo en que el estrógeno proporciona los máximos beneficios protectores al cerebro.

El estrógeno puede tener un efecto protector en muchos aspectos del funcionamiento del cerebro, incluso sobre las mitocondrias —centros energéticos de las células—, en especial las que hay en los vasos sanguíneos del cerebro. Los investigadores de la Universidad de California, en Irvine, descubrieron que el tratamiento de estrógeno aumentaba la eficiencia de dichas mitocondrias, explicando acaso por qué las mujeres premenopáusicas tienen un porcentaje menor de ataques de apoplejía que los hombres de su edad.[43] El estrógeno puede ayudar a que la sangre del cerebro siga fluyendo con fuerza durante los años de la ancianidad. En Yale, por ejemplo, los investigadores trataron a mujeres posmenopáusicas con estrógeno o un placebo durante veintiún días y luego escanearon sus cerebros mientras ellas efectuaban tareas de memoria. Las mujeres que recibían estrógeno mostraban formas cerebrales características de sujetos más jóvenes, mientras que las que no lo recibían tenían características de mujeres mucho más viejas.[44] Incluso hubo otro estudio del volumen cerebral en mujeres posmenopáusicas que sugirió que el estrógeno protege partes específicas del cerebro. En las mujeres que lo tomaron se notó menos encogimiento en las áreas cerebrales correspondientes a la toma de decisiones, el juicio, la concentración, el procesamiento verbal, las aptitudes de escucha y el procesamiento emocional.[45]

El efecto protector que el estrógeno resulta tener en el funcionamiento del cerebro femenino constituye una razón por la cual los científicos están reconsiderando cuidadosamente los resultados de la Women's Health Initiative (WHI), un estudio de 2002 que señaló que las mujeres que no empezaban a tomar estrógeno hasta trece años después de la menopausia no obtenían los efectos protectores del cerebro.[46] Los científicos han demostrado que un bache de cinco o seis años sin estrógeno después de la menopausia hace que se desvanezca probablemente la oportunidad de aprovechar los efectos preventivos del mismo sobre el corazón, el cerebro y los vasos sanguíneos.[47] Un tratamiento temprano con estrógeno puede ser especialmente importante también para la protección del funcionamiento cerebral.[48]

Muchas mujeres se han sentido confusas y defraudadas por el hecho de que hace pocos años los médicos les dijeran una cosa acerca de la terapia hormonal sustitutiva (THS) —denominada actualmente TH— y ahora les digan lo contrario, fundándose en los resultados de la Women's Health Initiative. Yo misma —tanto en calidad de médica, como de mujer posmenopáusica— he sido presa de este aprieto. Cómo y cuándo empezar la TH y cuándo suspenderla, si es que hay que suspenderla, siguen siendo cuestiones candentes tanto para los pacientes como para los médicos. Sin embargo, hasta que nuevos estudios aclaren el tema, cada paciente debe encontrar su propio camino, con un tratamiento apropiado que incluya exámenes regulares de médicos especialistas en terapia hormonal sustitutiva, dieta, hormonas, ejercicios y otras actividades.[49] Hoy por hoy sostengo un intercambio completo de informaciones con cada una de mis pacientes menopáusicas acerca de su genética familiar, estilo de vida, síntomas, problemas de salud, riesgos y beneficios de la TH.

A pesar de las tormentas de la menopausia y de sus ajustes hormonales, cuando envejecen la mayoría de las mujeres permanecen notablemente vigorosas, lúcidas y capaces, incluso sin la aportación de estrógeno. No todas las mujeres necesitan o quieren terapia hormonal; el proceso natural de envejecimiento no empieza a afectar al funcionamiento del cerebro femenino hasta décadas después de la menopausia. Los cerebros de los hombres y las mujeres envejecen de modo diferente y los primeros pierden más en el córtex que las segundas.[50]

Aun cuando el cuerpo y el cerebro de cada mujer reaccionan de modo distinto en los años siguientes a la menopausia, para muchas ésa es una época de creciente libertad y control sobre su vida. Es más difícil que los impulsos nos hagan sentir confusas o revueltas. Nuestra supervivencia probablemente ya no dependerá de un sueldo fijo y no importa tanto fingir cómo nos sentimos y sí más exteriorizar y vivir nuestra personalidad apasionada y auténtica. Ayudar a otros e implicarse en resolver graves problemas del mundo pueden darnos energía. Es también una época en la que ser abuelas nos puede aportar nuevas alegrías, a menudo carentes de complicaciones. Acaso la vida guarde parte de lo mejor para el final. Por ejemplo, Denise, de sesenta años, había sido siempre una mujer independiente, centrada en su carrera de marketing, incluso mientras criaba a sus dos hijos. Según me dijo, cuando su hija dio a luz por vez primera, Denise se sorprendió por las oleadas de amor que sintió por su nieto. «Me arrebató completamente —me dijo—, cosa que no me había figurado que ocurriera. Tengo un millón de cosas que hacer en mi vida, pero por alguna razón no me canso de este bebé. Mi hija me deja entrar en su vida como nunca. Ahora me necesita y quiero estar a su lado.»

Puede ser que una de las razones por las cuales la evolución estructuró a las mujeres para vivir unos decenios después del cese de su posibilidad de tener hijos consista en el especial cometido de apoyo que las abuelas ejercen.[51] De acuerdo con Kristen Hawkes, antropóloga de la Universidad de Utah, la figura de la abuela puede ser una de las claves del crecimiento y supervivencia en muchas de las antiguas poblaciones humanas.[52] Hawkes sostiene que en la Edad de Piedra los esfuerzos suplementarios de las mujeres posmenopáusicas en la plenitud de sus facultades para conseguir comida extra incrementaron la tasa de supervivencia de los jóvenes nietos. Las aportaciones y la ayuda de las abuelas permitieron también a mujeres jóvenes tener más hijos a intervalos más cortos, aumentando la fertilidad de la población y el éxito reproductivo. Aun cuando el promedio de vida en las sociedades de cazadores y recolectores de alimentos era de menos de cuarenta años, alrededor de un tercio de las mujeres adultas rebasaba esa edad y muchas seguían activamente en su sexto y séptimo decenio. Entre la población cazadora y recolectora de los Hadza, en Tanzania, Hawkes descubrió, por ejemplo, que las abuelas que trabajaban duro a los sesenta años pasaban más tiempo buscando alimentos que las madres más jóvenes, que proporcionaban sustento a sus nietos y aumentaban sus posibilidades de supervivencia.[53] Los investigadores han encontrado semejantes efectos positivos de las abuelas entre los gitanos húngaros y las poblaciones de India y África.[54] En la Gambia rural, los antropólogos descubrieron que la presencia de una abuela mejora las perspectivas de un niño para sobrevivir, mucho más que la presencia de un padre.[55] En otras palabras, las mujeres menopáusicas tienen en todo el mundo el cometido, propio de las abuelas, de sustentar la vida.

¿Y AHORA QUÉ HAGO?

Hace un siglo la menopausia era relativamente rara. Incluso a finales del siglo XIX y principios del XX la expectativa de vida de las norteamericanas rondaba los cuarenta y nueve años, dos años antes de que el promedio de las mujeres acabe su ciclo menstrual. Hoy día en Estados Unidos las mujeres pueden vivir hasta muchos decenios después del fin de sus períodos. La ciencia, sin embargo, no ha asumido del todo este cambio demográfico. Nuestro conocimiento de la menopausia es bastante nuevo e incompleto, aunque esté progresando rápidamente a medida que grandes poblaciones de mujeres entran en esa transición, antaño rara. Hoy por hoy tenemos 45 millones de norteamericanas de entre cuarenta y sesenta años.

Hacer planes a propósito de los muchos años que quedan después de la menopausia es, históricamente, una nueva opción para las mujeres. Imaginar proyectos estimulantes de su propia elección puede ser una de las etapas más deliciosas de las vidas de las mujeres en el nuevo siglo. Cabe que en este momento hayan logrado poderío personal y económico, además de tener una amplia base de conocimientos. Por primera vez en su vida cuentan con más opciones apasionantes de las que pudieron imaginar. Una estudiosa amiga mía, Cynthia Kenyon, experta en envejecimiento, cree que, en el futuro, las mujeres podrán vivir más de ciento veinte años, un montón de tiempo para fantasear.[56]

Para Sylvia, imaginar sus años posmenopáusicos significó el redescubrimiento de Robert. Cuando volvió a visitarme a los dos años de haberse separado de él, me contó que, después de haber vuelto a ser la mujer que había sido antaño, sintió la alegría de redescubrir quién era ella en realidad y, tras varias citas bastante decepcionantes con hombres mayores, se dio cuenta de que echaba de menos a Robert. Él era la única persona con quien podía hablar de ciertas cosas, incluidos sus maravillosos hijos. Cierto día Robert la invitó a cenar y decidió aceptar. Se reunieron en un restaurante romántico, hablaron con tranquilidad de lo que había ido mal y terminaron excusándose por el dolor que se habían causado uno al otro.

Tenían nuevas experiencias que compartir: el trabajo y la pintura de ella, el nuevo interés de él por las antigüedades, incluso las divertidas aventuras y citas de ambos. Con el tiempo redescubrieron la amistad y el respeto mutuo, y se dieron cuenta de que ya habían encontrado sus almas gemelas. Sólo necesitaban reescribir el contrato.

El cerebro de la mujer madura sigue siendo un territorio relativamente desconocido, pero se trata de un amplio paraje abierto para las mujeres, desde donde descubrir, crear, colaborar y liderar de manera positiva a las futuras generaciones. Incluso es posible que gocen de los años más entretenidos de su vida. Los años posmenopáusicos pueden ser, tanto para los hombres como para las mujeres, una época de redefinición de sus relaciones y cometidos, y de asunción de nuevos retos y aventuras juntos... y separados.

Sé por propia experiencia que el hecho de haber criado a mi hijo, haber descubierto la pasión por mi trabajo y haber hallado al fin a mi alma gemela me hace sentir muy agradecida a la vida. Está claro que las luchas que he tenido que vivir a lo largo del camino han sido penosas, pero también mis principales maestras. Si he escrito este libro ha sido con el propósito de compartir mis conocimientos acerca de las operaciones internas del cerebro femenino con otras mujeres, que recorren caminos similares, intentan ser sinceras consigo mismas y comprender cómo su biología innata afecta a su realidad. Estoy segura de que me habría sido útil saber más a fondo lo que hacía mi cerebro durante muchas de las épocas más alocadas de mi vida. En cada etapa del camino podemos comprender mejor nuestro mundo si tenemos una visión de lo que hace nuestro cerebro. Aprender a dominar nuestra fuerza cerebral femenina nos ayudará a ser cada una la mujer que deberíamos ser. Como mujer posmenopáusica, estoy ansiosa y más decidida que nunca a intentar cambiar la vida de las muchachas y las mujeres con quienes tengo contacto. Desde luego, sigo sin poder ver lo que hay a la vuelta de la esquina, pero los muchos decenios que tengo por delante parecen repletos de esperanza, pasión y empuje. Espero que este mapa te ayude como guía en el fascinante viaje a través del cerebro femenino.

Epílogo

El futuro del cerebro femenino

Si tuviera que transmitir a las mujeres una lección aprendida con la escritura de este libro, sería la de que comprender nuestra biología innata nos permite planear mejor nuestro futuro. Actualmente, cuando tantas mujeres han ganado el control de su fertilidad y logrado la independencia económica, nos es posible crear una hoja de ruta para el camino que tenemos por delante. Esto significa introducir cambios revolucionarios en la sociedad y en nuestra elección personal de pareja, carrera y momento oportuno para tener hijos.

Desde que las mujeres consumen la década de sus veinte años en formarse y consolidar su carrera, muchas profesionales fuerzan los límites de su reloj biológico y tienen hijos entre los treinta y cinco y los cuarenta y pico. Un amplio porcentaje de mis médicas residentes, ya en plena treintena, ni siquiera han encontrado a esa persona con quien querrían formar una familia, porque han estado muy ocupadas forjándose una carrera. Eso no quiere decir que las mujeres se hayan equivocado en la elección, sino que las fases de su vida se han estirado considerablemente. En la Europa de comienzos de la Edad Moderna, las mujeres empezaban a tener hijos a los dieciséis o diecisiete años y dejaban de tenerlos antes de llegar a los treinta. Hoy día, en la época en que el cerebro de mamá coge las riendas, las mujeres están volcadas en su carrera y eso significa una lucha dura y prolongada por efecto de la sobrecarga de los circuitos cerebrales. Las mujeres se descubren encarando los altibajos de la perimenopausia y la menopausia con bebés y párvulos que corretean por casa. Al mismo tiempo tienen que ocuparse de carreras absorbentes. Si una mujer no acude a mi consulta alrededor de los treinta y cinco años para comentar los retos de su fertilidad y profesión, es que vendrá alrededor de los cuarenta y cinco, en pleno tira y afloja con la perimenopausia. No puede permitirse perder la memoria y preocuparse por estados anímicos que la entristecen porque sus hormonas estén desbaratadas.

¿Qué significa todo esto en términos de la biología cerebral innata de las mujeres? No significa que las mujeres deban elegir entre la maternidad o sus carreras laborales; sólo significa que les conviene tener una idea de los malabarismos que deberán hacer a partir de la adolescencia. Sin duda, nadie puede ver tras la vuelta de la esquina de nuestras vidas y prever todos los tipos de apoyo que necesitaremos. De cualquier modo, comprender lo que ocurre en nuestro cerebro en cada fase constituye un primer paso importante para el control de nuestro destino. Uno de los desafíos de los tiempos modernos estriba en ayudar a la sociedad a que apoye mejor nuestras aptitudes naturales y nuestras necesidades femeninas.

El propósito de este libro era ayudar a las mujeres en el curso de los diferentes cambios que acaecen en sus vidas: son virajes tan grandes que crean auténticas variaciones en la percepción de la realidad que tiene una mujer, en sus valores y en las cosas que merecen su atención. Si logramos entender de qué modo la química cerebral configura nuestras vidas, quizá percibamos mejor el camino que nos queda por recorrer. Es importante visualizarlo y planear lo que ha de venir. Espero que este libro haya contribuido a la descripción de la realidad femenina.

Hay quien desea que no existan diferencias entre hombres y mujeres. En la década de los setenta, en la Universidad de California, en Berkeley, la consigna entre las mujeres jóvenes era «unisex obligatorio», lo cual significaba que parecía políticamente incorrecto mencionar siquiera la diferencia de sexos. Todavía quedan quienes creen que para que las mujeres logren la igualdad, la norma debe ser unisex. Sin embargo, la realidad biológica señala que no existe un cerebro unisex. Está arraigado el temor a la discriminación basada en la diferencia, y durante muchos años quedaron sin examinar científicamente las nociones acerca de las diferencias de los sexos por miedo a que las mujeres no pudieran reclamar la igualdad con los hombres. Aun así, la pretensión de que mujeres y hombres son lo mismo no sólo perjudica a ambos sexos, sino que, en definitiva, daña a las mujeres. La perpetuación de la norma masculina mítica implica desconocer las diferencias biológicas reales de las mujeres en gravedad, vulnerabilidad y tratamiento de las enfermedades. También deja de lado las diferentes formas en que ellas procesan las ideas y, por ende, perciben lo que es importante.

Asumir la norma masculina significa asimismo minusvalorar los poderosos recursos y talentos específicos del sexo que tiene el cerebro femenino. Hasta el presente las mujeres han tenido que efectuar una intensa adaptación cultural y lingüística en el mundo laboral. Hemos luchado por acomodarnos a un mundo masculino; al fin y al cabo, los cerebros de las mujeres están estructurados para ser eficaces en los cambios. Espero que este libro haya sido una guía para las mentes y la conducta vital de las mujeres, para nosotras, nuestros maridos, madres, hijos, colegas masculinos y amigos. Quizá esta información ayude a los hombres a empezar a ajustarse a nuestro mundo.

Cuando pregunto a casi todas las mujeres que he visto en mi consulta cuáles serían sus tres deseos primordiales si el hada madrina moviera su varita mágica y se los concediera, dicen: «Alegría en mi vida, una relación satisfactoria y menos estrés con más tiempo para mí.» Nuestra vida moderna —el doble reto de la carrera y la responsabilidad básica del hogar y la familia— ha sido la causa de que resulte particularmente complicado alcanzar dichas metas. Esas aspiraciones nos estresan, y la principal causa de la depresión y la ansiedad es el estrés. Uno de los grandes misterios de nuestra vida es por qué motivo, como mujeres, estamos tan consagradas a mantener el contrato social habitual que a menudo actúa contra los circuitos naturales de los cerebros femeninos y de nuestra realidad biológica.

Durante la década de los noventa y el comienzo de este milenio se ha ido revelando un nuevo conjunto de ideas y hechos científicos acerca del cerebro femenino. Tales verdades biológicas han constituido un vigoroso estímulo para la reconsideración del contrato social femenino. Al escribir este libro me he enfrentado con dos voces en mi cabeza: una es la verdad científica; la otra, la corrección política. He optado por subrayar la verdad científica por encima de la corrección política, aun cuando las verdades científicas no sean siempre bien acogidas.

He tratado a miles de mujeres durante los años que lleva en funcionamiento mi clínica. Me han explicado los detalles más íntimos de su infancia, adolescencia, decisiones profesionales, elección de pareja, sexo, maternidad y menopausia. Mientras los circuitos del cerebro femenino no han cambiado mucho en un millón de años, los retos modernos de las diversas fases de la vida femenina son notablemente distintos de los que conocieron nuestras antepasadas.

Aun cuando hoy día existen demostradas diferencias científicas entre los cerebros masculinos y femeninos, la nuestra es en muchos sentidos como una Edad de Oro de Pericles para las mujeres. La época de Aristóteles, Sócrates y Platón fue la primera en la historia de Occidente en que los hombres ganaron recursos suficientes para disfrutar de ocio y dedicarlo a iniciativas intelectuales y científicas. El siglo XXI es la primera etapa de la historia en que las mujeres se encuentran en una posición similar. No sólo disponemos de un control crítico sin precedentes sobre nuestra fertilidad, sino también de medios económicos independientes en una economía en cadena. Los progresos científicos en la fertilidad femenina nos han dado un enorme abanico de opciones. Podemos escoger cuándo y cómo tener hijos —o no tenerlos— durante muchos más años de nuestra vida. Ya no dependemos económicamente de los hombres y la tecnología nos ha proporcionado flexibilidad para combinar las obligaciones profesionales y las domésticas a la vez y en el mismo lugar. Estas opciones proporcionan a la mujer el don de emplear su cerebro femenino para crear un nuevo paradigma, en lo tocante a la manera en que rigen su vida profesional, reproductiva y personal.

Vivimos en el seno de una revolución en la conciencia sobre la realidad biológica femenina, que transformará la sociedad humana. No puedo predecir la naturaleza exacta del cambio, pero sospecho que será una modificación desde las ideas simplistas hasta las ideas profundas, sobre las transformaciones que necesitamos realizar a gran escala. Si la realidad externa es la suma total de los modos en que la gente la concibe, nuestra realidad externa sólo cambiará cuando el punto de vista predominante se modifique. La realidad femenina son los hechos científicos correspondientes a cómo funciona el cerebro femenino; cómo percibe la realidad, responde a emociones, lee las emociones de los demás, provee y cuida a otros. Desde una perspectiva científica, cada vez está más clara la necesidad de las mujeres en cuanto a desarrollar sus funciones a pleno potencial y a usar los talentos innatos de su cerebro. Las mujeres cuentan con un imperativo biológico para insistir en que un nuevo contrato social las tenga en cuenta a ellas y a sus necesidades. Nuestro futuro y el de nuestros niños y niñas dependen de ello.

Apéndice 1

El cerebro femenino y la terapia hormonal

En 2002 los estudios de la Women's Health Initiative (WHI) y de la Women's Health Initiative Memory Study (WHIMS) establecieron que las mujeres que seguían terapia con un tipo específico de hormonas durante seis años, empezando a los sesenta y cuatro o más, experimentaban un ligero incremento en el riesgo de cáncer de mama, apoplejía y demencia. Desde entonces la terapia hormonal femenina (TH) ha sido cada vez más confusa. Los médicos se han ido retractando en masa de lo que les habían dicho a sus pacientes acerca de la terapia hormonal, y tanto ellos como las mujeres sorprendidas en pleno tratamiento se han sentido traicionados.[1]

La cuestión principal consiste en si tomar o no hormonas durante o después de la menopausia. Las mujeres quieren saber si los beneficios superan los riesgos personales de cada una. Dado que en el estudio de la WHI la mujer promedia tenía sesenta y cuatro años y no había recibido hormonas en los trece años posteriores a la menopausia, ¿corresponderán los resultados del estudio a, digamos, una mujer de cincuenta y un años que está pasando de mala manera la menopausia? ¿O corresponderán a una mujer de sesenta y pico, que ha seguido y dejado la terapia hormonal?[2] Las mujeres preguntan: ¿podrá adaptarse mi cerebro a la carencia de estrógeno? ¿Quedarán indefensas mis células cerebrales si no sigo la terapia hormonal?

Dado que el estudio de la WHI no estaba concebido para resolver interrogantes acerca de la terapia hormonal y la protección del cerebro femenino, debemos considerar otros que han examinado directamente los efectos del estrógeno en el cerebro.

El efecto del estrógeno sobre las células y el funcionamiento del cerebro se ha estudiado ampliamente en roedores y primates hembra en los laboratorios.[3] Dichos estudios han demostrado a las claras que el estrógeno promueve la supervivencia, el crecimiento y la regeneración de las células cerebrales. Otros estudios que se han llevado a cabo en mujeres indican numerosos beneficios del estrógeno para el crecimiento de las neuronas y el mantenimiento de la función cerebral a medida que envejecemos.[4] Dichos estudios repasaron los cerebros de mujeres posmenopáusicas, algunas de las cuales seguían la TH y otras, no. En las mujeres que seguían la TH se evitó el deterioro habitual relacionado con la edad en las siguientes áreas: el córtex prefrontal (área de la toma de decisiones y del juicio); el córtex parietal (área de los procesos verbales y las aptitudes de escucha), y el lóbulo temporal (área de parte del proceso emocional).[5] Partiendo de esos estudios positivos, muchos hombres de ciencia creen hoy por hoy que la TH debe considerarse un método de protección contra el deterioro cerebral relacionado con la edad, aun cuando esta creencia choque con los hallazgos de la WHI y la WHIMS.[6]

Es importante observar que no existe un estudio a largo plazo de los efectos cerebrales de la terapia de estrógeno en mujeres que empiezan a tomar hormonas en el momento de la menopausia, alrededor de los cincuenta y un años. Fred Naftolin y sus colegas de Yale diseñaron el Kronos Early Estrogen Prevention Study (KEEPS), que arrancó en 2005, para investigar los efectos de la TH en mujeres de cuarenta y dos a cincuenta y ocho años, precisamente en la perimenopausia y menopausia. Se esperan resultados en algún momento posterior a 2010.[7] Hasta entonces, ¿en qué información que no sea la de la WHI y la WHIMS podemos apoyarnos para adoptar decisiones?

Por el lado positivo, el Baltimore Longitudinal Study of Aging —el más prolongado estudio científico del envejecimiento humano en Estados Unidos—, que se puso en marcha en 1958, encontró numerosos beneficios cerebrales en la TH. Dicho estudio demuestra que las mujeres que siguen una terapia hormonal cuentan con un flujo sanguíneo relativamente mayor en el hipocampo y otras áreas cerebrales, relacionadas con la memoria verbal.[8] Se desenvuelven también mejor en tests de memoria verbal y visual que las mujeres que nunca han sido tratadas con TH. La terapia hormonal —con o sin progesterona— ayuda asimismo a proteger la integridad estructural del tejido cerebral previniendo el habitual encogimiento que acompaña a la edad.[9]

Ciertas regiones cerebrales envejecen más deprisa o más despacio en los varones y otras en las hembras, igual que se desarrollan con diferentes ritmos al comienzo de la vida. Ya sabemos que los cerebros de los hombres se encogen más deprisa con la edad que los de las mujeres.[10] Tal punto es especialmente cierto en regiones como el hipocampo, la materia blanca prefrontal que acelera la toma de decisiones, y el giro fusiforme, área implicada en el reconocimiento facial.[11] Los investigadores de la Universidad de California, en Los Ángeles, descubrieron también que las mujeres posmenopáusicas que seguían una terapia de estrógeno estaban menos deprimidas y malhumoradas, desarrollaban mejor los tests de fluidez verbal, auditiva y de memoria operativa que las que no tomaban estrógeno; también comprobaron que superaban a los hombres.[12] Por el contrario, investigadores de la Universidad de Illinois descubrieron que las mujeres que no habían seguido nunca la TH mostraban un deterioro significativamente mayor en todas las áreas cerebrales, comparado con las mujeres que sí la seguían.[13] Descubrieron asimismo que, cuanto más tiempo seguían la TH, tanta más materia gris o volumen de células cerebrales tenían, en comparación con aquellas que no la seguían. Estos efectos positivos apoyaron e incluso aumentaron el tiempo en que una mujer seguía la TH.

Sin duda, cada mujer es un individuo singular y su cerebro es completamente diferente no sólo del de un hombre, sino del de otras mujeres.[14] Esta diferencia dificulta los estudios de comparación cerebral entre individuos. Una manera de soslayar dicha dificultad consiste en examinar gemelas idénticas. Un estudio sueco consideró pares de gemelas posmenopáusicas, de sesenta y cinco a ochenta y cuatro años, entre las cuales una de ellas había seguido durante muchos años la TH, mientras que la otra no. Las primeras daban mejores resultados en los tests de fluidez verbal y memoria operativa que sus hermanas gemelas. Las gemelas de la TH, en realidad, mostraban un 40 % menos de dificultad cognitiva, al margen del tipo y momento del tratamiento hormonal.[15]

Barbara Sherwin, de Canadá, ha estudiado durante más de veinticinco años los efectos del estrógeno en los cerebros de mujeres posmenopáusicas o que habían pasado por una histerectomía. Según su investigación, el tratamiento de estrógeno mostraba efectos protectores de la memoria verbal en mujeres sanas, de cuarenta y cinco años, quirúrgicamente menopáusicas, a quienes se había administrado estrógeno justo después de la operación. De todos modos, no se encontró efecto alguno cuando el estrógeno fue administrado a mujeres mayores, años después de la menopausia quirúrgica. Tales hallazgos sugieren que existe una época crítica para iniciar la terapia de estrógeno después de la menopausia.[16] Sherwin cree que dichos factores pueden explicar por qué en los estudios de la WHIMS no se encontró ningún efecto protector de la TH sobre el envejecimiento cognitivo.

Dichos estudios recientes sobre los efectos conservadores del cerebro propios de la TH y los resultados contradictorios de la WHI y la WHIMS destacan algunas de las actuales controversias que rodean a la terapia hormonal posmenopáusica y su relación con el cerebro femenino.

PREGUNTAS FRECUENTES

¿Qué ocurre en mi cerebro cuando alcanzo la menopausia?

La menopausia en sí sólo dura técnicamente veinticuatro horas, el día en que se cumplen doce meses después de tu último período. El día siguiente a éste empieza la llamada posmenopausia. Los doce meses precedentes a aquel único día de menopausia componen los últimos meses de la llamada perimenopausia. Entre los cuarenta y los cuarenta y cinco años el cerebro femenino empieza la fase inicial de la perimenopausia, entre dos y nueve años antes del día de la menopausia.[17] En esta etapa el cerebro comienza por alguna razón a mostrarse menos sensible ante el estrógeno.[18] El diálogo programado con precisión entre los ovarios y el cerebro empieza a desbaratarse. Se avería el reloj biológico que controla el ciclo menstrual. Tal diferencia en la sensibilidad ocasiona un cambio de los tiempos del ciclo menstrual y los períodos empiezan a llegar un día o dos antes. También puede causar cambios en el flujo menstrual. A medida que el cerebro deviene menos sensible al estrógeno, los ovarios pueden intentar compensarlo durante algunos meses produciendo incluso más estrógeno, causando un flujo menstrual más copioso. Esta disminución de la sensibilidad al estrógeno en el cerebro puede disparar una cascada de síntomas que varían de mes a mes y de año a año, incluyendo desde sofocos y dolor articular hasta ansiedad, depresión y niveles cambiantes de libido.

La depresión es un problema sorprendentemente extendido en la perimenopausia. Investigadores del National Institute for Mental Health encontraron que las mujeres perimenopáusicas sufren un riesgo de depresión catorce veces mayor que la media. Dicho riesgo es especialmente alto durante la perimenopausia final, los dos años previos al término de la menstruación.[19] ¿Por qué ocurre tal cosa? En el período máximo de cambio de estrógeno, las sustancias neuroquímicas y las células cerebrales que hasta entonces se apoyaban en el estrógeno —por ejemplo, las células de serotonina— se ven alteradas.[20] Si es leve, esta depresión perimenopáusica puede tratarse a veces sólo con terapia de estrógeno.[21] Como resultado, la transición a lo largo de la perimenopausia puede constituir una época vulnerable ante los altibajos anímicos y la irritabilidad, por efecto de los cambios cerebrales en el estrógeno y la sensibilidad al estrés.[22] La depresión puede aparecer de repente incluso en mujeres que no la hayan experimentado nunca.

Si no se ha sufrido ninguna tragedia en la vida real, la falta de alegría de vivir quizá venga ocasionada por un bajo nivel de estrógeno en el cerebro, lo cual reduce las sustancias neuroquímicas que levantan el ánimo, como la serotonina, la norepinefrina y la dopamina.[23] La escasez de estrógeno puede provocar irritabilidad, falta de concentración mental y fatiga, que se ven agravadas por la falta de sueño. Para muchas mujeres perimenopáusicas, el sueño es un problema primordial, junto con los sofocos o sin ellos.[24] Resulta imposible estar bien sin el sueño adecuado y esto es especialmente cierto cuando se tienen más de cuarenta años.[25] El sueño constituye un tratamiento esencial de renovación para el cerebro. Por desgracia, los cambios erráticos de estrógeno durante la perimenopausia pueden perturbar el reloj del sueño en el cerebro femenino. Si no duermes bien durante varios días, será difícil que te concentres, puedes volverte más impulsiva e irritable de lo habitual y decir cosas que luego desearías no haber dicho. De modo que es un buen momento para morderse la lengua y salvaguardar las relaciones. Según mi experiencia, todos los síntomas de la perimenopausia pueden tratarse por norma con una combinación de estrógeno, antidepresivos, ejercicio, dieta, sueño y una terapia cognitiva o de apoyo.

En cuanto una mujer pasa oficialmente la menopausia, su cerebro comienza a adaptarse al bajo nivel de estrógeno. Para muchas mujeres empiezan a amainar los síntomas rupturistas de la perimenopausia aun cuando, por desgracia, cierto porcentaje de mujeres lo sufren durante cinco años o más. Algunas mujeres experimentan fatiga, cambios de humor, sueño interrumpido, «nebulosa mental» y alteraciones de la memoria. Más del 15 % continúan teniendo sofocos durante diez años o más después de la menopausia.[26] Tres mujeres posmenopáusicas de cada diez padecen etapas de mal humor y depresión; ocho de cada diez experimentan fatiga. (Todas las mujeres con fatiga deberían hacerse examinar la tiroides.) Algunos estudios, pero no todos, descubrieron que las funciones cognitivas relacionadas con la edad —tales como la memoria a corto plazo— decaen más rápidamente en los primeros cinco años posteriores a la menopausia.[27]

En la mayoría de los casos, el cerebro femenino se aclimata a niveles más bajos de estrógeno a medida que los ovarios dejan de funcionar. Sin embargo, en caso de que una mujer premenopáusica se someta a una operación para extirparle el útero y los ovarios, se sumergirá en la menopausia sin transición. La súbita pérdida de estrógeno, así como de testosterona, dispara síntomas en los que se incluyen la baja energía, la baja autoestima y la reducción de la libido; así como también el mal humor, los cambios en el sueño y los sofocos. La mayoría de las mujeres que sufren histerectomías totales pueden evitar dichos problemas si comienzan una terapia sustitutiva de estrógeno en la sala de recuperación o, incluso, antes de entrar en quirófano.[28] El tratamiento temprano con estrógeno puede ser especialmente importante para proteger la función de la memoria en la poshisterectomía, como han sugerido los estudios de Barbara Sherwin.

¿Debería tomar hormonas para el cerebro? Y, si lo hago, ¿qué puedo hacer para reducir el riesgo de apoplejía y de cáncer de mama?

La mayoría de los médicos creen que cada mujer debería guiarse por sus propios síntomas en la menopausia o perimenopausia. A muchas mujeres la TH, especialmente con estrógeno continuado, las ayuda a estabilizar el humor y mejorar la concentración mental y la memoria. Numerosas mujeres dicen que la terapia de estrógeno les devuelve la agudeza mental y las hace sentirse de nuevo atractivas.[29] Otras dan cuenta de efectos secundarios desagradables, tales como hemorragia menstrual, calambres, flojedad de senos y aumento de peso, efectos que pueden llevarlas a interrumpir la terapia.

¿Cuál es, pues, el mejor consejo sobre la TH hoy? La FDA —Administración de Alimentos y Medicamentos, agencia estatal estadounidense— recomienda que las mujeres con síntomas de menopausia tomen la menor dosis de hormonas posible durante el menor tiempo posible, puesto que los científicos consideran que las dosis más reducidas son probablemente más seguras. La postura que sostiene el comité ejecutivo de la IMS —la Sociedad Internacional de Menopausia— recomienda que los médicos no cambien sus prácticas previas a la hora de recetar terapia hormonal a mujeres en la menopausia, o suspender la TH a ninguna mujer a quien le siente bien, porque ni la WHI ni la WHIMS han estudiado a mujeres durante la transición menopáusica.[30] Algunos científicos norteamericanos, como Fred Naftolin, de Yale, están preocupados porque los médicos niegan a las mujeres la posibilidad de tomar estrógeno de manera preventiva, antes de que sea demasiado tarde. Según afirma:

> De este modo [...] tales síntomas menopáusicos advierten la deficiencia de estrógeno que nos alerta sobre la necesidad de ensayar la idea de prevenir mediante un oportuno tratamiento de estrógeno. Hemos de reconsiderar la actual postura norteamericana sobre la prevención de las complicaciones menopáusicas provocadas por el estrógeno y proporcionar así a las mujeres el [tratamiento y] el rigor científico que merecen.[31]

Ciertos estudios indican que si han transcurrido más de seis años desde la menopausia, has perdido tu margen de prevención y no deberías empezar la TH.[32] En definitiva, toda mujer necesita comentar los riesgos y las ventajas personales con un médico especializado en terapias hormonales. Rogerio Lobo, con tres décadas de experiencia en TH, declara que «el uso apropiado de hormonas alivia considerablemente la preocupación por el aumento de peligro de dolencias cardiovasculares (CV) y cáncer de mama. El uso adecuado de las hormonas es oportuno para tratar a mujeres jóvenes y sanas que tengan síntomas menopáusicos, así como es oportuno emplear pequeñas dosis de hormonas y cambiar a la terapia exclusiva de estrógeno siempre que sea posible».[33]

Si estás sufriendo síntomas que alteran tu calidad de vida, puedes considerar unos pocos años de hormonas para dar facilidades a tu cerebro durante esta transición.

No se trata de un problema moral ni tampoco serás una persona débil si figuras en el amplio grupo de mujeres que necesitan apoyo farmacológico para mantener lo mejor de su personalidad durante la transición hormonal. Y no pienses que tomas hoy una decisión que te someterá a un tratamiento especial durante los próximos cuarenta años. Tú decides si deseas continuar o no la TH una vez superada la transición menopáusica. Gracias a numerosos descubrimientos, hoy en día se dispone de productos científicos nuevos; la industria farmacéutica compite en la carrera para desarrollar productos similares al estrógeno, que ayuden al cerebro y los huesos sin que conlleven peligro para los senos, el corazón, el útero y el aparato cardiovascular femenino.[34] Existen también muchos medicamentos y tratamientos no hormonales alternativos, que pueden ser muy eficaces, tales como el ejercicio, los IRSS, la soja, una dieta de proteínas elevadas y bajas calorías, los complejos de vitaminas E y B, la acupuntura, la reducción del estrés y la práctica de la meditación.[35] Lo inteligente es mantenerse informada y reevaluar tu decisión cada doce meses.

Si decides seguir la TH, debes estar preparada para un período de ensayo y error. Las reacciones varían en gran medida y por eso tendrás que experimentar diversos tratamientos en tu propio cuerpo. Algunos médicos de TH prefieren empezar con hormonas bioidénticas, que son las más parecidas a las que producen tus ovarios. Si por alguna razón no te ayudan a encontrarte mejor, deberás estudiar otros tipos de hormonas; algunas mujeres se sienten mejor con hormonas sintéticas, el uso de parches, pastillas, geles, inyecciones o pellets.[36] Si sigues sin sentirte bien o al menos mejor, no te rindas. Consulta a tu médico acerca de alternativas o aditivos a las hormonas para tratar tus síntomas durante el año o dos años siguientes, incluida la prescripción de medicamentos de serotonina tales como Effexor, Zoloft o Prozac, tratamientos de hierbas o terapias de ejercicios y relajación.[37] El hecho es que tú conoces tu cuerpo mejor que nadie; deja que tus síntomas te guíen. Sobre todo, dado que no dejan de aparecer nuevas investigaciones, proponte comentar con tu médico cualquier tratamiento que estés siguiendo una vez al año. Es una idea acertada pedir hora alrededor de tu cumpleaños, para que no te olvides.

Una de las razones principales por las que los científicos creen que las mujeres de la WHI y la WHIMS que siguieron terapia hormonal sufrieron más apoplejías, demencia y ataques de corazón, era que llevar estrógeno a vasos sanguíneos bloqueados y envejecidos complicaba la situación de dichos vasos del corazón y el cerebro, en particular porque muchas de esas mujeres eran fumadoras. Si decides seguir la terapia hormonal, mantén la tensión baja, no fumes y procúrate por lo menos sesenta minutos semanales de ejercicio cardiovascular que aumente las pulsaciones; mantén bajo el colesterol, come todas las verduras que puedas, toma vitaminas, disminuye el estrés y aumenta tu apoyo social.

El aumento de peso y el mal funcionamiento del cerebro constituyen, en realidad, la mayor preocupación que las mujeres expresan a propósito de la terapia hormonal y la principal razón que ofrecen en todo el mundo para suspender el tratamiento. El hipotálamo controla nuestro apetito. Dado que muchos de los cambios acaecidos durante la menopausia ocurren en esta área del cerebro, algunos científicos han supuesto que las células controladoras del apetito se ven afectadas de modo adverso por la disminución del estrógeno. Para comprobar si era la TH lo que causaba el aumento de peso, investigadores noruegos estudiaron a diez mil mujeres de cuarenta y cinco a sesenta y cinco años, que seguían o no seguían terapia hormonal. Sus resultados mostraron que el aumento de peso no guarda relación con dicha terapia. Por el contrario, descubrieron que la causa del aumento de peso son los cambios en la dieta y en la actividad física; y ambos tienen que ver con los cambios en el hipotálamo durante la menopausia.[38]

NOTA SOBRE LA TERAPIA HORMONAL: ESTRÓGENO CON O SIN PROGESTERONA

Es importante observar que la terapia sólo con estrógeno, sin progesterona, resulta apropiada únicamente para mujeres posmenopáusicas que hayan sufrido histerectomías. No es la misma que la terapia hormonal sustitutiva (TH) con progesterona, que se prescribe para las mujeres que tienen intacto el útero. Existe una importante diferencia: la TH con progesterona impide que el estrógeno forme el revestimiento en el tejido uterino y posiblemente produzca células cancerosas. La progesterona puede tomarse en forma de pastillas, combinada con el estrógeno o por un dispositivo intrauterino con progesterona o gel vaginal. Aun así, la progesterona parece contrarrestar algunos efectos positivos del estrógeno en el cerebro femenino. Igual que la progesterona contrarresta el crecimiento de células no deseadas en el útero, también parece oponerse en parte al crecimiento de nuevas conexiones cerebrales. Como resultado, son tema de controversia los beneficios cerebrales de la TH con progesterona. Si una mujer puede tomar sólo estrógeno porque no tiene útero, podrá obtener los beneficios de aquél, con el que siempre contaba en el mejor momento de su ciclo menstrual, pero sin la progesterona que causa el SPM. Algunas mujeres que no toleran la progesterona, pero siguen teniendo útero, pueden procurarse limpiezas anuales del tejido uterino mediante un procedimiento llamado dilatación y legrado o ablación endometrial. También es posible aplicar ultrasonidos anuales en el tejido uterino para asegurarse de que no está creciendo. Las mujeres que toman dosis mínimas de TH con estrógeno no suelen necesitar tomar progesterona aunque conserven el útero.

Hasta muchos años después de la menopausia, los procesos naturales del envejecimiento no empiezan a afectar el funcionamiento del cerebro femenino. A los cincuenta años comienza algún deterioro de la memoria, pero en general no es molesto. La terapia hormonal puede ayudar o no a ralentizarlo.[39] Muchos de esos procesos de envejecimiento implican una disminución del riego sanguíneo y una crisis en la aptitud del cuerpo para reparar los daños. Ahora se sabe que el estrógeno conserva sanos los vasos sanguíneos del cerebro. Investigadores de la Universidad de California, en Irvine, descubrieron que el estrógeno actuaba así mediante el aumento de la eficiencia mitocondrial de los vasos sanguíneos cerebrales, lo que acaso explica por qué las mujeres premenopáusicas tienen un riesgo menor de apoplejía que los varones de su misma edad.[40] La investigación desarrollada en el Children's Hospital de Pittsburgh, Pensilvania, demostró también una diferencia sexual en la forma en que las células cerebrales mueren después de una lesión. Tras una lesión cerebral los niveles de glutatión —molécula que ayuda a sobrevivir a las células cerebrales después de la privación de oxígeno— permanecen estables en las mujeres, aunque en el caso de los varones, estos niveles decaen hasta el 80 %, provocando mayor número de muertes de células cerebrales.[41] Es posible que las células de los cerebros masculino y femenino mueran de diferente forma, según pautas y rutas biológicas establecidas, específicas de los sexos, que pueden relacionarse con el hecho de que las mujeres vivan más que los hombres.[42]

Aparecen también diferencias en los sexos en otros procesos de envejecimiento. Se diría que el estrógeno y la progesterona, por ejemplo, ayudan a reparar y mantener los cables de conexión entre las áreas del cerebro.[43] A medida que nuestros cerebros envejecen y nuestros cuerpos dejan de reparar tales conexiones, perdemos materia blanca y nuestros cerebros procesan y transmiten la información más lentamente, o no la transmiten en absoluto.[44] De ello resulta que algunas señales se presentan más débiles, cambiando los rumbos, normas y velocidad en nuestros cerebros seniles.

Un proceso que a menudo se ralentiza de forma notable es la función de la memoria. El hecho es frecuente en el cerebro de las personas mayores, aunque no se dé ninguna enfermedad específica ni demencia. La enfermedad de Alzheimer pertenece al grupo de enfermedades de demencia que destruyen poco a poco las células cerebrales y debilitan el funcionamiento mental. El alzhéimer crea placas adhesivas en el cerebro que disminuyen la aptitud de sus células para comunicarse unas con otras y, al final, las matan. Aun cuando los varones tienden a ser más vulnerables a la pérdida de memoria relacionada con la edad que las mujeres, resulta que las mujeres posmenopáusicas tienen tres veces más peligro que los hombres de desarrollar la enfermedad de Alzheimer.[45] Los científicos aún no comprenden esta diferencia de sexo, pero sospechan que puede relacionarse con que los cerebros de los varones ancianos tienen más testosterona y estrógeno que los de las mujeres posmenopáusicas que no siguen la TH. Estudios meticulosos de los cerebros en un modelo animal de alzhéimer han mostrado niveles deficientes de estrógeno.[46] De todos modos, sigue siendo un misterio por qué las mujeres son más susceptibles a esta enfermedad, aun teniendo en cuenta el hecho de que, por término medio, viven más tiempo.

Los estudios indican que comenzar pronto en la menopausia la terapia sustitutiva de estrógeno, cuando las neuronas están todavía sanas, reduce el riesgo de la enfermedad de Alzheimer. Sin embargo, la terapia de estrógeno no ofrece ningún beneficio si se inicia después de haberse desarrollado la enfermedad, o décadas después de la menopausia.[47] Los resultados que arrojan los experimentos con animales y los estudios en humanos sugieren también que la terapia de estrógeno puede demorar los síntomas de demencia y envejecimiento cerebral en las hembras. La idea de que la terapia de estrógeno puede ayudar a prevenir algunos casos de alzhéimer en las mujeres es atrayente, pero está por comprobar.

Para las mujeres —incluso para las que han pasado la menopausia— conservar las conexiones y apoyos sociales es una manera importante de reducir los agobios propios de vivir solas y hacerse mayores. Las mujeres responden al estrés de modo diferente a los hombres[48] y sacan más beneficio del apoyo social.

Numerosas actividades pueden contrarrestar los efectos del envejecimiento en el cerebro. Investigadores de la Universidad Johns Hopkins descubrieron que mujeres y hombres de más de sesenta y cinco años que desarrollaban amplia variedad de actividades, sufrían tasas de demencia mínimas. El ejercicio físico —como andar o pasear en bicicleta— ayudaba; pero también lo hacía el ejercicio mental como jugar a las cartas.[49] A medida que nuestros cuerpos envejecen, es importante permanecer activos en muchos niveles, y la clave quizá esté en la diversidad y no en la intensidad.

HACER FRENTE A OTRA PÉRDIDA CEREBRAL: LA MENGUA DE TESTOSTERONA

Por desgracia, la pérdida de estrógeno no es la única merma cerebral para las mujeres en época de menopausia. A los cincuenta años muchas mujeres han perdido hasta el 70 % de su testosterona.[50] Tal cosa no ocurre sólo porque los ovarios dejen de producir tanta cantidad en la menopausia, sino también porque las glándulas adrenales que proporcionan el 70 % de los andrógenos y la testosterona de una mujer —como la prehormona llamada DHEA— durante sus años de fertilidad, han disminuido mucho la producción, causando un cambio hormonal llamado adrenopausia.[51] Después de la menopausia, las glándulas adrenales, incluso con su producción disminuida, proporcionan más del 90 % de los andrógenos y la testosterona de una mujer. En realidad, tanto ellos como ellas sufren la pérdida de la testosterona y el andrógeno de las glándulas adrenales a medida que algunas de las células adrenales empiezan a morir alrededor de los cuarenta años. A los cincuenta, los hombres han perdido la mitad de la testosterona adrenal y el 60 % de la producida por los testículos cuando eran jóvenes.[52] Los impulsos sexuales de los hombres, por ende, decaen a menudo en esos años. Dado que la testosterona es necesaria para estimular el interés sexual en el cerebro, la caída de la misma después de la menopausia puede hacer que las mujeres tengan poco o ningún interés por el sexo. Durante la mayor parte de su edad adulta los varones producen de diez a cien veces más testosterona que las mujeres. Sus niveles van de 300 a 1.000 picogramos por mililitro, comparados con niveles de entre veinte y setenta en las mujeres.[53] Aun cuando la testosterona de los varones descienda un 3 % anual por término medio, desde su punto más alto a los veinticinco años, por lo habitual sigue estando a bastante más de 350 en la mediana edad y más allá. Y 300 picogramos por mililitro es todo lo que los hombres necesitan para mantener el interés sexual.[54] Hace falta mucha menos testosterona para despertar las apetencias sexuales de una mujer, pero necesitará un mínimo para poner en marcha el centro cerebral relativo al sexo. El máximo de la testosterona juvenil de la mujer se da a los diecinueve años y, hacia los cuarenta y cinco o cincuenta, los niveles femeninos han descendido hasta el 70 %, dejando a muchas mujeres con niveles de testosterona muy bajos.[55] En estos casos, cual vehículo sin gasolina, el centro del sexo en el hipotálamo no tiene el combustible químico que necesita para encender el deseo sexual y la sensibilidad genital. Los mecanismos físicos y mentales de la excitación sexual se detienen.

Las quejas sobre el interés y actividad sexuales de las mujeres son extremadamente comunes a todas las edades. Cuatro de cada diez norteamericanas —casi la mitad— están descontentas con algunos aspectos de su vida sexual y, entre los cuarenta y los cincuenta años, esta cifra aumenta hasta seis sobre diez.[56] Algunas de las quejas más extendidas entre las mujeres, durante y después de la perimenopausia, son la disminución del interés y la excitación sexuales, la dificultad para alcanzar el orgasmo, orgasmos más débiles y aversión al contacto físico o sexual. Millones de mujeres ven cómo su impulso sexual desaparece de repente; los investigadores han encontrado modalidades sorprendentemente similares del proceso por todo el mundo.[57] Las razones biológicas para este declive son los profundos cambios hormonales del cerebro. Están acabando los brotes de estrógeno, progesterona y testosterona procedentes de los ovarios, que anteriormente inundaban el cerebro. La producción de andrógeno y testosterona de las glándulas adrenales y los ovarios que surgió alrededor de la pubertad, y permaneció con un nivel alto en la mujer de veinte y treinta años, desciende alrededor del 2 % anual hasta que a los setenta u ochenta tenemos sólo el 5 % de lo que teníamos a los veinte años.[58] La libido en las mujeres disminuye con la edad a partir de la tercera década de la vida y es más notable si se les han extirpado los ovarios.[59]

Las relaciones sexuales y el interés por el sexo en las mujeres empiezan a declinar en la cuarta y quinta décadas. La mayoría de las mujeres que tienen pareja sexual en la menopausia continúan practicando el sexo. Estudios en residencias han mostrado que la cuarta parte de las mujeres de entre setenta y noventa años siguen masturbándose. Para aquellas que han experimentado un interés sexual declinante y desean ponerlo de nuevo en marcha, puede ser útil devolver la testosterona a niveles más juveniles con geles, cremas o pastillas.[60] Sin embargo, hasta hace poco tiempo la ciencia médica no dedicaba mucha atención a la deficiencia de testosterona en las mujeres. Los médicos temían que las mujeres pudieran sufrir un exceso de esta sustancia —tradicionalmente asociada con la masculinidad— y desarrollar rasgos varoniles como vello facial, agresividad y voz grave. En gran medida por culpa de esta tendencia, hasta los últimos años casi no se ha dedicado atención a los efectos reales y perturbadores para las mujeres de que su testosterona sea escasa.

QUÉ HACER EN CUANTO A LAS QUEJAS SEXUALES Y CÓMO OBTENER AYUDA

Aquellas que crecieron en la cultura de las revoluciones feminista y sexual o después creen que el sexo cálido, apasionado, satisfactoriamente orgásmico es un derecho que a toda mujer le corresponde.[61] Durante las últimas dos o tres décadas el estereotipo de la mujer fácilmente excitable, entusiásticamente sexual e incluso conquistadora ha sustituido la imagen más tradicional de la mujer madura a quien hay que seducir o que necesita desinhibirse a base de alcohol. Pero esa nueva mujer es una ficción, igual que lo era su recatada predecesora. Por desgracia, lo cierto es que al comienzo de la menopausia muchas mujeres descubren que el buen sexo no sólo es difícil de encontrar sino también físicamente desafiante, imposible o poco atractivo. De pronto podemos vernos pugnando con un impulso sexual bajo o inexistente, con problemas de excitación o con la incapacidad de alcanzar el orgasmo, cambios físicos que pueden ser sorprendentes y decepcionantes, por decirlo de la manera más suave.

En mi clínica veo a diario a mujeres con estos problemas. Mis pacientes se quejan de que les ha costado encontrar un médico que esté al tanto de la respuesta sexual femenina, de cómo ésta puede variar con las hormonas y de persona a persona, y de cómo puede cambiar de modo notable en el curso de la vida de una mujer.[62] Hasta la actualidad, la mayoría de las escuelas médicas no imparten un curso obligatorio acerca de la respuesta sexual femenina.

Incluso los ginecólogos, que se especializan en partes del cuerpo por debajo de la cintura, cuentan con pocas respuestas para mujeres con problemas sexuales y a menudo no hallan motivos físicos de sus síntomas. Como resultado tienden a despachar esos problemas simplemente como «parte del hecho de hacerse mayor», ignorando la carga que pueden suponer para las relaciones de las mujeres y su calidad de vida. Los psiquiatras y los terapeutas de parejas pueden estar asimismo mal pertrechados para ofrecer ayuda. Tienden a afrontar el problema como si estuviera situado por entero en la cabeza, como resultado del estrés en las relaciones o de problemas que vienen de lejos con las relaciones íntimas. Una respuesta clásica a estas cuestiones ha sido el psicoanálisis, que coloca a una mujer en el diván, entre siete y diez años, para llegar a las raíces de su anormal «frigidez» o de su «resistencia» psicológica al sexo.[63] Este planteamiento está mal enfocado en esencia, sobre todo porque la razón de tales sentimientos en cierta etapa de la vida no es un conflicto psicológico, sino una respuesta normal de carácter biológico y psicológico a los cambios hormonales.

La terapia sustitutiva de la testosterona constituye una llave para restaurar la libido femenina. Los investigadores descubrieron su eficacia hace décadas, pero la ciencia médica de Estados Unidos ha ignorado ampliamente u olvidado tal información. Hace cuarenta años, hacia los años setenta, los médicos de la Universidad de

Chicago administraron experimentalmente grandes cantidades de testosterona a pacientes que sufrían cáncer de mama. Su idea era que la hormona bajaría los niveles de estrógeno de las mujeres, que puede producir cáncer. No ocurrió así, pero las interesadas experimentaron un enorme aumento de sus libidos y capacidad orgásmica. Barbara Sherwin advirtió el mismo efecto en los años ochenta, en la Universidad McGill: Sherwin sustituyó la testosterona en mujeres a quienes se habían extirpado los ovarios. Aquellas que no recibieron la hormona dieron cuenta de agudos declives en sus libidos; las que recibieron el tratamiento informaron de que su interés sexual no tardó en reaparecer.[64]

Por último, hay estudios que empiezan a mirar por encima de la ingle al tratar de terapias para la disfunción sexual de las mujeres, señalando los centros del cerebro femenino vinculados con el placer y el deseo. El tratamiento exitoso —la sustitución de la testosterona— está ganando, por fin, aceptación. En años recientes los suplementos de testosterona han constituido un tratamiento a la orden del día entre los hombres. En cambio, hasta hace poco no han empezado los médicos a recetar geles, parches ni cremas de testosterona para ellas.[65] Yo llevo desde 1994 recetando sustitutivos de testosterona para mujeres y, en su mayoría, los resultados han sido positivos.

Cuando las mujeres se quejan de su baja libido, la terapia sustitutiva de testosterona les devuelve a menudo el interés sexual anterior.[66] Ya sabemos que al recetar testosterona podemos aumentar la apetencia de una mujer por masturbarse, abreviar el tiempo previo al orgasmo y no incrementar necesariamente su deseo del sexo con pareja.[67] En algunas mujeres la testosterona puede mejorar en gran medida el interés sexual, pero puede que dicha hormona no sea la panacea que creímos tiempo atrás, que mejoraba el interés sexual de todas las mujeres.[68] Incluso los hombres están descubriendo que la testosterona, o el Viagra, no constituyen el recurso mágico que prometían las compañías farmacéuticas. Aun así, nadie duda de que tener un nivel de testosterona apenas medible o inexistente —en hombres y mujeres— puede ser causa de disfunción sexual.[69] Tal situación puede tratarse en ambos sexos con terapia de testosterona.[70] Las mujeres que se quejan de falta de interés sexual —tanto si son premenopáusicas como posmenopáusicas— merecen una prueba de testosterona, tal como la que la mayoría de médicos recetarían a un varón.

Además de sus efectos en el centro sexual del cerebro, la testosterona promueve la agudeza mental, así como el crecimiento de músculos y huesos. Por el lado de los inconvenientes, puede contribuir a la pérdida de cabello, el acné, el olor corporal, el crecimiento del vello facial y una voz más ronca. Aun así, los efectos de la testosterona en el cerebro —aumento de la concentración mental, mejor humor, más energía e interés sexual— bastan para que muchos hombres y mujeres que la toman digan que están dispuestos a aceptar los efectos adversos.[71]

Apéndice 2

El cerebro femenino y la depresión posparto

Uno de cada diez cerebros femeninos sufrirá depresión a lo largo del primer año después de haber dado a luz. Por alguna razón, este 10 % de mujeres tiene cerebros que no se reequilibran por entero tras los enormes cambios hormonales que siguen al parto. Los cambios psiquiátricos posparto pueden comprender desde melancolías de la maternidad hasta psicosis, pero el más común es la depresión posparto.[1] Según se cree, las mujeres que la padecen sufren un aumento de la susceptibilidad genética a caer en depresión por efecto de cambios hormonales. Ken Kendler, de la Universidad de la Mancomunidad de Virginia, descubrió que puede haber genes que alteran el riesgo de depresión en la respuesta de una mujer a las hormonas sexuales cíclicas, en particular en el período posparto. Dichos genes influirían en el riesgo de depresión importante en las mujeres, pero no en los varones, porque los varones no sufren cambios hormonales significativos.[2] Estos resultados sugieren que los cambios en el estrógeno y la progesterona intervienen para precipitar los síntomas propios del talante entre las mujeres con depresión posparto.[3]

Dicho 10 % de mujeres parece deprimirse después del parto por múltiples razones. Durante el embarazo el cerebro ha tenido puestos los «frenos» como respuesta al estrés; de pronto, después del parto, vuelven a soltarse. El cerebro del 90 % de las mujeres puede volver a dar una respuesta normal al estrés, pero es incapaz de hacerlo en el caso de mujeres vulnerables. El cerebro de una mujer vulnerable acaba volviéndose hiperreactivo al estrés y ella produce demasiado cortisol, la hormona del estrés.[4] Sus reflejos de sobresalto estarán en alza, se mostrará nerviosa y se ahogará en un vaso de agua. Será hipervigilante con el bebé, hiperactiva e incapaz de conciliar el sueño después de amamantar al bebé por la noche. Nerviosa, se ajetreará día y noche, como si tuviera el dedo metido en un enchufe, aunque se sienta agotada.

Los conocidos indicadores de la depresión posparto comprenden una depresión previa, la depresión durante el embarazo, la falta del adecuado apoyo emocional y un estrés agudo en el hogar.[5] Las mujeres que sufren depresión posparto también luchan con sus identidades al enfrentarse con sus nuevos cometidos como madres. Expresan sentimientos de pérdida del sentido de quiénes son como individuos. Se sienten abrumadas por la responsabilidad de tener un hijo. Han de hacer frente a la sensación de que la pareja y otros seres cercanos las abandonan porque no les brindan suficiente apoyo; también al temor irracional de que el hijo muera, y a problemas de la lactancia. A menudo se sienten «malas madres», pero nunca culpan a su hijo. La mayoría de las madres son reacias a hablar de sus sentimientos y atribuyen su talante a debilidad personal más que a una enfermedad. Se esfuerzan por mantener la igualdad con sus parejas y hacer que los padres se impliquen en el cuidado del bebé.

Con frecuencia, la transición a la maternidad va acompañada de depresión y estrés. Se trata de una vida y realidad completamente nuevas y es comprensible que la mujer se sienta zarandeada por la experiencia. Además, en menos de un año, los drásticos cambios hormonales de las madres han creado cambios cuantitativos varias veces en su realidad. Las mujeres que son vulnerables a la depresión y al estrés pueden pasar una época más difícil reequilibrándose tras estos cambios. Y si te cuesta lograr ese reequilibrio, tu vulnerabilidad ante la depresión se verá incrementada por un niño alborotado y la falta de sueño. Para algunas mujeres, estas sensaciones de estrés no llegan a su punto máximo hasta doce meses después del parto. Además, los síntomas depresivos posparto a menudo permanecen ocultos. Las mujeres se avergüenzan de ellos porque se presume que han de estar felices por el nacimiento del hijo. Por tanto, es importante comprender la complejidad del humor depresivo posparto como una lucha por reequilibrar las hormonas cerebrales, una nueva identidad, la lactancia materna, el sueño, el bebé y la pareja.[6]

Algunos científicos consideran que la lactancia materna puede proteger contra la depresión posparto en ciertas mujeres.[7] Durante la lactancia, las madres muestran respuestas neuroendocrinas y de conducta más bajas ante cierto tipo de agentes de estrés, exceptuando posiblemente aquellos que representan una amenaza para el niño. Semejante aptitud para filtrar los estímulos relevantes entre los irrelevantes puede considerarse una forma de adaptación a la dupla madre-hijo; en cambio, la incapacidad a la hora de filtrar estímulos estresantes podría estar asociada al desarrollo de la depresión posparto.[8] Constituye una buena noticia que el tratamiento esté disponible y sea efectivo. Las sustancias químicas cerebrales como la serotonina, que ayudan a apoyar el talante y el bienestar, descienden sus niveles después del parto y los cerebros de las mamás deprimidas muestran un déficit de las mismas. La medicación y las hormonas pueden ayudar a que sus cerebros vuelvan a la normalidad. El consenso entre los expertos en la depresión posparto recomienda —para las mujeres con síntomas graves— una medicación antidepresiva combinada con otras modalidades de tratamiento, como la terapia de apoyo verbal.[9]

Apéndice 3

El cerebro femenino y la orientación sexual

¿Cómo se implanta la orientación sexual en el cerebro femenino? En el cerebro femenino existen muchas variantes que derivan en habilidades y conductas individuales. Las variaciones genéticas y las hormonas presentes en nuestro cerebro durante el desarrollo fetal constituyen la base del cerebro femenino. Más tarde, las experiencias de la vida actúan en los circuitos de nuestro particular cerebro femenino para reforzar las diferencias individuales. Una variación que aparece con frecuencia en las mujeres es la atracción romántica por el mismo sexo. Se estima que tal cosa sucede entre el 5 y el 10 % de la población femenina.[1]

El cerebro femenino tiene la mitad de probabilidades de contar con circuitos de atracción por el mismo sexo que el cerebro masculino. En consecuencia, los hombres tienen el doble de probabilidades que las mujeres de ser gais. Biológicamente se cree que las variaciones genéticas y la exposición hormonal, tanto en el cerebro masculino como el femenino, conducen a la atracción por el mismo sexo, pero los orígenes parecen diferentes en mujeres y hombres.[2] La mayor parte de los estudios cerebrales han versado sobre la diferencia entre varones homosexuales y heterosexuales. Hasta hace poco no han empezado a aparecer estudios sobre las mujeres. La orientación sexual femenina abarca un espectro mayor que en el caso de los hombres, y ellas admiten mayores índices de interés bisexual.[3] Estudios psicosociales han demostrado que las lesbianas tienen más autoestima y mejor calidad de vida que los hombres gais. Es posible que se deba a que socialmente es más fácil ser lesbiana que gay.[4]

La orientación sexual no parece ser una cuestión de autodefinición consciente, sino de circuitos cerebrales.[5] Algunos estudios de familias y de gemelos aportan una clara demostración del componente genético en la orientación sexual tanto masculina como femenina.[6] Ya sabemos que la exposición prenatal a un entorno hormonal del sexo contrario —como la testosterona en un cerebro genéticamente femenino— lleva al sistema nervioso y los circuitos cerebrales a desarrollarse según líneas más típicamente masculinas. Este entorno prenatal hormonal tiene efectos perdurables en rasgos del carácter como los juegos agresivos y la atracción sexual.[7]

Cierto estudio evaluó la identidad de género y la orientación sexual, junto con recuerdos de conductas asignadas a roles de género en la infancia, en mujeres expuestas a elevados niveles de testosterona en el útero. Éstas recordaron una conducta más masculina en los juegos típicos infantiles que las mujeres no expuestas a la testosterona fetal.[8] Dichas mujeres afirmaron sentir más atracción por personas de su mismo sexo y tenían más probabilidades de ser lesbianas o bisexuales.

Un estudio examinó las diferencias de circuitos cerebrales indicadas por la «respuesta de sobresalto» entre lesbianas, frente a mujeres heterosexuales. Descubrieron que las lesbianas daban una respuesta de sobresalto más baja —en una franja similar a la mayoría de los hombres—, que explicaba diferencias de circuito cerebral entre mujeres homosexuales y heterosexuales.[9] Las lesbianas mostraban una respuesta auditiva menos sensible, faceta típicamente masculina.[10] Los cerebros femeninos tienden a rendir más que los masculinos en los tests de fluidez verbal; las lesbianas mostraban giros del sexo opuesto en sus tasas de fluidez verbal, que se movían en una franja intermedia entre hombres y mujeres. Las lesbianas identificadas como «hombrunas», al contrario de las identificadas como «femeninas», mostraban una franja de resultados intermedia entre varones y mujeres.[11] Las mujeres heterosexuales mostraban mejores resultados absolutos en fluidez verbal que sus homólogas lesbianas.[12] Esto indica que podemos hablar de un espectro en cuanto a las diferencias en los circuitos cerebrales femeninos. Tales hallazgos científicos indican que la formación de los circuitos del cerebro femenino en lo relativo a la orientación sexual se efectúa durante el desarrollo fetal siguiendo el diseño de los genes y hormonas sexuales de ese individuo. La conducta expresiva de sus circuitos cerebrales se verá influenciada y configurada por el entorno y la cultura.

Notas

INTRODUCCIÓN: LO QUE NOS HACE MUJERES

1. Nishida 2005; Orzhekhovskaia 2005; Prkachin 2004; véase capítulo 6, «Emoción».
2. Blehar 2003; Madden 2000; Weissman 1993.
3. Schmidt 1998; véase capítulo 2, «El cerebro de la adolescente».
4. Woolley 1996, 2002.
5. Véase capítulo 2, «El cerebro de la adolescente».
6. Shors 2006.
7. Bell 2006; Jordan 2002.
8. Tranel 2005; Jordan 2002.
9. Witelson 1995; veáse también: Knaus 2006; Plante 2006; Wager 2003.
10. Baron-Cohen 2005; Goldstein 2005; Giedd 1996.
11. Véanse capítulos 4, «Sexo» y 7, «El cerebro de la mujer madura».
12. Véase capítulo 3, «Amor y confianza».
13. Cahill 2005; Giedd 1996; Witelson 1995.
14. Campbell 2005; véase capítulo 6, «Emoción».
15. Véanse capítulos 2, «El cerebro de la adolescente»; 3, «Amor y confianza»; y 5, «El cerebro de mamá».
16. Véanse capítulos 2, «El cerebro de la adolescente»; 3, «Amor y confianza»; y 5, «El cerebro de mamá».
17. Blinkhorn 2005; Cherney 2005; Haier 2005; Jausovec 2005.
18. Summers 2005.

19. Spelke 2005.
20. Véase capítulo 2, «El cerebro de la adolescente».
21. Lawrence 2003, 2006; Babcock 2004.
22. Véase capítulo 6, «Emoción».

1. EL NACIMIENTO DEL CEREBRO FEMENINO

1. Hines 2002.
2. Arnold 2004. A partir de la octava semana, los diminutos testículos del feto masculino empiezan a liberar grandes cantidades de testosterona que inundan los circuitos cerebrales de tipo femenino y los convierten en masculinos. Al cabo de muchos meses, en el momento de nacer, el cerebro es femenino o masculino.
3. Véase capítulo 6, «Emoción».
4. Tannen 1990.
5. McClure 2000.
6. Leeb 2004.
7. Silverman 2003.
8. McClure 2000
9. Mumme 1996
10. Schirmer 2005, 2004, 2003.
11. Baron-Cohen 2005.
12. Weinberg 1999.
13. McClure 2000.
14. *Ibid.*
15. Grumbach 2005, comunicación personal; Soldin 2005.
16. Grumbach 2005.
17. Leckman 2004; Zhang 2006.
18. Meaney 2005; véase capítulo 5, «El cerebro de mamá».
19. Cameron 2005; Cooke 2005; De Kloet 2005; Fish 2004; Zimmerberg 2004; Kinnunen 2003; Champagne 2001; Meaney 2001; Francis 1999.
20. Kajantie 2006; Capitanio 2005; Kaiser 2005; Gutteling 2005; Wallen 2005; Huot 2004; Lederman 2004; Ward 2004; Morley-Fletcher 2003.
21. Leckman 2004; véase capítulo 5, «El cerebro de mamá».
22. Roussel 2005.

23. Campbell 2005.
24. Knickmeyer 2005.
25. Tannen 1990.
26. Campbell 2005; Tannen 1990.
27. Tannen 1990.
28. Maccoby 1998.
29. *Ibid.*
30. Baron-Cohen 2005.
31. *Ibid.*
32. Grumbach 2005, comunicación personal
33. Maccoby 1987.
34. Maccoby 1998.
35. Maccoby 1998, 2005, comunicación personal; Fagot 1985; Jacklin 1978.
36. Maccoby 1998.
37. *Ibid.*
38. Knickmeyer 2005.
39. Wallen 2005.
40. Wallen 1997, 2005; Goy 1988.
41. Berenbaum 1999.
42. Paterski 2005; Hines 1994, 2004.
43. Hines 2003; Berenbaum 1999, 2001.
44. Knickmeyer 2006.
45. McClure 2000; Fivush 1989; Merzenich 1983.
46. Golomboch 1994.
47. Cameron 2005; Iervolino 2005.
48. Iervolino 2005.
49. *Ibid.*
50. Archer 2005; Crick 1996.
51. Campbell 2005.
52. Campbell 2005; Archer 2005.
53. Knight 2002; Archer 2005.
54. Campbell 2005.

2. EL CEREBRO DE LA ADOLESCENTE

1. Giedd 1996, 2004, 2005, comunicación personal.
2. Nelson 2005; Schweinsburg 2005.

3. McClure 2000.
4. Udry 2004; Baumeister 2000.
5. Speroff 2005.
6. Gaab 2003.
7. Goldstein 2005; Giedd 1997.
8. Schweinsburg 2005; Luna 2004.
9. Jasnow 2006; Hodes 2005; Shors 2005.
10. Morgan 2004; Stroud 2004.
11. Stroud 2004.
12. Taylor 2006; Young 2006, comunicación personal; Viau 2004, 2005, 2006, comunicación personal; Agrati 2005; Putnam 2005; Shors 2006.
13. Taylor 2000, 2006; Kudielka 2005; Klein 2002; Stroud 2002; Bebbington 1996.
14. Kiecolt-Glaser 1996, 1998.
15. Stroud 2002.
16. Morgan 2004; Kirschbaum 1999; Kudielka 1999.
17. Kudielka 2004, 2005.
18. Stephen 2006; Cooke 2005; Mowlavi 2005; Morgan 2004; Rose 2004; Roca 2003; Berkley 2002; Young 1995, 2002; Cyranowski 2000; Kirschbaum 1999; Altemus 1997; Keller-Wood 1988.
19. Matthews 2005; Salonia 2005; Uvnäs-Moberg 2005; Cameron 2004; Ferguson 2001; Giedd 1999; Paus 1999; Turner 1999; Gangestad 1998; De Wied 1997; Slob 1996; Alexander 1990; Cohen 1987.
20. Hyde 1988.
21. Tannen 1990.
22. Wallen 2005.
23. Rose 2006; Maccoby 1998; Dunbar 1996.
24. Forger 2004, 2006; Dluzen 2005; Walker 2000.
25. Uvnäs-Moberg 2005; Turner 1999; Whitcher 1979.
26. Depue 2005; Johns 2004; Jones 2004; Motzer 2004; Heinrichs 2003; Martel 1993.
27. Uvnäs-Moberg 2005.
28. Pennebaker 2004; Rowe 2004; Sánchez-Martín 2000.
29. Jasnow 2006; Bertolino 2003; Hamann 2005; Huber 2005; Pezawas 2005; Sabatinelli 2005; Viau 2005; Wilson 2005; Phelps 2004.

30. Ochsner 2004; Levesque 2003; Zubieta 2003.
31. Maccoby 1998.
32. Kiecolt-Glaser 1996, 1998.
33. Kudielka 2005; Stroud 2002, 2004; Klein 2002; Bebbington 1996.
34. Mackie 2000; Josephs 1992.
35. Jasnow 2006; Rose 2006.
36. Cannon 1932.
37. Taylor 2006, 2000.
38. Sapolsky 1986, 2000.
39. Campbell 2005; O'Connor 2004; Collaer 1995; Olweus 1988; Hyde 1984.
40. Keverne 1999; Mendoza 1999.
41. Taylor 2000.
42. Dunbar 1996.
43. Silk 2000; Wrangham 1980.
44. Silk 2003.
45. Toussan 2004.
46. Behan 2005.
47. Roenneberg 2004.
48. Campbell 2005.
49. Roenneberg 2004.
50. Monnet 2006; Routtenberg 2005; Uysal 2005.
51. Kuhlmann 2005; Routtenberg 2005; Sa 2005; Cameron 1997, 2004; Weissman 2002; Woolley 1996.
52. Kajantie 2006; Goldstein 2005; Protopopescu 2005; Kirschbaum 1999; Tersman 1991.
53. Birzniece 2006; Kuhlmann 2005; Rubinow 1995.
54. Birzniece 2006; Sherwin 1994; Phillips 1992.
55. Smith 2004.
56. Altemus 2006; Mellon 2004, 2006; Schmidt 1998.
57. Jovanovic 2004; Toufexis 2004.
58. Parry 2002.
59. Bethea 2005; Zhang 2005; Cameron 2000; Williams 1997.
60. Bennett 2005; Lu 2002; Cyranowski 2000; Young 1995. (Medicamentos como el Prozac, el Zoloft y otros antidepresivos elevan las sustancias químicas del estado de ánimo del cerebro, incluida la serotonina.)

61. Goldstein 2005; Protopopescu 2005; Arnsten 2004; Korol 2004; Bowman 2002.
62. Klatzkin 2006.
63. Smith 2004; Silberstein 2000.
64. Roca 1998, 2003; Schmidt 1998.
65. Parry 2002.
66. Joffe 2006, comunicación personal; Kirschbaum 1999.
67. Kurshan 2006; Griffin 1999; Kirschbaum 1999; Tuiten 1995.
68. Freeman 2004; Luisi 2003.
69. Arnsten 2004; Smith 2004; Toufexis 2004.
70. Giedd 2005, comunicación personal.
71. Véase capítulo 6, «Emoción».
72. Giedd 2005.
73. Arnsten 2004; Young 2004.
74. Arnsten 2004.
75. *Ibid.*
76. Genazzani 2005; Dobson 2003.
77. Staley 2006; Weissman 1993, 2000, 2005; Blehar 2003; Mazure 2003; Maciejewski 2001; Kendler 2000.
78. Weissman 1999, 2002; Hayward 2002; Born 2002.
79. Muller 2002.
80. Zubenko 2002.
81. Archer 2005; Fry 1992; Burbank 1987.
82. Campbell 2005, 1995.
83. Holmstrom 1992; Eagly 1986.
84. Carter 2003.
85. Vermeulen 1995,
86. Netherton 2004; Halpern 1997.
87. Dreher 2005; Pinna 2005; Weiner 2004; Bond 2001; Udry 1977.
88. Underwood 2003.
89. Cashdan 1995, Schultheiss 2003.

3. AMOR Y CONFIANZA

1. Rhodes 2005, 2006; Brown 2005.
2. Fisher 2005; véase capítulo 4, «Sexo».

3. Emanuele 2006.
4. Buss 1993.
5. Esch 2005.
6. Fisher 2005; Aron 2005.
7. Buss 1990.
8. Trivers 1972.
9. Hill 1988.
10. Carter 2004; Reno, 2003.
11. Botwin 1997.
12. Schutzwohl 2006; Singh 1993, 2002.
13. Schmitt 1996.
14. Singh 2002.
15. *Ibid.*
16. Singh 1993.
17. *Ibid.*
18. Carter 1998; véase capítulo 6, «Emoción».
19. Haselton 2005.
20. Buss 1995; Tooke 1991.
21. Haselton 2005,
22. Maccoby 1998.
23. Véase capítulo 6, «Emoción».
24. Carter 1997; Kanin 1970.
25. Hrdy 1997.
26. Aron 2005; Brown 2005; Brown 2005, comunicación personal; véase capítulo 6, «Emoción».
27. Aron 2005; Fisher 2005, comunicación personal; Fisher 2004.
28. Fisher 2005.
29. Aron 2005; Small 2001; Denton 1999.
30. Aron 2005.
31. Insel 2004.
32. Pittman 2005; Debiec 2005; Huber 2005; Kirsch 2005; Bartels 2004.
33. Insel 2003.
34. Light 2005; Grewen 2005; Lim 2005.
35. Young 2005; Cushing 2000; Gingrich 2000; Carter 1997.
36. Kosfeld 2005; Zak 2005.
37. Light 2005.
38. Uvnäs-Moberg 2003; Turner 1999.

39. Dreher 2005.
40. Carter 1998.
41. Carter 2003, 2006, comunicación personal.
42. Bowlby 1980, 1988.
43. Leckman 1999.
44. Bartels 2000.
45. Insel 2004.
46. Bielsky 2004; Carter 2003.
47. Leckman 1999.
48. Lim 2004.
49. Fisher 2004.
50. Carter 1992.
51. Uvnäs-Moberg 2001, 2004.
52. Taylor 2006; Depue 2005; Uvnäs-Moberg 2003.
53. Carter 1995.
54. Uvnäs-Moberg 2003.
55. DeVries 1996.
56. Young 2001.
57. Gray 2004.
58. Young 2005.
59. Hammock 2005.
60. *Ibid.*
61. De Waal 2005.
62. Wassink 2004.
63. Gray 2004.
64. Véase capítulo 4, «Sexo».
65. Sabarra 2006; Aron 2005.
66. Eisenberger 2004.
67. *Ibid.*
68. *Ibid.*

4. SEXO: EL CEREBRO POR DEBAJO DE LA CINTURA

1. Holstege 2003.
2. Carter 2006, comunicación personal.
3. Matthews 2005; McCarthy 1996; Carter 1992.
4. Holstege 2003.
5. *Ibid.*

6. Hill 2002.
7. Sprecher 2002.
8. O'Connell 2005.
9. *Ibid.*
10. Enserink 2005; Harris 2004.
11. Eberhard 1996; Bellis 1990.
12. Colson 2006; Birkhead 1998.
13. Singer 1973; Fox 1970.
14. Dawood 2005.
15. Thornhill 1999.
16. Fisher 2005, comunicación personal; Fisher 2004.
17. Thornhill 1995.
18. *Ibid.*
19. Martín-Loeches 2003; Thornhill 1995.
20. Thornhill 1995.
21. Gangestad 1998.
22. Savic 2001; Grammer 1993; Getchell 1991.
23. McClintock 1998, 2005.
24. Getchell 1991; Gangestad 1998.
25. Dreher 2005; Gangestad 1998.
26. Lundstrom 2003; McClintock 2002; Savic 2001; Graham 2000.
27. Hummel 2005; Grammer 1993.
28. Havlicek 2005.
29. Arnqvist 2005.
30. Baker 1993.
31. Hrdy 1997.
32. Baker 1993.
33. Pillsworth 2004; Buss 2002.
34. Thornhill 1995.
35. Baker 1995.
36. Hrdy 1997.
37. Swerdloff 2002.
38. *Ibid.*
39. Jenkins 2003.
40. Bancroft 1991.
41. Wells 2005; Halpern 1997.
42. Styne 2002.
43. Morris 1987.

44. Véase apéndice 1, «El cerebro femenino y la terapia hormonal».
45. *Ibid.*
46. Pazol 2005; Krueger 2002; Schumacher 2002; Mani 2002.
47. Panzer 2006; Salonia 2005; Bullivant 2004; Slob 1996.
48. Véase capítulo 1, «El nacimiento del cerebro femenino».
49. Bancroft 2005; Laumann 1999, 2005; Lunde 1991.
50. Véase capítulo 1, «El nacimiento del cerebro femenino».
51. Buss 1989.
52. Sprecher 2002; Buss 2002.
53. Koch 2005.
54. Rilling 2004.

5. EL CEREBRO DE MAMÁ

1. Lonstein 2005; O'Day 2001; Morgan 1992.
2. Soldin 2005; Stern 1989, 1993; Morgan 1992.
3. Martel 1993; Buntin 1984.
4. Johns 2004; Fleming 1997; De Wied 1997.
5. Lambert 2005.
6. Fries 2005; Carter 2003; Kinsley 1999; Morgan 1992.
7. Pawluski 2006; Gatewood 2005; Bodensteiner 2006; Routtenberg 2005.
8. Story 2005.
9. McClintock 2002.
10 Soldin 2005.
11. Kaiser 2005; Brunton 2005; Strauss 2004.
12. Kajantie 2006.
13. Richardson 2006; Darnaudery 2004.
14. Oatridge 2002.
15. Furuta 2005.
16. Kinsley 2006; Hamilton 1977.
17. Holdcroft 2005.
18. Pawluski 2006.
19. Mann 2005.
20. Insel 2001.
21. Kendrick 1992.

22. Fleming 1997; Fleming 1993.
23. Lonstein 2005; Pedersen 2003; Kendrick 2000.
24. Li 2003.
25. Bodensteiner 2006; Lambert 2005.
26. Bridges 2005; Featherstone 2000; Morgan 1992.
27. Carter 2004; Berg 2002; Storey 2000.
28. Masoni 1994.
29. Fleming 2002.
30. Gray 2004
31. Fleming 2002.
32. Seifritz 2003.
33. Gray 2004.
34. Storey 2000; Masoni 1994.
35. Sherman 2003; Neff 2003; Buchan 2003.
36. Bartels 2004.
37. Amdam 2006; Fisher 2005; Bartels 2004; Leibenluft 2004; Nitschke 2004; véase capítulo 3, «Amor y confianza».
38. Bartels 2004.
39. Miller 2005; Byrnes 2002.
40. Mass 1998.
41. Uvnäs-Moberg 2003; Carter 1997; Xerri 1994; Morgan 1992.
42. Ferris 2005.
43. Uvnäs-Moberg 1998, 2003.
44. DeJudicibus 2002; Alder 1989; Reamy 1987.
45. Heinrichs 2002, 2001; Buckwalter 1999.
46. Véase apéndice 2, «El cerebro femenino y la depresión posparto».
47. Matthiesen 2001.
48. Buhimschi 2004.
49. Neighbors 2003; Uvnäs-Moberg 2003; Chezem 1997.
50. Heinrichs 2001.
51. Uvnäs-Moberg 2003.
52. Cali 1998.
53. Maestripieri 2005; Fleming 2002; Meaney 2001; Francis 1999.
54. Vassena 2005; Weaver 2004; Fleming 1999.
55. Cushing 2005; Weaver 2005; Vassena 2005; Cameron 2005; Champagne 2001, 2003; Meaney 2001.

56. Weaver 2006, 2005; Cameron 2005; Francis 2002.
57. Young 2005.
58. Gutteling 2005; Belsky 2005; Krpan 2005; Maestripieri 2005; Caldji 2000; Francis 1999.
59. Cameron 2005; Belsky 2002; Repetti 1997; Rosenblum 1994.
60. Francis 2002.
61. Charmandari 2005; Lederman 2004; Darnaudery 2004; Morley-Fletcher 2004; Fleming 2002; McCormick 1999.
62. Pruessner 2004; Hall 2004.
63. Weaver 2006, 2005; Francis 2002.
64. Hrdy 1999.
65. Glazer 1992.
66. Coplan 2005.
67. *Ibid.*
68. Hrdy 2005, comunicación personal.
69. Paris 2002.
70. Taylor 1997; Fleming 1992.

6. EMOCIÓN: EL CEREBRO DE LOS SENTIMIENTOS

1. Butler 2005; Wager 2005; Simon 2004; Brebner 2003; Kring 1998, 2000; Brody 1993, 1997; Briton 1995; Grossman 1993; Crawford 1992; Fagot 1989; Brody 1985; Balswick 1977; Alien 1976.
2. Samter 2002; Feingold 1994.
3. Orzhekhovskaia 2005; Uddin 2005; Oberman 2005 y 2005 comunicación personal; Ohnishi 2004.
4. Mitchell 2005.
5. Schirmer 2002, 2004, 2005.
6. Brody 1985.
7. Hall 2004.
8. Campbell 1993, 2005; Levenson 2003; Vingerhoets 2000; Timmers 1998; Wagner 1993; Hoover-Dempsey 1986; Frey 1985.
9. Naliboff 2003.
10. Leresche 2005.
11. Lawal 2005; Derbyshire 2002.

12. Lawal 2005.
13. Butler 2005.
14. Levenson 2005.
15. Butler 2005; Pujol 2002.
16. Rotter 1988.
17. Campbell 2005; Rosip 2004; Weinberg 1999.
18. Raingruber 2001.
19. McClure 2000; Hall 1978, 1984.
20. Oberman 2005.
21. Singer 2004.
22. Singer 2004; Idiaka 2001; Zahn-Waxler 2000.
23. Singer 2006; Singer 2004.
24. Taylor 2000; Campbell 1999; Bjorklund 1996; Archer 1996; Buss 1995.
25. Harrison 1999.
26. McManis 2001; Bradley 2001; Nagy 2001; Madden 2000; Hall 2000.
27. Naliboff 2003; Wrase 2003.
28. Campbell 1995, 2005; Shoan-Golan 2004; Levenson 2003; Frey 1985.
29. McClure 2004; Lynam 2004; Dahlen 2004; Hall 2000.
30. Campbell 2005; Lim 2005; Baron-Cohen 2002, 2004; Wang 2004; Nagy 2001; Moffitt 2001; Loeber 2001.
31. Campbell 1993, 2005; Levenson 2003; Frey 1985.
32. McClure 2000.
33. Baron-Cohen 2004; Blair 1999; Eisenberg 1993, 1996; Faber 1994; Kochanska 1994; Zahn-Waxler 1992; Eysenck 1978.
34. Erwin 1992.
35. Mandal 1985.
36. Cross 1997.
37. Canli 2002.
38. Cahill 2003.
39. Wager 2003.
40. Canli 2002; Shirao 2005.
41. Cahill 2003, 2005; Canli 2002; Bremner 2001; Seidlitz 1998; Fujita 1991.
42. Horgan 2004.
43. Zald 2003; Skuse 2003.

44. Hamann 2005; Hall 2004.
45. Phelps 2004.
46. Phelps 2004; Giedd 1996.
47. Goos 2002.
48. Campbell 2005; Lovell-Badge 2005; Archer 2004, 2005; Craig 2004; McGinnis 2004; Rowe 2004; Garstein 2003; Ferguson 2000; Kring 2000; Maccoby 1998; Flannery 1993.
49. Goldstein 2001, 2005; Gur 2002; Giedd 1996, 1997.
50. Campbell 2005; Sharkin 1993.
51. Silverman 2003.
52. Van Honk 2001.
53. Giammanco 2005; Kaufman 2005; Muller 2005; Taylor 2000; Qian 2000.
54. Parsey 2002; Ferguson 2000; Biver 1996; Campbell 1993; Frodi 1977.
55. Rogers 2004; Gur 2002; Goldstein 2001.
56. Butler 2005.
57. Campbell 2002, 2005.
58. Maccoby 1998.
59. Li 2005.
60. Simon 2004.
61. Li 2005.
62. Calder 2001; Thunberg 2000.
63. Butler 2005; McClure 2004; Wood 1998.
64. Butler 2005; Garstein 2003; Cote 2002; Nagy 2001; Brody 1985; Carey 1978.
65. Etkin 2006, comunicación personal; Rogan 2005.
66. Butler 2005.
67. Antonijevic 2006; Halbreich 2006; Simon 2004; Johnston 1991.
68. Madden 2000.
69. Kendler 2006.
70. Lee 2005; Abraham 2005.
71. Altshuler 2005.
72. Staley 2006; Pezawas 2005; Bertolino 2005; Halari 2005; Kaufman 2004; Barr 2004; Caspi 2003; Auger 2001.
73. Bertolino 2005.
74. Staley 2006; Altshuler 2001; Jensvold 1996.

1. Protopopescu 2005; Morgan 2004.
2. Labouvie-Vief 2003.
3. Yamamoto 2006; Taylor 2006; Light 2005; Matthews 2005; Morgan 2004.
4. Light 2005; Tang 2005.
5. Light 2005.
6. Winfrey 2005.
7. Yamamoto 2006; Light 2005; Motzer 2004; Tang 2003.
8. Protopopescu 2005; Motzer 2004; Morgan 2004; Labouvie-Vief 2003.
9. Kirsch 2005; Tang 2005; Windle 2004.
10. Soares 2000, 2001, 2003, 2004, 2005; Schmidt 2004.
11. Weiss 2004.
12. Burger 2002.
13. Véase apéndice 1, «El cerebro femenino y la terapia hormonal».
14. Lobo 2000.
15. Ratka 2005; Joffe 1998, 2002, 2003.
16. Duval 1999.
17. Guthrie 2003; véase apéndice 1, «El cerebro femenino y la terapia hormonal».
18. Burger 2002; véase apéndice 1, «El cerebro femenino y la terapia hormonal».
19. Davison 2005.
20. Davis 2005.
21. Braunstein 2005; Bolour 2005; Goldstat 2003; Shifren 2000.
22. Laumann 1999, 2005; véase capítulo 4, «Sexo» y apéndice 1, «El cerebro femenino y la terapia hormonal».
23. Davison 2005.
24. Wang 2004; Shifren 2000.
25. Davis 2005.
26. Taylor 2006.
27. Stern 1989, 1993; Morgan 1992, Xerri 1994.
28. Shellenbarger 2005.
29. Helson 1992.
30. Lobo 2000.

31. Swaab 1995, 2001; Kruijver 2001; Fernández-Guasti 2000.
32. Kiecolt-Glasser 2005; Mackey 2001; Robinson 2001.
33. Sbarra 2006; Kruijver 2001.
34. U.S. Human Resources Services Administration 2002.
35. Seeman 2001; Gust 2000; Burleson 1998.
36. Taylor 2006; Miller 2002.
37. Kajantie 2006; Morgan 2004.
38. Helson 2005.
39. Helson 2001, 2005; Roberts 2002.
40. Kiecolt-Glaser 1996, 1998.
41. Taylor 2006; McEwen 2001, 2005.
42. Sherwin 2005.
43. Stirone 2005.
44. Shaywitz 2003.
45. Erickson 2005.
46. Rossouw 2002.
47. Saenz 2005; Tessitore 2005; Clarkson 2005; Brownley 2004.
48. Sherwin 2005.
49. Hickey 2005; Davis 2005; Brizendine 2003.
50. Kochunov 2005; Sullivan 2004; Li 2005.
51. Finch 2002.
52. Hawkes 1998, 2004.
53. Hawkes 2003.
54. Beise 2002.
55. Hawkes 2003.
56. Kenyon 2005; Arantes-OIiveira 2003; Murphy 2003; Wise 2003.

APÉNDICE I: EL CEREBRO FEMENINO Y LA TERAPIA HORMONAL

1. Ekstrom 2005; Hickey 2005.
2. Brownley 2004.
3. Wise 2005; Clarkson 2005; Papalexi 2005.
4. Hultcrantz 2006; Erickson 2005; Saenz 2005; Murabito 2005; Zemlyak 2005.
5. Erickson 2005; Shaywitz 2003.
6. Franklin 2006; Erickson 2005; Li 2005; Gulinello 2005; Stirone 2005.

7. Harman 2004, 2005.
8. Resnick 2001; Maki 2001.
9. Raz 2004.
10. Kochunov 2005.
11. Raz 2004; Sullivan 2004.
12. Miller 2002.
13. Erickson 2005; Raz 2004; Miller 2002.
14. Murabito 2005.
15. Rasgon 2005.
16. Sherwin 2005; Rubinow 2005; Wise 2005; Turgeon 2004.
17. Burger 2002; Lobo 2000.
18. Weiss 2004.
19. Soares 2004, 2005; Schmidt 2005; Rasgon 2005; Douma 2005.
20. Bethea 2005.
21. Bertschy 2005; Rubinow 2002; Schmidt 2000; Komesaroff 1999.
22. Kajantie 2006; Morgan 2004; Seeman 2001; Gust 2000; Burleson 1998.
23. Tessitore 2005.
24. Kravitz 2005; Joffe 2002.
25. Kravitz 2005.
26. Guthrie 2005; Joffe 2002; Henderson 2002; Dennerstein 1997, 2000.
27. Davis 2005; Erickson 2005; McEwen 2005; Sherwin 2005; Shaywitz 2003; Woolley 2002; Cummings 2002; Halbreich 1995; Craik 1977.
28. Sherwin 2005.
29. Korol 2004; Farr 2000.
30. Wright 2004.
31. Naftolin 2005.
32. Clarkson 2005.
33. Lobo 2005; Speroff 2005.
34 Mendelsohn 2005.
35. Pérez-Martín 2005; Bough 2005; Mogi 2005; Yonezawa 2005; Gulati 2005; Elavsky 2005; Hickey 2005; Davison 2005; Brizendine 2004; Epel 2004.
36. Goldstat 2003.
37. Brizendine 2004.

38. Bakken 2004.
39. Morse 2005.
40. Stirone 2005.
41. Sastre 2002.
42. Vina 2005.
43. Henderson 2002.
44. Tanapat 2002.
45. Álvarez 2005.
46. Yue 2005; Li 2005.
47. Woods 2000.
48. Kajantie 2006; Epel 2006; Gurung 2003.
49. Podewils 2005.
50. Davis 2005; Braunstein 2005; Burger 2002; Shifren 2000.
51. Nawata 2004.
52. Vermeulen 1995.
53. Lobo 2000.
54. Gray 1991.
55. Guay 2004.
56. Laumann 1999.
57. Laumann 2005.
58. Gray 1991.
59. Laumann 1999, 2005.
60. Warnock 2005.
61. Véase capítulo 4, «Sexo».
62. Basson 2005.
63. *Ibid.*
64. Sherwin 1985.
65. Guay 2002; Bachmann 2002.
66. Sherwin 1985.
67. Apperloo 2003; Davis 1998, 2001.
68. Buster 2005; Davison 2005.
69. Guay 2004.
70. Davison 2005; Connell 2005; Guay 2002.
71. Rhoden 2004; Wang 2004; Rossouw 2002.

APÉNDICE 2: EL CEREBRO FEMENINO Y LA DEPRESIÓN POSPARTO

1. Logsdon 2006; Zonana 2005; Brandes 2004.
2. Hasser 2006; Kendler 2006; Boyd 2006.
3. Bloch 2003, 2006.
4. Bloch 2005.
5. O'Hara 1991.
6. Edhborg 2005.
7. Uvnäs-Moberg 2003.
8. Walker 2004.
9. Magalhaes 2006; Altshuler 2001.

APÉNDICE 3: EL CEREBRO FEMENINO Y LA ORIENTACIÓN SEXUAL

1. Jorm 2003.
2. Rahman 2005.
3. Bocklandt 2006; Rahman 2005; Chivers 2004; Sandfort 2003.
4. Sandfort 2003.
5. LeVay 1991.
6. Mustanski 2005; Pattatucci 1995; Pillard 1995.
7. Hershberger 2004.
8. Hines 2004; Manning 2004; véase capítulo 1, «El nacimiento del cerebro femenino».
9. Rahman 2003.
10. McFadden 1998, 1999.
11. Muscarella 2004.
12. Rahman 2003.

Bibliografía

ABRAHAM, I. M., y A. E. HERBISON (2005), «Major sex differences in nongenomic estrogen actions on intracellular signaling in mouse brain in vivo», *Neuroscience* 131 (4): 945-951.

ADAMS, D. (1992), «Biology does not make men more aggressive than women», K. Bjorkqvist y P. Niemela, eds., *Of mice and women: Aspects of female aggression*, 17-26, Academic Press, San Diego.

ADLER, E. M., A. Cook, et al. (1986), «Hormones, mood and sexuality in lactating women», *Br J Psychiatry* 148: 74-79.

AGRATI, D., A. FERNÁNDEZ-GUASTI, et al. (2005), «Compulsive-like behaviour according to the sex and the reproductive stage of female rats», *Behav Brain Res* 161 (2): 313-319.

ALDER, E. M. (1989), «Sexual behaviour in pregnancy, after childbirth and during breast-feeding», *Baillieres Clin Obstet Gynaecol* 3 (4): 805-821.

ALELE, P. E., y L. L. DEVAUD (2005), «Differential adaptations in GABAergic and glutamatergic systems during ethanol withdrawal in male and female rats», *Alcohol Clin Exp Res* 29 (6): 1027-1034.

ALEXANDER, G. M., B. B. SHERWIN, et al. (1990), «Testosterone and sexual behavior in oral contraceptive users and nonusers: A prospective study», *Horm Behav* 24 (3): 388-402.

ALLEN, J. (1976), «Sex differences in emotionality», *Human Relations* 29: 711-722.

Altemus, M., L. Redwine, et al. (1997), «Reduced sensitivity to glucocorticoid feedback and reduced glucocorticoid receptor mRNA expression in the luteal phase of the menstrual cycle», *Neuropsychopharmacology* 17 (2): 100-109.

Altemus, M., C. Roca, et al. (2001), «Increased vasopressin and adrenocorticotropin responses to stress in the midluteal phase of the menstrual cycle», *J Clin Endocrinol Metab* 86 (6): 2525-2530.

Altemus, M., y E. Young (2006), «The menstrual cycle and cortisol feedback sensitivity with metyrapone», en preparación.

Altshuler, D., L. D. Brooks, et al. (2005), «A haplotype map of the human genome», *Nature* 437 (7063): 1299-1320.

Altshuler, L. L., L. S. Cohen, et al. (2001), «The expert consensus guideline series: Treatment of depression in women», *Postgrad Med* (n.º esp.): 1-107.

Altshuler, L. L., L. S. Cohen, et al. (2001), «Treatment of depression in women: A summary of the expert consensus guidelines», *J Psychiatr Pract* 7 (3): 185-208.

Álvarez, D. E., I. Silva, et al. (2005), «Estradiol prevents neural tau hyperphosphorylation characteristic of Alzheimer's disease», *Ann NY Acad Sci* 1052: 210-224.

Amdam, G. V., A. Csondes, et al. (2006), «Complex social behaviour derived from maternal reproductive traits», *Nature* 439 (7072): 76-78.

Antonijevic, I. (2006), «Depressive disorders—is it time to endorse different pathophysiologies?», *Psychoneuroendocrinology* 31 (1): 1-15.

Apperloo, M. J., J. G. Van Der Stege, et al. (2003), «In the mood for sex: The value of androgens», *J Sex Marital Ther* 29 (2): 87-102; debate 177-179.

Arantes-Oliveira, N., J. R. Berman, et al. (2003), «Healthy animals with extreme longevity», *Science* 302 (5645): 611.

Archer, J. (1991), «The influence of testosterone on human aggression», *Br J Psychol* 82 (pt. 1): 1-28.

Archer, J. (1996), «Sex differences in social behavior: Are the social role and evolutionary explanations compatible?», *American Psychologist* 51 (9): 909-917.

Archer, J. (2004), «Sex differences in aggression in real-world settings: A metaanalytic review», *Review of General Psychology* 8: 291-322.

Archer, J. C. (2005), «An integrated review of indirect, relational, and social aggression», *Personality and Social Psychology Review* 9 (3): 212-230.

Arnold, A. P. (2004), «Sex chromosomes and brain gender», *Nat Rev Neurosci* 5 (9): 701-708.

Arnold, A. P., y P. S. Burgoyne (2004), «Are xx and xy brain cells intrinsically different?», *Trends Endocrinol Metab* 15 (1): 6-11.

Arnold, A. P., J. Xu, et al. (2004), «Minireview: Sex chromosomes and brain sexual differentiation», *Endocrinology* 145 (3): 1057-1062.

Arnqvist, G., y M. Kirkpatrick (2005), «The evolution of infidelity in socially monogamous passerines: The strength of direct and indirect selection on extrapair copulation behavior in females», *Am Nat* 165 (supl. 5): S26-37.

Arnsten, A. F., y R. M. Shansky (2004), «Adolescence: Vulnerable period for stress-induced prefrontal cortical function? Introduction to part IV», *Ann NY Acad Sci* 1021: 143-147.

Aron, A., H. Fisher, et al. (2005), «Reward, motivation, and emotion systems associated with early-stage intense romantic love», *J Neurophysiol* 94 (1): 327-337.

Auger, A. P., D. P. Hexter, et al. (2001), «Sex difference in the phosphorylation of camp response element binding protein (creb) in neonatal rat brain», *Brain Res* 890 (1): 110-117.

Azurmendi, A., F. Braza, et al. (2005), «Cognitive abilities, androgen levels, and body mass index in 5-year-old children», *Horm Behav* 48 (2): 187-195.

Babock, S., y S. Laschever (2004), *Women don't ask: Negotiation and the gender divide*, Princeton University Press, Princeton.

Bachevalier, J., M. Brickson, et al. (1990), «Age and sex differences in the effects of selective temporal lobe lesion on the formation of visual discrimination habits in rhesus monkeys *(Macaca mulatta)*», *Behav Neurosci* 104 (6): 885-899.

BACHEVALIER, J., C. HAGGER, et al. (1989), «Gender differences in visual habit formation in 3-month-old rhesus monkeys», *Dev Psychobiol* 22 (6): 585-599.

BACHEVALIER, J., y C. HAGGER (1991), «Sex differences in the development of learning abilities in primates», *Psychoneuroendocrinology* 16 (1-3): 177-188.

BACHMANN, G., J. BANCROFT, et al. (2002), «Female androgen insufficiency: The Princeton consensus statement on definition, classification, and assessment», *Fertil Steril* 77 (4): 660-665.

BAKER, R., y M. A. BELLIS (1993), «Human sperm competition: Ejaculate adjustment by males and the function of masturbation, nonpaternity rates», *Animal Behaviour* 46 (5): 861-865 y 887-909.

BAKER, R., y M. A. BELLIS (1995), *Human Sperm Competition: Copulation, Masturbation, and Infidelity*, Chapman & Hall, Londres y Nueva York.

BAKKEN, K., A. E. EGGEN, et al. (2004), «Side-effects of hormone replacement therapy and influence on pattern of use among women aged 45-64 years: The Norwegian Women and Cancer (NOWAC) study 1997», *Acta Obstet Gynecol Scand* 83 (9): 850-856.

BALSWICK, J. (1977), «Differences in expressiveness: Gender», *Journal of Marriage and the Family* 39: 121-127.

BANCROFT, J. (2005), «The endocrinology of sexual arousal», *J Endocrinol* 186 (3): 411-427.

BANCROFT, J., y D. RENNIE (1993), «The impact of oral contraceptives on the experience of perimenstrual mood, clumsiness, food craving and other symptoms», *J Psychosom Res* 37 (2): 195-202.

BANCROFT, J., B. B. SHERWIN, et al. (1991), «Oral contraceptives, androgens, and the sexuality of young women: I. A comparison of sexual experience, sexual attitudes, and gender role in oral contraceptive users and nonusers», *Arch Sex Behav* 20 (2): 105-120.

BARON-COHEN, S. (2002), «The extreme male brain theory of autism», *Trends Cogn Sci* 6 (6): 248-254.

BARON-COHEN, S., y M. K. BELMONTE (2005), «Austism: A window onto the development of the social and the analytic brain», *Annu Rev Neurosci* 28: 109-126.

BARON-COHEN, S., y Bruce J. ELLIS (ed.) (2005), «The empathizing system: A revision of the 1994 model of the mindreading system», en *Origins of the Social Mind: Evolutionary Psychology and Child Development*, 468-492, Guilford Press, Nueva York.

BARON-COHEN, S., R. C. KNICKMEYER, et al. (2005), «Sex differences in the brain: Implications for explaining autism», *Science* 310 (5749): 819-823.

BARON-COHEN, S., J. RICHLER, et al. (2003), «The systemizing quotient: An investigation of adults with Asperger syndrome or high-functioning autism, and normal sex differences», *Philos Trans R Soc Lond B Biol Sci* 358 (1430): 361-374.

BARON-COHEN, S., et al. (2004), *Prenatal testosterone in mind: Amniotic fluid studies*: MIT Press, Cambridge, MA.

BARON-COHEN, S., y S. WHEELWRIGHT (2004), «The empathy quotient: An investigation of adults with Asperger syndrome or high functioning autism, and normal sex differences», *J Autism Dev Disord* 34 (2): 163-175.

BARR, C. S., T. K. NEWMAN, et al. (2004), «Early experience and sex interact to influence limbic-hypothalamic-pituitary-adrenal axis function after acute alcohol administration in rhesus macaques *(Macaca mulatta)*», *Alcohol Clin Exp Res* 28 (7): 1114-1119.

BARR, C. S., T. K. NEWMAN, et al. (2004), «Interaction between serotonin transporter gene variation and rearing condition in alcohol preference and consumption in female primates», *Arch Gen Psychiatry* 61 (11): 1146-1152.

BARR, C. S., T. K. NEWMAN, et al. (2004), «Sexual dichotomy of an interaction between early adversity and the serotonin transporter gene promoter variant in rhesus macaques», *Proc Natl Acad Sci USA* 101 (33): 12358-12363.

BARTELS, A., y S. ZEKI (2000), «The neural basis of romantic love», *Neuroreport* 11 (17): 3829-3834.

BARTELS, A., y S. ZEKI (2004), «The neural correlates of maternal and romantic love», *Neuroimage* 21 (3): 1155-1166.

Bartzokis, G., y L. Altshuler (2005), «Reduced intracortical myelination in schizophrenia», *Am J Psychiatry* 162 (6): 1229-1230.

Basson, R. (2005), «Women's sexual dysfunction: Revised and expanded definitions», *CMAJ* 172 (10): 1327-1333.

Baumeister, R. F. (2000), «Differences in erotic plasticity: The female sex drive as socially flexible and responsive», *Psychol Bull* 126: 347-374.

Baumeister, R. F., y K. L. Sommer (1997), «What do men want? Gender differences and two spheres of belongingness: Comment on Cross and Madson (1997)», *Psychol Bull* 122 (1): 38-44; debate 51-55.

Bayliss, A. P., G. di Pellegrino, et al. (2005), «Sex differences in eye gaze and symbolic cueing of attention», *Q J Exp Psychol* A 58 (4): 631-650.

Bayliss, A. P., y S. P. Tipper (2005), «Gaze and arrow cueing of attention reveals individual differences along the autism spectrum as a function of target context», *Br J Psychol* 96 (pt. 1): 95-114.

Bebbington, P. (1996), «The origin of sex difference in depressive disorder: Bridging the gap», *Int Review of Psychiatry* 8: 295-332.

Becker, J. B., A. P. Arnold, et al. (2005), «Strategies and methods for research on sex differences in brain and behavior», *Endocrinology* 146 (4): 1650-1673.

Beem, A. L., E. J. Geus, et al. (2006), «Combined linkage and association analyses of the 124-bp allele of marker D2S2944 with anxiety, depression, neuroticism and major depression», *Behav Genet* 36 (1): 127-136.

Behan, M., y C. F. Thomas (2005), «Sex hormone receptors are expressed in identified respiratory motoneurons in male and female rats», *Neuroscience* 130 (3): 725-734.

Beise, J., y E. Voland (2002), «Effect of producing sons on maternal longevity in premodern populations», *Science* 298 (5592): 317; respuesta del autor 317.

Bell, E. C., M. C. Willson, et al. (2006), «Males and females differ in brain activation during cognitive tasks», *Neuroimage.* 30 (2): 529-538.

Bellis, M. A., R. R. Baker, et al. (1990), «A guide to upwardly mobile spermatozoa», *Andrologia* 22 (5): 397-399.
Belsky, J. (2002), «Developmental origins of attachment styles», *Attach Hum Dev* 4 (2): 166-170.
Belsky, J. (2002), «Quantity counts: Amount of child care and children's socioemotional development», *J Dev Behav Pediatr* 23 (3): 167-170.
Belsky, J., y R. M. Fearon (2002), «Early attachment security, subsequent maternal sensitivity, and later child development: Does continuity in development depend upon continuity of caregiving?», *Attach Hum Dev* 4 (3): 361-387.
Belsky, J., S. R. Jaffee, et al. (2005), «Intergenerational transmission of warm-sensitive-stimulating parenting: A prospective study of mothers and fathers of 3-year-olds», *Child Dev* 76 (2): 384-396.
Bennett, D. S., P. J. Ambrosini, et al. (2005), «Gender differences in adolescent depression: Do symptoms differ for boys and girls?», *J Affect Disord* 89 (1-3): 35-44.
Berenbaum, S. A. (1999), «Effects of early androgens on sex-typed activities and interests in adolescents with congenital adrenal hyperplasia», *Horm Behav* 35 (1): 102-110.
Berenbaum, S. A. (2001), «Cognitive function in congenital adrenal hyperplasia», *Endocrinol Metab Clin North Am* 30 (1): 173-192.
Berenbaum, S. A., y J. M. Bailey (2003), «Effects on gender identity of prenatal androgens and genital appearance: Evidence from girls with congenital adrenal hyperplasia», *J Clin Endocrinol Metab* 88 (3): 1102-1106.
Berenbaum, S. A., K. Korman Bryk, et al. (2004), «Psychological adjustment in children and adults with congenital adrenal hyperplasia», *J Pediatr* 144 (6): 741-746.
Berenbaum, S. A., y D. E. Sandberg (2004), «Sex determination, differentiation, and identity», *N Engl J Med* 350 (21): 2204-2206; respuesta del autor 2204-2206.
Berg, S. J., y K. E. Wynne-Edwards (2002), «Salivary hormone concentrations in mothers and fathers becoming parents are not correlated», *Horm Behav* 42 (4): 424-436.

Berkley, K. (2002), «Pain: Sex/Gender differences», en *Hormones, Brain and Behavior*, ed. D. W. Pfaff, vol. 5, 409-442, Academic Press, San Diego.

Bertolino, A., G. Arciero, et al. (2005), «Variation of human amygdala response during threatening stimuli as a function of 5'httlpr genotype and personality style», *Biol Psychiatry* 57 (12): 1517-1525.

Bertschy, G., D. De Ziegler, et al. (2005), «[Mood disorders in perimenopausal women: Hormone replacement or antidepressant therapy?]», *Rev Med Suisse* 1 (33): 2155-2156, 2159-2161.

Bethea, C. L., F. K. Pau, et al. (2005), «Sensitivity to stress-induced reproductive dysfunction linked to activity of the serotonin system», *Fertil Steril* 83 (1): 148-155.

Bethea, C. L., J. M. Streicher, et al. (2005), «Serotonin-related gene expression in female monkeys with individual sensitivity to stress», *Neuroscience* 132 (1): 151-166.

Bielsky, I. F., S. B. Hu, et al. (2004), «Profound impairment in social recognition and reduction in anxiety-like behavior in vasopressin V1a receptor knockout mice», *Neuropsychopharmacology* 29 (3): 483-493.

Bielsky, I. F., y L. J. Young (2004), «Oxytocin, vasopressin, and social recognition in mammals», *Peptides* 25 (9): 1565-1574.

Birkhead, T. W., y A. P. Moller, eds. (1998), *Sperm Competition and Sexual Selection*, Academic Press, San Diego.

Birzniece V., T. Backstrom, et al. (2006), «Neuroactive steroid effects on cognitive functions with a focus on the serotonin and gaba systems», *Brain Res Rev* 51 (2): 212-239.

Biver, F., F. Lotstra, et al. (1996), «Sex difference in 5ht2 receptor in the living human brain», *Neurosci Lett* 204 (1-2): 25-28.

Bjorklund, D. F., y K. Kipp (1996), «Parental investment theory and gender differences in the evolution of inhibition mechanisms», *Psychol Bull* 120 (2): 163-188.

Blair, R. J., J. S. Morris, et al. (1999), «Dissociable neural responses to facial expressions of sadness and anger», *Brain* 122 (pt. 5): 883-893.

Blehar, M. C. (2003), «Public health context of women's mental health research», *Psychiatr Clin North Am* 26 (3): 781-799.

Blehar, M. C., y G. P. Keita (2003), «Women and depression: A millennial perspective», *J Affect Disord* 74 (1): 1-4.
Blinkhorn, S. (2005), «Intelligence: A gender bender», *Nature* 438 (7064): 31-32.
Bloch, M., R. C. Daly, et al. (2003), «Endocrine factors in the etiology of postpartum depression», *Compr Psychiatry* 44 (3): 234-246.
Bloch, M., N. Rotenberg, et al. (2006), «Risk factors for early postpartum depressive symptoms», *Gen Hosp Psychiatry* 28 (1): 3-8.
Bloch, M., D. R. Rubinow, et al. (2005), «Cortisol response to ovine corticotropin-releasing hormone in a model of pregnancy and parturition in euthymic women with and without a history of postpartum depression», *J Clin Endocrinol Metab* 90 (2): 695-699.
Bloch, M., P. J. Schmidt, et al. (2000), «Effects of gonadal steroids in women with a history of postpartum depression», *Am J Psychiatry* 157 (6): 924-930.
Bocklandt, S., S. Horvath, et al. (2006), «Extreme skewing of X chromosome inactivation in mothers of homosexual men», *Hum Genet* 118 (6): 691-694.
Bodensteiner, K. J., P. Cain, et al. (2006), «Effects of pregnancy on spatial cognition in female Hooded Long-Evans rats», *Horm Behav* 49 (3): 303-314.
Boehm, U., Zhihua Zou, y Linda Buck (2005), «gnrh cell circuitry: The brain is broadly wired for reproduction», *Cell* 123 (4): 683-695.
Bolour, S., y G. Braunstein (2005), «Testosterone therapy in women: A review», *Int J Impot Res* 17 (5): 399-408.
Bond, A. J., J. Wingrove, et al. (2001), «Tryptophan depletion increases aggression in women during the premenstrual phase», *Psychopharmacology* (Berl) 156 (4): 477-480.
Booth, A., D. R. Johnson, et al. (2003), «Testosterone and child and adolescent adjustment: The moderating role of parent-child relationships», *Dev Psychol* 39 (1): 85-98.
Born, L., A. Shea, et al. (2002), «The roots of depression in adolescent girls: Is menarche the key?», *Curr Psychiatry Rep* 4 (6): 449-460.

Bosch, O. J., S. A. Kromer, et al. (2006), «Prenatal stress: Opposite effects on anxiety and hypothalamic expression of vasopressin and corticotropinreleasing hormone in rats selectively bred for high and low anxiety», *Eur J Neurosci* 23 (2): 541-551.

Botwin, M. D., D. M. Buss, et al. (1997), «Personality and mate preferences: Five factors in mate selection and marital satisfaction», *J Pers* 65 (1): 107-136.

Bough, K., (2005), «High-fat, calorie restricted ketogenic diet, KD, stabilizes brain and increases neuron stability», Society for Neuroscience meeting, Washington, D. C.

Bowlby, J. (1980), *Attachment and Loss*, vol. 3, Hogarth Press, Londres.

Bowlby, J. (1988), *A Secure Base: Parent-Child Attachment and Healthy Human Development*, Basic Books, Nueva York.

Bowman, R. E., D. Ferguson, et al. (2002), «Effects of chronic restraint stress and estradiol on open field activity, spatial memory, and monoaminergic neurotransmitters in ovariectomized rats», *Neuroscience* 113 (2): 401-410.

Boyd, R. C., L. H. Zayas, et al. (2006), «Mother-infant interaction, life events and prenatal and postpartum depressive symptoms among urban minority women in primary care», *Matern Child Health J*, 10 (2): 139-148.

Bradley, M. M., M. Codispoti, et al. (2001), «Emotion and motivation II: Sex differences in picture processing», *Emotion* 1 (3): 300-319.

Bradley, M. M., B. Moulder, et al. (2005), «When good things go bad: The reflex physiology of defense», *Psychol Sci* 16 (6): 468-473.

Brandes, M., C. N. Soares, et al. (2004), «Postpartum onset obsessive-compulsive disorder: Diagnosis and management», *Arch Women Ment Health* 7 (2): 99-110.

Braunstein, G. D., D. A. Sundwall, et al. (2005), «Safety and efficacy of a testosterone patch for the treatment of hypoactive sexual desire disorder in surgically menopausal women: A randomized, placebo-controlled trial», *Arch Intern Med* 165 (14): 1582-1589.

Brebner, J. (2003), «Gender and emotions», *Personality and Individual Differences* 34: 387-394.

Bremner, J. D., R. Soufer, et al. (2001), «Gender differences in cognitive and neural correlates of remembrance of emotional words», *Psychopharmacol Bull* 35 (3): 55-78.

Bridges, R. S., y V. F. Scanlan (2005), «Maternal memory in adult, nulliparous rats: Effects of testing interval on the retention of maternal behavior», *Dev Psychobiol* 46 (1): 13-18.

Briton, N. J., y J. A. Hall (1995), «Beliefs about female and male nonverbal communication», *Sex Roles* 32: 79-90.

Brizendine, L. (2003), «Minding Menopause», *Current Psychiatry* 2 (10): 12-31.

Brizendine, L. (2004), «Menopause-related depression and low libido: Finetuning treatment», *OBGYN Management*, 16 (8): 29-42.

Brody, L. (1997), «Gender and emotions: Beyond stereotypes», *Journal of Social Issues* 53: 369-394.

Brody, L., y J. A. Hall (1993), «Gender and emotion», en M. Lewis and J. Haviland, eds., *Handbook of Emotions*, 447-460, Guilford Press, Nueva York.

Brody, L. R. (1985), «Gender differences in emotional development: A review of theories and research», *J Pers* 53: 102-149.

Brown, L. (2005), comunicación personal.

Brown, W. M., L. Cronk, et al. (2005), «Dance reveals symmetry especially in young men», *Nature* 438 (7071): 1148-1150.

Brownley, K. A., A. L. Hinderliter, et al. (2004), «Cardiovascular effects of 6 months of hormone replacement therapy versus placebo: Differences associated with years since menopause», *Am J Obstet Gynecol* 190 (4): 1052-1058.

Brunton, P. J., S. L. Meddle, et al. (2005), «Endogenous opioids and attenuated hypothalamic-pituitary-adrenal axis responses to immune challenge in pregnant rats», *J Neurosci* 25 (21): 5117-5126.

Buchan, J. C., S. C. Alberts, et al. (2003), «True paternal care in a multi-male primate society», *Nature* 425 (6954): 179-181.

Buckwalter, J. G., F. Z. Stanczyk, et al. (1999), «Pregnancy, the postpartum, and steroid hormones: Effects on cognition and mood», *Psychoneuroendocrinology* 24 (1): 69-84.

Buhimschi, C. S. (2004), «Endocrinology of lactation», *Obstet Gynecol Clin North Am* 31 (4): 963-979.

Bullivant, S. B., S. A. Sellergren, et al. (2004), «Women's sexual experience during the menstrual cycle: Identification of the sexual phase by noninvasive measurement of luteinizing hormone», *J Sex Res* 41 (1): 82-93.

Buntin, J. D., S. Jaffe, et al. (1984), «Changes in responsiveness to newborn pups in pregnant, nulliparous golden hamsters», *Physiol Behav* 32 (3): 437-439.

Burbank, V. K. (1987), «Female aggression in cross-cultural perspective», *Behavior Science Research* 21: 70-100.

Burger, H. G., E. Dudley, et al. (2002), «The ageing female reproductive axis I», *Novartis Found Symp* 242: 161-167; debate 167-171.

Burger, H. G., E. C. Dudley, et al. (2002), «Hormonal changes in the menopause transition», *Recent Prog Horm Res* 57: 257-275.

Burleson, M. H., W B. Malarkey, et al. (1998), «Postmenopausal hormone replacement: Effects on autonomic, neuroendocrine, and immune reactivity to brief psychological stressors», *Psychosom Med* 60 (1): 17-25.

Buss, D. (1990), «International preferences in selecting mates: A study of 37 cultures», *Journal of Cross-Cultural Psychology* 21: 5-47.

Buss, D. D. (2003), *Evolutionary Psychology: The New Science of Mind*, 2.ª ed., Allyn & Bacon, Nueva York.

Buss, D. M. (1989), «Conflict between the sexes: Strategic interference and the evocation of anger and upset», *J Pers Soc Psychol* 56 (5): 735-747.

Buss, D. M. (1995), «Psychological sex differences. Origins through sexual selection», *Am Psychol* 50 (3): 164-168; debate 169-171.

Buss, D. M. (2002), «Review: Human Mate Guarding», *Neuro Endocrinol Lett* 23 (supl. 4): 23-29.

Buss, D. M., y D. P. Schmitt (1993), «Sexual strategies theory: An evolutionary perspective on human mating», *Psychol Rev* 100 (2): 204-232.

Buster, J. E., S. A. Kingsberg, et al. (2005), «Testosterone patch for low sexual desire in surgically menopausal women: A randomized trial», *Obstet Gynecol* 105 (5, pt. 1): 944-952.

BUTLER, T., H. PAN, et al. (2005), «Fear-related activity in subgenual anterior cingulate differs between men and women», *Neuroreport* 16 (11): 1233-1236.

BYRNES, E. M., B. A. RIGERO, et al. (2002), «Dopamine antagonists during parturition disrupt maternal care and the retention of maternal behavior in rats», *Pharmacol Biochem Behav* 73 (4): 869-875.

CAHILL, L. (2003), «Sex-related influences on the neurobiology of emotionally influenced memory», *Ann NY Acad Sci* 985: 163-173.

CAHILL, L. (2005), «His brain, her brain», *Sci Am* 292 (5): 40-47.

CAHILL, L., y A. van STEGEREN (2003), «Sex-related impairment of memory for emotional events with beta-adrenergic blockade», *Neurobiol Learn Mem* 79 (1): 81-88.

CALDER, A. J., A. D. LAWRENCE, y A. W. YOUNG (2001), «Neuropsychology of fear and loathing», *Nature Reviews Neuroscience* 2: 352-363.

CALDJI, C., D. FRANCIS, et al. (2000), «The effects of early rearing environment on the development of GABAA and central benzodiazepine receptor levels and novelty-induced fearfulness in the rat», *Neuropsychopharmacology* 22 (3): 219-229.

CALL, J. D. (1998), «Extraordinary changes in behavior in an infant after a brief separation», *J Dev Behav Pediatr* 19 (6): 424-428.

CAMERON, J. (2000), «Reproductive dysfunction in primates, behaviorally induced», en G. Fink, ed., *Encyclopedia of Stress*, 366-372, Academic Press, Nueva York.

CAMERON, J. L. (1997), «Stress and behaviorally induced reproductive dysfunction in primates», *Semin Reprod Endocrinol* 15 (1): 37-45.

CAMERON, J. L. (2004), «Interrelationships between hormones, behavior, and affect during adolescence: Understanding hormonal, physical, and brain changes occurring in association with pubertal activation of the reproductive axis. Introduction to part III», *Ann NY Acad Sci* 1021: 110-123.

CAMERON, N. M., F. A. CHAMPAGNE, et al. (2005), «The programming of individual differences in defensive responses and reproductive strategies in the rat through variations in maternal care», *Neurosci Biobehav Rev* 29 (4-5): 843-865.

CAMPBELL, A. (1993), *Out of Control: Men, Women and Aggression*, Basic Books, Nueva York.

CAMPBELL, A. (1995), «A few good men: Evolutionary psychology and female adolescent aggression», *Ethology and Sociobiology* 16: 99-123.

CAMPBELL, A. (1999), «Staying alive: Evolution, culture, and women's intrasexual aggression», *Behavioral & Brain Sciences* 22: 203-214.

CAMPBELL, A. (2002), *A Mind of Her Own: The Evolutionary Psychology of Women*, Oxford University Press, Londres.

CAMPBELL, A. (2004), «Female competition: Causes, constraints, content and contexts», *J Sex Res* 41: 6-26.

CAMPBELL, A. (2005), «Aggression», en *Handbook of Evolutionary Psychology*, ed. D. Buss, 628-652, Wiley, Nueva York.

CAMPBELL, A., L. SHIRLEY, y J. CANDY (2004), «A longitudinal study of genderrelated cognition and behavior», *Developmental Science* 7: 1-9.

CAMRAS, L. A., S. RIBORDY, et al. (1990), «Maternal facial behavior and the recognition and production of emotional expression by maltreated and nonmaltreated children», *Dev Psychol* 26 (2): 304-312.

CANLI, T., J. E. DESMOND, et al. (2002), «Sex differences in the neural basis of emotional memories», *Proc Natl Acad Sci USA* 99 (16): 10789-10794.

CANNON, W. B. (1932), *The Wisdom of the Body*, W. W. Norton, Nueva York.

CAPITANIO, J. P., S. P. MENDOZA, et al. (2005), «Rearing environment and hypothalamic-pituitary-adrenal regulation in young rhesus monkeys *(Macaca mulatto)*», *Dev Psychobiol* 46 (4): 318-330.

CARDINAL, R. N., C. A. WINSTANLEY, et al. (2004), «Limbic corticostriatal systems and delayed reinforcement», *Ann NY Acad Sci* 1021: 33-50.

CAREY, W. B., y S. C. MCDEVITT (1978), «Revision of the infant temperament questionnaire», *Pediatrics* 61 (5): 735-739.
CARTER, C. S. (1992), «Oxytocin and sexual behavior», *Neurosci Biobehav Rev* 16 (2): 131-144.
CARTER, C. S. (1998), «Neuroendocrine perspectives on social attachment and love», *Psychoneuroendocrinology* 23 (8): 779-818.
CARTER, C. S. (2003), «Developmental consequences of oxytocin», *Physiol Behav* 79 (3): 383-397.
CARTER, C. S. (2004), «Proximate mechanisms regulating sociality and social monogamy, in the context of evolution», en *The origin and nature of sociality*, ed. R. D. Sussman, Piscataway, NJ: Aldine Transaction.
CARTER, C. S. (2006), comunicación personal.
CARTER, C. S., y M. ALTEMUS (1997), «Integrative functions of lactational hormones in social behavior and stress management», *Ann NY Acad Sci* 807: 164-174.
CARTER, C. S., A. C. DEVRIES, et al. (1995), «Physiological substrates of mammalian monogamy: The prairie vole model», *Neurosci Biobehav Rev* 19 (2): 303-314.
CARTER, C. S., A. C. DEVRIES, et al. (1997), «Peptides, steroids, and pair bonding», *Ann NY Acad Sci* 807: 260-272.
CASHDAN, E. (1995), «Hormones, sex, and status in women», *Horm Behav* 29 (3): 354-366.
CASPI, A., K. SUGDEN, et al. (2003), «Influence of life stress on depression: Moderation by a polymorphism in the 5-HTT gene», *Science* 301 (5631): 386-389.
CASSIDY, J. (2001), «Gender differences among newborns on a transient otoacoustic emissions test for hearing», *Journal of Music Therapy* 37: 28-35.
CHAMPAGNE, F., J. DIORIO, et al. (2001), «Naturally occurring variations in maternal behavior in the rat are associated with differences in estrogen-inducible central oxytocin receptors», *Proc Natl Acad Sci USA* 98 (22): 12736-12741.
CHAMPAGNE, F., y M. J. MEANEY (2001), «Like mother, like daughter: Evidence for non-genomic transmission of parental behavior and stress responsivity», *Prog Brain Res* 133: 287-302.

Champagne, F. A., D. D. Francis, et al. (2003), «Variations in maternal care in the rat as a mediating influence for the effects of environment on development», *Physiol Behav* 79 (3): 359-371.

Champagne, F. A., I. C. Weaver, et al. (2003), «Natural variations in maternal care are associated with estrogen receptor alpha expression and estrogen sensitivity in the medial preoptic area», *Endocrinology* 144 (11): 4720-4724.

Charmandari, E., C. Tsigos, et al. (2005), «Endocrinology of the stress response», *Annu Rev Physiol* 67: 259-284.

Cherney, I. D., y M. L. Collaer (2005), «Sex differences in line judgment: Relation to mathematics preparation and strategy use», *Percept Mot Skills* 100 (3, pt. 1): 615-627.

Chezem, J., P. Montgomery, et al. (1997), «Maternal feelings after cessation of breastfeeding: Influence of factors related to employment and duration», *J Perinat Neonatal Nurs* 11 (2): 61-70.

Chivers, M. L., G. Rieger, et al. (2004), «A sex difference in the specificity of sexual arousal», *Psychol Sci* 15 (11): 736-744.

Clarkson, T. B., y S. E. Appt (2005), «Controversies about HRT-lessons from monkey models», *Maturitas* 51 (1): 64-74.

Cohen, I. T., B. B. Sherwin, et al. (1987), «Food cravings, mood, and the menstrual cycle», *Horm Behav* 21 (4): 457-470.

Collaer, M. L., M. E. Geffner, et al. (2002), «Cognitive and behavioral characteristics of Turner syndrome: Exploring a role for ovarian hormones in female sexual differentiation», *Horm Behav* 41 (2): 139-155.

Collaer, M. L., y M. Hines (1995), «Human behavioral sex differences: A role for gonadal hormones during early development?», *Psychol Bull* 118 (1): 55-107.

Colson, M. H., A. Lemaire, et al. (2006), «Sexual behaviors and mental perception, satisfaction and expectations of sex life in men and women in France», *J Sex Med* 3 (1): 121-131.

Connell, K., M. K. Guess, et al. (2005), «Effects of age, menopause, and comorbidities on neurological function of the female genitalia», *Int J Impot Res* 17 (1): 63-70.

Connell, K., M. K. Guess, et al. (2005), «Evaluation of the role of pudendal nerve integrity in female sexual function

using noninvasive techniques», *Am J Obstet Gynecol* 192 (5): 1712-1717.
Connellan, J. (2000), «Sex differences in human neonatal social perception», *Infant Brain and Development* 23: 113-118.
Cooke, B. (2005), «Sexually dimorphic synaptic organization of the medial amygdala», *J Neurosci* 25 (46): 10759-10767.
Cooke, B. M., y C. S. Woolley (2005), «Gonadal hormone modulation of dendrites in the mammalian cns», *J Neurobiol* 64 (1): 34-46.
Coplan, J. D., M. Altemus, et al. (2005), «Synchronized maternal-infant elevations of primate csf crf concentrations in response to variable foraging demand», *cns Spectr* 10 (7): 530-536.
Corso, J. (1959), «Age and sex differences in thresholds», *Journal of the Acoustical Society of America* 31: 489-507.
Cote, S., R. E. Tremblay, et al. (2002), «Childhood behavioral profiles leading to adolescent conduct disorder: Risk trajectories for boys and girls», *J Am Acad Child Adolesc Psychiatry* 41 (9): 1086-1094.
Craig, I. W., E. Harper, et al. (2004), «The genetic basis for sex differences in human behaviour: Role of the sex chromosomes», *Ann Hum Genet* 68 (pt. 3): 269-284.
Craik, F. (1977), *The Handbook of Aging and Cognition*,, Academic Press, San Diego.
Crawford, J. (1992), *Emotion and Gender: Constructing Meaning from Memory*, Sage, Londres.
Crick, N. R., M. A. Bigbee, et al. (1996), «Gender differences in children's normative beliefs about aggression: How do I hurt thee? Let me count the ways», *Child Dev* 67 (3): 1003-1014.
Cross, S. E., y L. Madson (1997), «Models of the self: Self-construals and gender», *Psychol Bull* 122 (1): 5-37.
Cummings, J. A., y L. Brizendine (2002), «Comparison of physical and emotional side effects of progesterone or medroxyprogesterone in early postmenopausal women», *Menopause* 9 (4): 253-263.
Cushing, B. S., y C. S. Carter (2000), «Peripheral pulses of oxytocin increase partner preferences in female, but not male, prairie voles», *Horm Behav* 37 (1): 49-56.

CUSHING, B. S., y K. M. KRAMER (2005), «Mechanisms underlying epigenetic effects of early social experience: The role of neuropeptides and steroids», *Neurosci Biobehav Rev* 29 (7): 1089-1105.

Cyranowski, J. M., E. Frank, et al. (2000), «Adolescent onset of the gender difference in lifetime rates of major depression: A theoretical model», *Arch Gen Psychiatry* 57 (1): 21-27.

DAHLEN, E. (2004), «Boredom proneness in anger and aggression: Effects of impulsiveness and sensation seeking», *Personality and Individual Differences* 37: 1615-1627.

DARNAUDERY, M., I. DUTRIEZ, et al. (2004), «Stress during gestation induces lasting effects on emotional reactivity of the dam rat», *Behav Brain Res* 153 (1): 211-216.

DAVIDSON, K. M. (1996), «Coder gender and potential for hostility ratings», *Health Psychology* 15 (4): 298-302.

DAVIS, S. R. (1998), «The role of androgens and the menopause in the female sexual response», *Int J Impot Res* 10 (supl. 2): S82-83; debate S98-101.

DAVIS, S. R., I. DINATALE, et al. (2005), «Postmenopausal hormone therapy: From monkey glands to transdermal patches», *J Endocrinol* 185 (2): 207-222.

DAVIS, S. R., y J. TRAN (2001), «Testosterone influences libido and well being in women», *Trends Endocrinol Metab* 12 (1): 33-37.

DAVISON, S. L., R. BELL, et al. (2005), «Androgen levels in adult females: Changes with age, menopause, and oophorectomy», *J Clin Endocrinol Metab* 90 (7): 3847-3853.

DAWOOD, K., K. M. KIRK, et al. (2005), «Genetic and environmental influences on the frequency of orgasm in women», *Twin Res Hum Genet* 8 (1): 27-33.

DE KLOET, E. R., R. M. Sibug, et al. (2005), «Stress, genes and the mechanism of programming the brain for later life», *Neurosci Biobehav Rev* 29 (2): 271-281.

DE WAAL, F. B. (2005), «A century of getting to know the chimpanzee», *Nature* 437 (7055): 56-59.

DE WIED, D. (1997), «Neuropeptides in learning and memory process», *Behav Brain Res* 83: 83-90.

DEACON, T. (1997), *The Co-Evolution of Language and the Brain*, W. W. Norton, Nueva York.

Debiec, J. (2005), «Peptides of love and fear: Vasopressin and oxytocin modulate the integration of information in the amygdala», *Bioessays* 27 (9): 869-873.
Deckner, D. F. A. (2003), «Rhythm in mother-infant interactions», *Infancy* 4 (2): 201-217.
DeJudicibus, M. A., y M. P. McCabe (2002), «Psychological factors and the sexuality of pregnant and postpartum women», *J Sex Res* 39 (2): 94-103.
Dennerstein, L., E. Dudley, et al. (1997), «Sexuality, hormones and the menopausal transition», *Maturitas* 26 (2): 83-93.
Dennerstein, L., E. Dudley, et al. (1997), «Well-being and the menopausal transition», *J Psychosom Obstet Gynaecol* 18 (2): 95-101.
Dennerstein, L., E. Dudley, et al. (2000), «Life satisfaction, symptoms, and the menopausal transition», *Medscape Womens Health* 5 (4): E4.
Denton, D., R. Shade, et al. (1999), «Neuroimaging of genesis and satiation of thirst and an interoceptor-driven theory of origins of primary consciousness», *Proc Natl Acad Sci USA 96* (9): 5304-5309.
Depue, R., Morrone-Stupinsky, J. (2005), «A neurobiobehavioral model of affiliative bonding: Implications for conceptualizing a human trait of affiliation», *Behav Brain Sci* 28: 313-350.
Derbyshire, S. W., T. E. Nichols, et al. (2002), «Gender differences in patterns of cerebral activation during equal experience of painful laser stimulation», *J Pain* 3 (5): 401-411.
DeRubeis, R. J., S. D. Hollon, et al. (2005), «Cognitive therapy vs medications in the treatment of moderate to severe depression», *Arch Gen Psychiatry* 62 (4): 409-416.
DeVries, A. C., M. B. DeVries, et al. (1995), «Modulation of pair bonding in female prairie voles *(Microtus ochrogaster)* by corticosterone», *Proc Natl Acad Sci USA* 92 (17): 7744-7748.
DeVries, A. C., M. B. DeVries, et al. (1996), «The effects of stress on social preferences are sexually dimorphic in prairie voles», *Proc Natl Acad Sci USA* 93 (21): 11980-11984.

DeVries, A. C., T. Gupta, et al. (2002), «Corticotropin-releasing factor induces social preferences in male prairie voles», *Psychoneuroendocrinology* 27 (6): 705-714.

DeVries, A. C., S. E. Taymans, et al. (1997), «Social modulation of corticosteroid responses in male prairie voles», *Ann NY Acad Sci* 807: 494-497.

DeVries, G. J. (1999), «Brain sexual dimorphism and sex differences in parental and other social behaviors», en C. S. Carter, I. I. Lederhendler, y B. Kirkpatrick, eds., *The Integrative Neurobiology of Affiliation*, 155-168, MIT Press, Cambridge, MA.

Dluzen, D. E. (2005), «Estrogen, testosterone, and gender differences», *Endocrine* 27 (3): 259-268.

Dluzen, D. E. (2005), «Unconventional effects of estrogen uncovered», *Trends Pharmacol Sci* 26 (10): 485-487.

Dobson, H., S. Ghuman, et al. (2003), «A conceptual model of the influence of stress on female reproduction», *Reproduction* 125 (2): 151-163.

Dodge, K. A., J. D. Coie, et al. (1982), «Behavior patterns of socially rejected and neglected preadolescents: The roles of social approach and aggression», *J Abnorm Child Psychol* 10 (3): 389-409.

Douda, D. (2005), *Women turning to custom hormone therapy*. WCCO TV, Kansas City, 14 de diciembre, 2005.

Douma, S. L., C. Husband, et al. (2005), «Estrogen-related mood disorders: Reproductive life cycle factors», *ANS Adv Nurs Sci* 28 (4): 364-375.

Dreher, J., P. Schmidt, et al. (2005), «Menstrual cycle phase modulates the reward system in women», Society for Neuroscience meeting, Washington, D. C.

Dunbar, R. (1996), *Grooming, Gossip, and the Evolution of Language*, Harvard University Press, Cambridge, MA.

Dunn, K., L. Cherkas, y T. Spector (2005), «Genes drive ability to orgasm», *Biol Letter* 5 (2): 308.

Duval, F., M. C. Mokrani, et al. (1999), «Thyroid axis activity and serotonin function in major depressive episode», *Psychoneuroendocrinology* 24 (7): 695-712.

Eagly, A. H. (1986), «Gender and aggressive behavior: A meta-analytic review of the social psychological literature», *Psychol Bull* 100 (2): 309-330.

Eberhard, W. G. (1996), *Female Control: Sexual Selection by Cryptic Female Choice*, Princeton University Press, Princeton.

Edhborg, M., M. Friberg, et al. (2005), «'Struggling with life': Narratives from women with signs of postpartum depression», *Scand J Public Health* 33 (4): 261-267.

Editorial (2005), «Menstruation and reproduction in the context of therapy: Required reading for all therapists», *Psychology of Women Quarterly* 29 (3): 340-341.

Eisenberg, N. (1996), «Gender development and gender effects», en *The Handbook of Educational Psychology*, ed. D. C. Berliner, Macmillan, Nueva York, 121-139.

Eisenberg, N., R. A. Fabes, et al. (1993), «The relations of emotionality and regulation to preschoolers' social skills and sociometric status», *Child Dev* 64 (5): 1418-1438.

Eisenberg, N., R. A. Fabes, et al. (1993), «The relations of empathy-related emotions and maternal practices to children's comforting behavior», *J Exp Child Psychol* 55 (2): 131-150.

Eisenberger, N. I., y M. D. Lieberman (2004), «Why rejection hurts: A common neural alarm system for physical and social pain», *Trends Cogn Sci* 8 (7): 294-300.

Ekstrom, H. (2005), «Trends in middle-aged women's reports of symptoms, use of hormone therapy and attitudes towards it», *Maturitas* 52 (2): 154-164.

Elavsky, S., E. McAuley, et al. (2005), «Physical activity enhances long-term quality of life in older adults: Efficacy, esteem, and affective influences», *Ann Behav Med* 30 (2): 138-145.

Elavsky, S., y E. McAuley (2005), «Physical activity, symptoms, esteem, and life satisfaction during menopause», *Maturitas* 52 (3-4): 374-385.

Else-Quest, N. M., J. S. Hyde, et al. (2006), «Gender differences in temperament: a meta-analysis», *Psychol Bull* 132 (1): 33-72.

Emanuele, E., P. Politi, et al. (2006), «Raised plasma nerve growth factor levels associated with early-stage romantic love», *Psychoneuroendocrinology*, 31 (3): 288-294.

Enserink, M. (2005), «Let's talk about sex—and drugs», *Science* 308 (5728): 1578.

EPEL, E. S., E. H. BLACKBURN, et al. (2004), «Accelerated telomere shortening in response to life stress», *Proc Natl Acad Sci USA* 101 (49): 17312-17315.
EPEL, E., S. JIMENEZ, et al. (2004), «Are stress eaters at risk for the metabolic syndrome?», *Ann NY Acad Sci* 1032: 208-210.
EPEL, E., JUE LIN, et al. (2006), «Cell aging in relation to stress arousal and cardiovascular disease risk factors», *Psychoneuroendocrinology* 31 (3) 277287.
ERICKSON, K. I., S. J. COLCOMBE, et al. (2005), «Selective sparing of brain tissue in postmenopausal women receiving hormone replacement therapy», *Neurobiol Aging* 26 (8): 1205-1213.
ERWIN, R. J., R. C. Gur, et al. (1992), «Facial emotion discrimination: I. Task construction and behavioral findings in normal subjects», *Psychiatry Res* 42 (3): 231-240.
ESCH, T., y G. B. STEFANO (2005), «The neurobiology of love», *Neuro Endocrinol Lett* 26 (3): 175-192.
ESTANISLAU, C., y S. MORATO (2005), «Prenatal stress produces more behavioral alterations than maternal separation in the elevated plus-maze and in the elevated T-maze», *Behav Brain Res* 163 (1): 70-77.
EYSENCK, S. B., y H. J. EYSENCK (1978), «Impulsiveness and venturesomeness: Their position in a dimensional system of personality description», *Psychol Rep* 43 (3, Pt. 2): 1247-1255.
FABER, R. (1994), «Physiological, emotional and behavioral correlates of gender segregation», en *Childhood Gender Segregation: Causes and Consequences*, ed. C. Leaper. Jossey-Bass, San Francisco, 234-302.
FAGOT, B. I., R. HAGAN, et al. (1985), «Differential reactions to assertive and communicative acts of toddler boys and girls», *Child Dev* 56 (6): 1499-1505.
FAGOT, B. I., y M. D. LEINBACH (1989), «The young child's gender schema: Environmental input, internal organization», *Child Dev* 60 (3): 663-672.
FARR, S. A., W. A. BANKS, et al. (2000), «Estradiol potentiates acetylcholine and glutamate-mediated post-trial memory processing in the hippocampus», *Brain Res* 864 (2): 263-269.

Farroni, T., M. Johnson, et al. (2005), «Newborns' preference for face-relevant stimuli: Effects of contrast polarity», *Proc Natl Acad Sci USA* 102 (47): 17245-17250.

Featherstone, R. E., A. S. Fleming, et al. (2000), «Plasticity in the maternal circuit: Effects of experience and partum condition on brain astrocyte number in female rats», *Behav Neurosci* 114 (1): 158-172.

Feingold, A. (1994), «Gender differences in personality: A meta-analysis», *Psychol Bull* 116 (3): 429-456.

Ferguson, J. N., J. M. Aldag, et al. (2001), «Oxytocin in the medial amygdala is essential for social recognition in the mouse», *J Neurosci* 21 (20): 8278-8285.

Ferguson, T., y H. Eyre (2000), «Engendering gender differences in shame and guilt: Stereotypes, socialization and situational pressures», en *Gender and Emotion: Psychological Perspectives*,, ed. A. H. Fisher, 254-276, Cambridge University Press, Cambridge.

Fernández-Guasti, A., F. P. Kruijver, et al. (2000), «Sex differences in the distribution of androgen receptors in the human hypothalamus», *J Comp Neurol* 425 (3): 422-435.

Ferris, C. F., P. Kulkarni, et al. (2005), «Pup suckling is more rewarding than cocaine: Evidence from functional magnetic resonance imaging and three-dimensional computational analysis», *J Neurosci* 25 (1): 149-156.

Finch, C. (2002), «Evolution and the plasticity of aging in the reproductive schedules in long-lived animals: The importance of genetic variation in neuroendocrine mechanisms», en *Hormones, Brain and Behavior*, ed. D. W. Pfaff, vol. 4, 799-820, Academic Press, San Diego.

Fink, G., B. E. Sumner, et al. (1998), «Sex steroid control of mood, mental state and memory», *Clin Exp Pharmacol Physiol* 25 (10): 764-775.

Fischer, U., C. W. Hess, et al. (2005), «Uncrossed corticomuscular projections in humans are abundant to facial muscles of the upper and lower face, but may differ between sexes», *J Neurol* 252 (1): 21-26.

Fish, E. W., D. Shahrokh, et al. (2004), «Epigenetic programming of stress responses through variations in maternal care», *Ann NY Acad Sci* 1036: 167-180.

Fisher, H. (2004), *Why We Love: The Nature and Chemistry of Romantic Love*, Henry Holt, Nueva York.
Fisher, H. (2005), comunicación personal.
Fisher, H., A. Aron, et al. (2005), «Romantic love: An fMRI study of a neural mechanism for mate choice», *J Comp Neurol* 493 (1): 58-62.
Fisher, H. E., A. Aron, et al. (2002), «Defining the brain systems of lust, romantic attraction, and attachment», *Arch Sex Behav* 31 (5): 413-419.
Fivush, R., y N. R. Hamond (1989), «Time and again: Effects of repetition and retention interval on 2 year olds' event recall», *J Exp Child Psychol* 47 (2): 259-273.
Flannery, K. A., y M. W. Watson (1993), «Are individual differences in fantasy play related to peer acceptance levels?», *J Genet Psychol* 154 (3): 407-416.
Fleming, A. S., C. Corter, et al. (1993), «Postpartum factors related to mother's attraction to newborn infant odors», *Dev Psychobiol* 26 (2): 115-132.
Fleming, A. S., C. Corter, et al. (2002), «Testosterone and prolactin are associated with emotional responses to infant cries in new fathers», *Horm Behav* 42 (4): 399-413.
Fleming, A. S., E. Klein, et al. (1992), «The effects of a social support group on depression, maternal attitudes and behavior in new mothers», *J Child Psychol Psychiatry* 33 (4): 685-698.
Fleming, A. S., G. W. Kraemer, et al. (2002), «Mothering begets mothering: The transmission of behavior and its neurobiology across generations», *Pharmacol Biochem Behav* 73 (1): 61-75.
Fleming, A. S., D. H. O'Day, et al. (1999), «Neurobiology of mother-infant interactions: Experience and central nervous system plasticity across development and generations», *Neurosci Biobehav Rev* 23 (5): 673-685.
Fleming, A. S., D. Ruble, et al. (1997), «Hormonal and experiential correlates of maternal responsiveness during pregnancy and the puerperium in human mothers», *Horm Behav* 31 (2): 145-158.
Fleming, A. S., y J. Sarker (1990), «Experience-hormone interactions and maternal behavior in rats», *Physiol Behav* 47 (6): 1165-1173.

Fleming, A. S., M. Steiner, et al. (1997), «Cortisol, hedonics, and maternal responsiveness in human mothers», *Horm Behav* 32 (2): 85-98.
Forger, N. G., G. J. Rosen, et al. (2004), «Deletion of Bax eliminates sex differences in the mouse forebrain», *Proc Natl Acad Sci USA* 101 (37): 13666-13671.
Forger, N. G. (2006), «Cell death and sexual differentiation of the nervous system», *Neuroscience* 138 (3): 929-938.
Fox, C., H. S. Wolff, y J. A. Baker (1970), «Measurement of intravaginal and intrauterine pressures human coitus by radio-telemetry», *J Reprod Fert* 22: 243-251.
Francis, D., J. Diorio, et al. (1999), «Nongenomic transmission across generations of maternal behavior and stress responses in the rat», *Science* 286 (5442): 1155-1158.
Francis, D. D., F. A. Champagne, et al. (1999), «Maternal care, gene expression, and the development of individual differences in stress reactivity», *Ann NY Acad Sci* 896: 66-84.
Francis, D. D., J. Diorio, et al. (2002), «Environmental enrichment reverses the effects of maternal separation on stress reactivity», *J Neurosci* 22 (18): 7840-7843.
Francis, D. D., y M. J. Meaney (1999), «Maternal care and the development of stress responses», *Curr Opin Neurobiol* 9 (1): 128-134.
Francis, D. D., L. J. Young, et al. (2002), «Naturally occurring differences in maternal care are associated with the expression of oxytocin and vasopressin (V1a) receptors: Gender differences», *J Neuroendocrinol* 14 (5): 349-353.
Franklin, T. (2006), «Sex and ovarian steroids modulate brain-derived neurotrophic factor (BDNF) protein levels in rat hippocampus under stressful and non-stressful conditions», *Psychoneuroendocrinology* 31: 38-48.
Freeman, E. W. (2004), «Luteal phase administration of agents for the treatment of premenstrual dysphoric disorder», *CNS Drugs* 18 (7): 453-468.
Frey, W. (1985), «Crying: The mystery of tears», *Winston Pr* (septiembre, 1985).
Fries, A. B., T. E. Ziegler, et al. (2005), «Early experience in humans is associated with changes in neuropeptides criti-

cal for regulating social behavior», *Proc Natl Acad Sci USA* 102 (47): 17237-17240.
Frodi, A. (1977), «Sex differences in perception of a provocation, a survey», *Percept Mot Skills* 44 (1): 113-14.
Frodi, A., J. Macaulay, et al. (1977), «Are women always less aggressive than men? A review of the experimental literature», *Psychol Bull* 84 (4): 634-660.
Fry, D. R. (1992), «Female aggression among the Zapotec of Oaxaca, Mexico», en K. Bjorkqvist y P. Niemela, eds., *Of Mice and Women: Aspects of Female Aggression*, 187-200, Academic Press, San Diego.
Fujita, F., E. Diener, et al. (1991), «Gender differences in negative affect and well-being: The case for emotional intensity», *J Pers Soc Psychol* 61 (3): 427-434.
Furuta, M., y R. S. Bridges (2005), «Gestation-induced cell proliferation in the rat brain», *Brain Res Dev Brain Res* 156 (1): 61-66.
Gaab, N., J. P. Kennan, et al. (2003), «The effects of gender on the neural substrates of pitch memory», *J Cogn Neurosci* 15 (6): 810-820.
Gangestad, S. W., y R. Thornhill (1998), «Menstrual cycle variation in women's preferences for the scent of symmetrical men», *Proc Biol Sci* 265 (1399): 927-933.
Garner, A. (1997), *Conversationally Speaking*, McGraw-Hill, Nueva York.
Garstein, M. (2003), «Studying infant temperament», *Infant Behavior and Development* 26: 64-86.
Gatewood, J. D., y M. D. Morgan, et al. (2005), «Motherhood mitigates aging-related decrements in learning and memory and positively affects brain aging in the rat», *Brain Res Bull 66* (2): 91-98.
Genazzani, A. D. (2005), «Neuroendocrine aspects of amenorrhea related to stress», *Pediatr Endocrinol Rev* 2 (4): 661-668.
Getchell, T. (1991), *Smell and Taste in Health and Disease*, Raven Press, Nueva York.
Giammanco, M., G. Tabacchi, et al. (2005), «Testosterone and aggressiveness», *Med Sci Monit* 11 (4): RA 136-145.
Giedd, J. N. (2005), comunicación personal.

GIEDD, J. N. (2003), «The anatomy of mentalization: A view from developmental neuroimaging», *Bull Menninger Clin* 67 (2): 132-142.
GIEDD, J. N. (2004), «Structural magnetic resonance imaging of the adolescent brain», *Ann NY Acad Sci* 1021: 77-85.
GIEDD, J. N., J. BLUMENTHAL, et al. (1999), «Brain development during childhood and adolescence: A longitudinal MRI study», *Nat Neurosci* 2 (10): 861-863.
GIEDD, J. N., F. X. CASTELLANOS, et al. (1997), «Sexual dimorphism of the developing human brain», *Prog Neuropsychopharmacol Biol Psychiatry* 21 (8): 1185-1201.
GIEDD, J. N., J. M. RUMSEY, et al. (1996), «A quantitative MRI study of the corpus callosum in children and adolescents», *Brain Res Dev Brain Res* 91 (2): 274-280.
GIEDD, J. N., J. W. SNELL, et al. (1996), «Quantitative magnetic resonance imaging of human brain development: Ages 4-18», *Cereb Cortex* 6 (4): 551-560.
GIEDD, J. N., A. C. VAITUZIS, et al. (1996), «Quantitative MRI of the temporal lobe, amygdala, and hippocampus in normal human development: Ages 4-18 years», *J Comp Neurol* 366 (2): 223-230.
GILTAY, E. J., K. H. KHO, et al. (2005), «The sex difference of plasma homovanillic acid is unaffected by cross-sex hormone administration in transsexual subjects», *J Endocrinol* 187 (1): 109-116.
GINGRICH, B., Y. LIU, et al. (2000), «Dopamine D2 receptors in the nucleus accumbens are important for social attachment in female prairie voles *(Microtus ochrogaster)*», *Behav Neurosci* 114 (1): 173-183.
GIZEWSKI, E. R., E. KRAUSE, et al. (2006), «Gender-specific cerebral activation during cognitive tasks using functional MRI: Comparison of women in midluteal phase and men», *Neuroradiology* 48 (1): 14-20.
GLAZER, I. M. (1992), «Interfemale aggression and resource scarcity in a cross-cultural perspective», en K. Bjorkqvist y P. Niemela, eds., *Of Mice and Women: Aspects of Female Aggression*, 163-172, Academic Press, San Diego.
GLICKMAN, S. E., R. V. SHORT, et al. (2005), «Sexual differentiation in three unconventional mammals: Spotted hye-

nas, elephants and tammar wallabies», *Horm Behav* 48 (4): 403-417.

Goldberg E., K. Podell, et al. (1994), «Cognitive bias, functional cortical geometry and the frontal lobes: laterality, sex and handedness», *J Cog Neurosci* 6: 276-296.

Goldstat, R., E. Briganti, et al. (2003), «Transdermal testosterone therapy improves well-being, mood, and sexual function in premenopausal women», *Menopause* 10 (5): 390-398.

Goldstein, J. M., M. Jerram, et al. (2005), «Hormonal cycle modulates arousal circuitry in women using functional magnetic resonance imaging», *J Neurosci* 25 (40): 9309-9316.

Goldstein, J. M., M. Jerram, et al. (2005), «Sex differences in prefrontal cortical brain activity during fmri of auditory verbal working memory», *Neuropsychology* 19 (4): 509-519.

Goldstein, J. M., L. J. Seidman, et al. (2001), «Normal sexual dimorphism of the adult human brain assessed by in vivo magnetic resonance imaging», *Cereb Cortex* 11 (6): 490-497.

Golombok, S., y S. Fivush (1994), *Gender Development*, Cambridge University Press, Nueva York.

Good, C. D., K. Lawrence, et al. (2003), «Dosage-sensitive X-linked locus influences the development of amygdala and orbitofrontal cortex, and fear recognition in humans», *Brain* 126 (pt. 11): 2431-2446.

Goos, L. M., y S. Irwin (2002), «Sex related factors in the perception of threatening facial expressions», *Journal of Nonverbal Behavior* 26 (1): 27-41.

Gootjes, L., A. Bouma, et al. (2006), «Attention modulates hemispheric differences in functional connectivity: Evidence from meg recordings», *Neuroimage*, 30 (1): 245-253.

Goy, R. W., F. B. Bercovitch, et al. (1988), «Behavioral masculinization is independent of genital masculinization in prenatally androgenized female rhesus macaques», *Horm Behav* 22 (4): 552-571.

Graham, C. A., E. Janssen, et al. (2000), «Effects of fragrance on female sexual arousal and mood across the menstrual cycle», *Psychophysiology* 37 (1): 76-84.

GRAMMER, K. (1993), «Androstadienone-a male pheromone?», *Ethol Sociobiol* 14: 201-207.

GRAY, A., H. A. FELDMAN, et al. (1991), «Age, disease, and changing sex hormone levels in middle-aged men: Results of the Massachusetts Male Aging Study», *J Clin Endocrinol Metab* 73 (5): 1016-1025.

GRAY, P. B., B. C. CAMPBELL, et al. (2004), «Social variables predict between-subject but not day-to-day variation in the testosterone of U.S. men», *Psychoneuroendocrinology* 29 (9): 1153-1162.

GREEN, R. (2002), «Sexual identity and sexual orientation», en *Hormones, Brain and Behavior*, ed. D. W. Pfaff, vol. 4, 463-486, Academic Press, San Diego.

GREWEN, K. M., S. S. GIRDLER, et al. (2005), «Effects of partner support on resting oxytocin, cortisol, norephinephrine, and blood pressure before and after warm partner contact», *Psychosom Med* 67 (4): 531-538.

GRIFFIN, L. D., y S. H. MELLON (1999), «Selective serotonin reuptake inhibitors directly alter activity of neurosteroidogenic enzymes», *Proc Natl Acad Sci USA* 96 (23): 13512-13517.

GROSSMAN, M., y W. WOOD (1993), «Sex differences in intensity of emotional experience: A social role interpretation», *J Pers Soc Psychol* 65 (5): 1010-1022.

GRUMBACH, M. (2003), «Puberty», en *Williams Textbook of Endocrinology*, ed. R. H. Williams, 1115-1286. W. B. Saunders, Nueva York.

GRUMBACH, M. (2005), comunicación personal.

GRUMBACH, M. (2002), «The neuroendocrinology of human puberty revisited», *Horm Res* 57 (supl. 2): 2-14.

GUAY, A. (2005), «Commentary on androgen deficiency in women and the FDA advisory board's recent decision to request more safety data», *Int J Impot Res* 17 (4): 375-376.

GUAY, A., y S. R. DAVIS (2002), «Testosterone insufficiency in women: Fact or fiction?», *World J Urol* 20 (2): 106-110.

GUAY, A., J. JACOBSON, et al. (2004), «Serum androgen levels in healthy premenopausal women with and without sexual dysfunction: Part B: Reduced serum androgen levels in healthy premenopausal women with complaints of sexual dysfunction», *Int J Impot Res* 16 (2): 121-129.

Guay, A., y R. Munarriz, et al. (2004), «Serum androgen levels in healthy premenopausal women with and without sexual dysfunction: Part A. Serum androgen levels in women aged 20-49 years with no complaints of sexual dysfunction», *Int J Impot Res* 16 (2): 112-120.

Guay, A. T. (2002), «Screening for androgen deficiency in women: Methodological and interpretive issues», *Fertil Steril* 77 (supl. 4): S83-88.

Guay, A. T., y J. Jacobson (2002), «Decreased free testosterone and dehydroepiandrosterone-sulfate (dhea-s) levels in women with decreased libido», *J Sex Marital Ther* 28 (supl. 1): 129-142.

Gulati, M. (2005), «Exercise may ward off death in women with metabolic syndrome», American Heart Association Scientific Sessions, Filadelfia.

Gulati, M., H. R. Black, et al. (2005), «The prognostic value of a nomogram for exercise capacity in women», *N Engl J Med* 353 (5): 468-475.

Gulinello, M., D. Lebesgue, et al. (2006), «Acute and chronic estradiol treatments reduce memory deficits induced by transient global ischemia in female rats», *Horm Behav* 49 (2): 246-260.

Gur, R. C., F. Gunning-Dixon, et al. (2002), «Sex differences in temporo-limbic and frontal brain volumes of healthy adults», *Cereb Cortex* 12 (9): 998-1003.

Gur, R. C., F. M. Gunning-Dixon, et al. (2002), «Brain region and sex differences in age association with brain volume: A quantitative mri study of healthy young adults», *Am J Geriatr Psychiatry* 10 (1): 72-80.

Gur, R. C., L. H. Mozley, et al. (1995), «Sex differences in regional cerebral glucose metabolism during a resting state», *Science* 267 (5197): 528-531.

Gurung, R. A., S. E. Taylor, et al. (2003), «Accounting for changes in social support among married older adults: Insights from the MacArthur Studies of Successful Aging», *Psychol Aging* 18 (3): 487-496.

Gust, D. A., M. E. Wilson, et al. (2000), «Activity of the hypothalamic-pituitary-adrenal axis is altered by aging and exposure to social stress in female rhesus monkeys», *J Clin Endocrinol Metab* 85 (7): 2556–2563.

Guthrie, J. R., L. Dennerstein, et al. (2003), «Central abdominal fat and endogenous hormones during the menopausal transition», *Fertil Steril* 79 (6): 1335-1340.

Guthrie, J. R., L. Dennerstein, et al. (2003), «Health care-seeking for menopausal problems», *Climacteric* 6 (2): 112-117.

Guthrie, J. R., L. Dennerstein, et al. (2004), «The menopausal transition: A 9-year prospective population-based study: The Melbourne Women's Midlife Health Project», *Climacteric* 7 (4): 375-389.

Gutteling, B. M., C. de Weerth, et al. (2005), «The effects of prenatal stress on temperament and problem behavior of 27-month-old toddlers», *Eur Child Adolesc Psychiatry* 14 (1): 41-51.

Gutteling, B. M., C. de Weerth, et al. (2005), «Prenatal stress and children's cortisol reaction to the first day of school», *Psychoneuroendocrinology* 30 (6): 541-549.

Haier, R. J., R. E. Jung, et al. (2005), «The neuroanatomy of general intelligence: Sex matters», *Neuroimage* 25 (1): 320-327.

Halari, R., M. Hines, et al. (2005), «Sex differences and individual differences in cognitive performance and their relationship to endogenous gonadal hormones and gonadotropins», *Behav Neurosci* 119 (1): 104-117.

Halari, R., y V. Kumari (2005), «Comparable cortical activation with inferior performance in women during a novel cognitive inhibition task», *Behav Brain Res* 158 (1): 167-173.

Halari, R., V. Kumari, et al. (2004), «The relationship of sex hormones and cortisol with cognitive functioning in schizophrenia», *J Psychopharmacol* 18 (3): 366-374.

Halari, R., T. Sharma, et al. (2006), «Comparable fMRI activity with differential behavioural performance on mental rotation and overt verbal fluency tasks in healthy men and women», *Exp Brain Res* 169 (1): 1-14.

Halbreich, U. (2006), «Major depression is not a diagnosis, it is a departure point to differential diagnosis—clinical and hormonal considerations», *Psychoneuroendocrinology* 31 (1): 16-22.

Halbreich, U., L. A. Lumley, et al. (1995), «Possible acceleration of age effects on cognition following menopause», *J Psychiatr Res* 29 (3): 153-163.

Hall, J. A. (1978), «Gender effects in decoding nonverbal cues», *Psychol Bull* 85: 8845-8857.

Hall, J. A. (1984), *Nonverbal sex differences: Communication accuracy and expressive style*, Johns Hopkins University Press, Baltimore.

Hall, J. A., J. D. Carter, y T. G. Horgan (2000), «Gender differences in the nonverbal communication of emotion», en A. H. Fischer, ed., *Gender and Emotion: Social Psychological Perspectives*, 97-117, Cambridge University Press, Londres.

Hall, L. A., A. R. Peden, et al. (2004), «Parental bonding: A key factor for mental health of college women», *Issues Ment Health Nurs* 25 (3): 277-291.

Halpern, C. T., B. Campbell, et al. (2002), «Associations between stress reactivity and sexual and nonsexual risk taking in young adult human males», *Horm Behav* 42 (4): 387-398.

Halpern, C. T., J. R. Udry, et al. (1997), «Testosterone predicts initiation of coitus in adolescent females», *Psychosom Med* 59 (2): 161-171.

Hamann, S. (2005), «Sex differences in the responses of the human amygdala», *Neuroscientist* 11 (4): 288-293.

Hamilton, W. L., M. C. Diamond, et al. (1977), «Effects of pregnancy and differential environments on rat cerebral cortical depth», *Behav Biol* 19 (3): 333-340.

Hammock, E. A., M. M. Lim, et al. (2005), «Association of vasopressin 1a receptor levels with a regulatory microsatellite and behavior», *Genes Brain Behav* 4 (5): 289-301.

Hammock, E. A., y L. J. Young (2005), «Microsatellite instability generates diversity in brain and sociobehavioral traits», *Science* 308 (5728): 1630-1634.

Harman, S. M., E. A. Brinton, et al. (2004), «Is the whi relevant to hrt started in the perimenopause?», *Endocrine* 24 (3): 195-202.

Harman, S. M., E. A. Brinton, et al. (2005), «keeps: The Kronos Early Estrogen Prevention Study», *Climacteric* 8 (1): 3-12.

Harman, S. M., F. Naftolin, et al. (2005), «Is the estrogen controversy over? Deconstructing the Women's Health Initiative Study: A critical evaluation of the evidence», *Ann NY Acad Sci* 1052:43-1056.

Harris, G. (2004), «Pfizer gives up testing viagra on women», *New York Times*, 28 de febrero.

Harrison, K., ed. (1999), «Tales from the screen: Enduring fright reactions to scary movies», *Media Psychology*, primavera: 15-22.

Haselton, M. G., D. M. Buss, et al. (2005), «Sex, lies, and strategic interference: The psychology of deception between the sexes», *Pers Soc Psychol Bull* 31 (1): 3-23.

Hasser, C., L. Brizendine et al. (2006), «To treat or not to treat? Depression in pregnancy and the use of ssris», *Current Psychiatry* 5 (4): 31-40.

Havlicek, J. (2005), «Women prefer more dominant men for short-term mating before ovulation», *Biol Letter* 5 (2): 217-228.

Hawkes, K. (2003), «Grandmothers and the evolution of human longevity», *Am J Hum Biol* 15 (3): 380-400.

Hawkes, K. (2004), «Human longevity: The grandmother effect», *Nature* 428 (6979): 128-129.

Hawkes, K., J. F. O'Connell, et al. (1998), «Grandmothering, menopause, and the evolution of human life histories», *Proc Natl Acad Sci USA* 95 (3): 1336-1339.

Hayward, C., y K. Sanborn (2002), «Puberty and the emergence of gender differences in psychopathology», *J Adolesc Health* 30 (4 supl.): 49-58.

Heinrichs, M., T. Baumgartner, et al. (2003), «Social support and oxytocin interact to suppress cortisol and subjective responses to psychosocial stress», *Biol Psychiatry* 54 (12): 1389-1398.

Heinrichs, M., G. Meinlschmidt, et al. (2001), «Effects of suckling on hypothalamic-pituitary-adrenal axis responses to psychosocial stress in postpartum lactating women», *J Clin Endocrinol Metab* 86 (10): 4798-4804.

HEINRICHS, M., I. NEUMANN, et al. (2002), «Lactation and stress: Protective effects of breast-feeding in humans», *Stress* 5 (3): 195-203.

HELSON, R., y B. ROBERTS (1992), «The personality of young adult couples and wives' work patterns», *J Pers* 60 (3): 575-597.

HELSON, R., y C. J. SOTO (2005), «Up and down in middle age: Monotonic and nonmonotonic changes in roles, status, and personality», *J Pers Soc Psychol* 89 (2): 194-204.

HELSON, R., y S. SRIVASTAVA (2001), «Three paths of adult development: Conservers, seekers, and achievers», *J Pers Soc Psychol* 80 (6): 995-1010.

HENDERSON, V. (2002), «Protective effects of estrogen on aging and damaged neural systems», en *Hormones, Brain and Behavior*, ed. D. W. Pfaff, vol. 4, 821-840, Academic Press, San Diego.

HENDERSON, V. W., J. R. GUTHRIE, et al. (2003), «Estrogen exposures and memory at midlife: A population-based study of women», *Neurology* 60 (8): 1369-1371.

HERBA, C. P. (2004), «Annotation: Development of facial expression recognition from childhood to adolescence: Behavioural and neurological perspectives», *J Child Psychol Psychiatry* 45 (7): 1185-1198.

HERBERT, M. R., D. A. ZIEGLER, et al. (2005), «Brain asymmetries in autism and developmental language disorder: A nested whole-brain analysis», *Brain* 128 (1): 213-226.

HERRERA, E., N. REISSLAND, et al. (2004), «Maternal touch and maternal childdirected speech: Effects of depressed mood in the postnatal period», *J Affect Disord* 81 (1): 29-39.

HERSHBERGER, S. L., y N. L. SEGAL (2004), «The cognitive, behavioral, and personality profiles of a male monozygotic triplet set discordant for sexual orientation», *Arch Sex Behav* 33 (5): 497-514.

HICKEY, M., S. R. DAVIS, et al. (2005), «Treatment of menopausal symptoms: What shall we do now?», *Lancet* 366 (9483): 409-421.

HILL, C. A. (2002), «Gender, relationship stage, and sexual behavior: The importance of partner emotional investment within specific situations», *J Sex Res* 39 (3): 228-240.

Hill, H., F. Ott, et al. (2006), «Response execution in lexical decision tasks obscures sex-specific lateralization effects in language processing: Evidence from event-related potential measures during word reading», *Cereb Cortex* 16 (7) 978-989.

Hill, K. (1988), «Trade offs in male and female reproductive strategies among the Ache», en *Human Reproductive Behavior: A Darwinian Perspective*, ed. Bertzig y Borgerhoff, et al., Cambridge University Press, Nueva York, 215-239.

Hines, M. (2002), «Sexual differentiation of human brain and behavior», en *Hormones, Brain and Behavior*, ed. D. W. Pfaff, vol. 4, 425-462. Academic Press, San Diego.

Hines, M., S. F. Ahmed, et al. (2003), «Psychological outcomes and genderrelated development in complete androgen insensitivity syndrome», *Arch Sex Behav* 32 (2): 93-101.

Hines, M., C. Brook, et al. (2004), «Androgen and psychosexual development: Core gender identity, sexual orientation and recalled childhood gender role behavior in women and men with congenital adrenal hyperplasia (cah)», *J Sex Res* 41 (1): 75-81.

Hines, M., y F. R. Kaufman (1994), «Androgen and the development of human sex-typical behavior: Rough-and-tumble play and sex of preferred playmates in children with congenital adrenal hyperplasia (cah)», *Child Dev* 65 (4): 1042-1053.

Hittelman, J. H. (1979), «Sex differences in neonatal eye contact time», *Merrill-Palmer Q* 25: 171-184.

Hodes, G. E., y T. J. Shors (2005), «Distinctive stress effects on learning during puberty», *Horm Behav* 48 (2): 163-171.

Holdcroft, A., L. Hall, et al. (2005), «Phosphorus-31 brain mr spectroscopy in women during and after pregnancy compared with nonpregnant control subjects», ajnr *Am J Neuroradiol* 26 (2): 351-356.

Holden, C. (2005), «Sex and the suffering brain», *Science* 308 (5728): 1574.

HOLMSTROM, R. (1992), «Female aggression among the great apes», en K. Bjorkqvist y P. Niemela, eds., *Of Mice and Women: Aspects of Female Aggression*, 295-306, Academic Press, San Diego.

HOLSTEGE, G., et al. (2003), «Brain activation during female sexual orgasm», *Soc Neurosci Abstr* 727: 7.

HOOVER-DEMPSEY, K. W., (1986), «Tears and weeping among professional women: In search of new understanding», *Psychology of Women Quarterly* 10: 19-34.

HORGAN, T. G. et al. (2004), «Gender differences in memory for the appearance of others», *Pers Soc Psychol Bull* 30 (2): 185-196.

HOWARD, J. M. (2002), «'Mitochondrial Eve,' 'Y Chromosome Adam,' testosterone, and human evolution», *Riv Biol* 95 (2): 319-325.

HOWES, C. (1988), «Peer interactions of young children», *Monographs of the Society for Research in Child Development* 217, 53 (1).

HRDY, S. (1999), *Mother Nature*, Pantheon, Nueva York.

HRDY, S. (2005), comunicación personal.

HRDY, S. B. (1974), «Male-male competition and infanticide among the langurs *(Presbytis entellus)* of Abu, Rajasthan», *Folia Primatol* (Basel) 22 (1): 19-58.

HRDY, S. B. (1977), «Infanticide as a primate reproductive strategy», *Am Sci* 65 (1): 40-49.

HRDY, S. B. (1997), «Raising Darwin's consciousness: Female sexuality and the prehominid origins of patriarchy», *Human Nature* 8 (1): 1-49.

HRDY, S. B. (2000), «The optimal number of fathers: Evolution, demography, and history in the shaping of female mate preferences», *Ann NY Acad Sci* 907: 75-96.

HUBER, D., P. VEINANTE, et al. (2005), «Vasopressin and oxytocin excite distinct neuronal populations in the central amygdala», *Science* 308 (5719): 245-248.

HULTCRANTZ, M., (2006), «Estrogen and hearing: A summary of recent investigations», *Acta Otolaryngol* 126 (1): 10-14.

HUMMEL, T., F. KRONE, et al. (2005), «Androstadienone odor thresholds in adolescents», *Horm Behav* 47 (3): 306-310.

Huot, R. L., P. A. Brennan, et al. (2004), «Negative affect in offspring of depressed mothers is predicted by infant cortisol levels at 6 months and maternal depression during pregnancy, but not postpartum», *Ann NY Acad Sci* 1032: 234-236.

Hyde, J. S. (1984), «How large are gender differences in aggression? A developmental meta-analysis», *Dev Psychol* 20: 722-736.

Hyde, J. S. (1988), «Gender differences in verbal ability: A meta-analysis», *Psychol Bull* 104 (1): 53-69.

Idiaka, T. (2001), «fMRI study of aged-related differences in the medial temporal lobe responses to emotional faces», *Society for Neuroscience*, Nueva Orleans.

Iervolino, A. C., M. Hines, et al. (2005), «Genetic and environmental influences on sex-typed behavior during the preschool years», *Child Dev* 76 (4): 826-840.

Imperato-McGinley, J. (2002), «Gender and behavior in subjects with genetic defects in male sexual differentiation», en *Hormones, Brain and Behavior*, ed. D. W. Pfaff, vol. 5, 303-346, Academic Press, San Diego.

Insel, T. R. (2003), «Is social attachment an addictive disorder?», *Physiol Behav* 79 (3): 351-357.

Insel, T. R., y R. D. Fernald (2004), «How the brain processes social information: Searching for the social brain», *Annu Rev Neurosci* 27: 697-722.

Insel, T. R., B. S. Gingrich, et al. (2001), «Oxytocin: Who needs it?», *Prog Brain Res* 133: 59-66.

Insel, T. R., y L. J. Young (2000), «Neuropeptides and the evolution of social behavior», *Curr Opin Neurobiol* 10 (6): 784-789.

Institute of Medicine (2003), *Gender issues in medicine: Working-Group on Gender Issues in Medicine*, Institute of Medicine, noviembre.

Irwing, P., y R. Lynn (2005), «Sex differences in means and variability on the progressive matrices in university students: A meta-analysis», *Br J Psychol* 96 (pt. 4): 505-524.

Jacklin, C., y E. Maccoby (1978), «Social behavior at thirty-three months in same-sex and mixed-sex dyads», *Child Dev* 49: 557-569.

Jackson, A., D. Stephens, et al. (2005), «Gender differences in response to lorazepam in a human drug discrimination study», *J Psychopharmacol* 19 (6): 614-619.
Jasnow, A. M., J. Schulkin, et al. (2006), «Estrogen facilitates fear conditioning and increases corticotropin-releasing hormone mRNA expression in the central amygdala in female mice», *Horm Behav* 49 (2): 197-205.
Jausovec, N., y K. Jausovec (2005), «Sex differences in brain activity related to general and emotional intelligence», *Brain Cogn* 59 (3): 277-286.
Jawor, J. M., R. Young, et al. (2006), «Females competing to reproduce: Dominance matters but testosterone may not», *Horm Behav* 49 (3): 362-368.
Jenkins, W. J., y J. B. Becker (2003), «Dynamic increases in dopamine during paced copulation in the female rat», *Eur J Neurosci* 18 (7): 1997-2001.
Jensvold, M. E. (1996), *Psychopharmacology and women: Sex, gender and hormones*, APA Press, Washington.
Joffe, H., y L. S. Cohen (1998), «Estrogen, serotonin, and mood disturbance: Where is the therapeutic bridge?», *Biol Psychiatry* 44 (9): 798-811.
Joffe, H., L. S. Cohen, et al. (2003), «Impact of oral contraceptive pill use on premenstrual mood: Predictors of improvement and deterioration», *Am J Obstet Gynecol* 189 (6): 1523-1530.
Joffe, H., J. E. Hall, et al. (2002), «Vasomotor symptoms are associated with depression in perimenopausal women seeking primary care», *Menopause* 9 (6): 392-398.
Joffe, H., C. N. Soares, et al. (2003), «Assessment and treatment of hot flushes and menopausal mood disturbance», *Psychiatr Clin North Am* 26 (3): 563-580.
Joffe, H. (2006), comunicación personal.
Johns, J. M., D. A. Lubin, et al. (2004), «Gestational treatment with cocaine and fluoxetine alters oxytocin receptor number and binding affinity in lactating rat dams», *Int J Dev Neurosci* 22 (5-6): 321-328.
Johnston, A. L., y S. E. File (1991), «Sex differences in animal tests of anxiety», *Physiol Behav* 49 (2): 245-250.

JONES, B. A., y N. V. WATSON (2005), «Spatial memory performance in androgen insensitive male rats», *Physiol Behav* 85 (2): 135-141.

JONES, N. A., T. FIELD, et al. (2004), «Greater right frontal EEG asymmetry and nonemphathic behavior are observed in children prenatally exposed to cocaine», *Int J Neurosci* 114 (4): 459-480.

JORDAN, K., T. WUSTENBERG, et al. (2002), «Women and men exhibit different cortical activation patterns during mental rotation tasks», *Neuropsychologia* 40 (13): 2397-2408.

JORM, A. F., K. B. DEAR, et al. (2003), «Cohort difference in sexual orientation: Results from a large age-stratified population sample», *Gerontology* 49 (6): 392-395.

JOSEPHS, R. A., H. R. MARKUS, et al. (1992), «Gender and self-esteem», *J Pers Soc Psychol* 63 (3): 391-402.

JOVANOVIC, T., S. SZILAGYI, et al. (2004), «Menstrual cycle phase effects on prepulse inhibition of acoustic startle», *Psychophysiology* 41 (3): 401-406.

KAISER, J. (2005), «Gender in the pharmacy: Does it matter?», *Science* 308 (5728): 1572.

KAISER, S., y N. SACHSER (2005), «The effects of prenatal social stress on behaviour: Mechanisms and function», *Neurosci Biobehav Rev* 29 (2): 283-294.

KAJANTIE, E. (2006), «The effects of sex and hormonal status on the physiological response to acute psychosocial stress», *Psychoneuroendocrinology* 31 (2): 151-178.

KANIN, E. (1970), «A research note on male-female differentials in the experience of heterosexual love», *J Sex Res* 6 (1): 64-72.

KAUFMAN, J., B. Z. YANG, et al. (2004), «Social supports and serotonin transporter gene moderate depression in maltreated children», *Proc Natl Acad Sci USA* 101 (49): 17316-17321.

KAUFMAN, J. M., y A. VERMEULEN (2005), «The decline of androgen levels in elderly men and its clinical and therapeutic implications», *Endocr Rev* 26 (6): 833-876.

KELLER-WOOD, M., J. Silbiger, et al. (1988), «Progesterone attenuates the inhibition of adrenocorticotropin responses by cortisol in nonpregnant ewes», *Endocrinology* 123 (1): 647-651.

KENDLER, K. S., M. GATZ, et al. (2006), «A Swedish national twin study of lifetime major depression», *Am J Psychiatry* 163 (1): 109-114.
KENDLER, K. S., L. M. THORNTON, et al. (2000), «Stressful life events and previous episodes in the etiology of major depression in women: An evaluation of the 'kindling' hypothesis», *Am J Psychiatry* 157 (8): 1243-1251.
KENDRICK, K. M. (2000), «Oxytocin, motherhood and bonding», *Exp Physiol* 85 (n.º esp.): 111S-124S.
KENDRICK, K. M., A. P. Da COSTA, et al. (1997), «Neural control of maternal behavior and olfactory recognition of offspring», *Brain Res Bull* 44: 383-395.
KENDRICK, K. M., F. LEVY, et al. (1992), «Changes in the sensory processing of olfactory signals induced by birth in sleep», *Science* 256 (5058): 833-836.
KENYON, C. (2005), comunicación personal.
KENYON, C. (2005), «The plasticity of aging: Insights from long-lived mutants», *Cell* 120 (4): 449-460.
KEVERNE, E. B., C. M. NEVISON, y F. L. MARTEL (1999), «Early learning and the social bond», en C. S. Carter, I. I. Lederhendler, y B. Kirkpatrick, eds., *The Integrative Neurobiology of Affiliation*, 263-274, MA: MIT Press, Cambridge.
KIECOLT-GLASER, J. K., R. GLASER, et al. (1998), «Marital stress: Immunologic, neuroendocrine, and autonomic correlates», *Ann NY Acad Sci* 840: 656-663.
KIECOLT-GLASER, J. K., T. J. LOVING, et al. (2005), «Hostile marital interactions, proinflammatory cytokine production, and wound healing», *Arch Gen Psychiatry* 62 (12): 1377-1384.
KIECOLT-GLASER, J. K., T. NEWTON, et al. (1996), «Marital conflict and endocrine function: Are men really more physiologically affected than women?», *J Consult Clin Psychol* 64 (2): 324-332.
KIMURA, K., M. OTE, et al. (2005), «Fruitless specifies sexually dimorphic neural circuitry in the Drosophila brain», *Nature* 438 (7065): 229-233.
KINNUNEN, A. K., J. I. KOENIG, et al. (2003), «Repeated variable prenatal stress alters pre- and postsynaptic gene expression in the rat frontal pole», *J Neurochem* 86 (3): 736-748.

Kinsley, C. H., L. Madonia, et al. (1999), «Motherhood improves learning and memory», *Nature* 402 (6758): 137-138.

Kinsley, C. H., R. Trainer, et al. (2006), «Motherhood and the hormones of pregnancy modify concentrations of hippocampal neuronal dendritic spines», *Horm Behav* 49 (2): 131-142.

Kirsch, P., C. Esslinger, et al. (2005), «Oxytocin modulates neural circuitry for social cognition and fear in humans», *J Neurosci*, 25 (49): 11489-11493.

Kirschbaum, C., B. M. Kudielka, et al. (1999), «Impact of gender, menstrual cycle phase, and oral contraceptives on the activity of the hypothalamus-pituitary-adrenal axis», *Psychosom Med* 61 (2): 154-162.

Klatzkin, R. R., A. L. Morrow, et al. (2006), «Histories of depression, allopregnanolone responses to stress, and premenstrual symptoms in women», *Biol Psychol* 71 (1): 2-11.

Klein, L. C., y E. J. Corwin (2002), «Seeing the unexpected: How sex differences in stress responses may provide a new perspective on the manifestation of psychiatric disorders», *Curr Psychiatry Rep* 4 (6): 441-448.

Knafo, A., A. C. Iervolino, et al. (2005), «Masculine girls and feminine boys: genetic and environmental contributions to atypical gender development in early childhood», *J Pers Soc Psychol* 88 (2): 400-412.

Knaus, T. A., A. M. Bollich, et al. (2004), «Sex-linked differences in the anatomy of the perisylvian language cortex: A volumetric mri study of gray matter volumes», *Neuropsychology* 18 (4): 738-747.

Knaus, T. A., A. M. Bollich, et al. (2006), «Variability in perisylvian brain anatomy in healthy adults», *Brain Lang* 97 (2): 219-232.

Knickmeyer, R., S. Baron-Cohen, et al. (2006), «Androgens and autistic traits: A study of individuals with congenital adrenal hyperplasia», *Horm Behav* 50 (1): 148-153.

Knickmeyer, R., S. Baron-Cohen, et al. (2005), «Foetal testosterone, social relationships, and restricted interests in children», *J Child Psychol Psychiatry* 46 (2): 198-210.

Knickmeyer, R. C., S. Wheelwright, et al. (2005), «Gender-typed play and amniotic testosterone», *Dev Psychol* 41 (3): 517-528.

Knight, G., I. Gunthrie, et al. (2002), «Emotional arousal and gender differences in aggression: A meta-analysis», *Aggressive Behavior* 28: 366-393.

Koch, P. (2005), «Feeling Frumpy: The relationships between body image and sexual response changes in midlife women», *J Sex Res* 42 (3): 212-219.

Kochanska, G., K. DeVet, et al. (1994), «Maternal reports of conscience development and temperament in young children», *Child Dev* 65 (3): 852-868.

Kochunov, P., J. F. Mangin, et al. (2005), «Age-related morphology trends of cortical sulci», *Hum Brain Mapp* 26 (3): 210-220.

Komesaroff, P. A., M. D. Esler, et al. (1999), «Estrogen supplementation attenuates glucocorticoid and catecholamine responses to mental stress in perimenopausal women», *J Clin Endocrinol Metab* 84 (2): 606-610.

Korol, D. L. (2004), «Role of estrogen in balancing contributions from multiple memory systems», *Neurobiol Learn Mem* 82 (3): 309-323.

Korol, D. L., E. L. Malin, et al. (2004), «Shifts in preferred learning strategy across the estrous cycle in female rats», *Horm Behav* 45 (5): 330-338.

Kosfeld, M., M. Heinrichs, et al. (2005), «Oxytocin increases trust in humans», *Nature* 435 (7042): 673-676.

Kravitz, H. (2005), «Relationship of day-to-day reproductive levels to sleep in midlife women», *Arch Intern Med* 165: 2370-2376.

Kring, A. M. (2000), «Gender and anger», en *Gender and Emotion: Social Psychological Perspectives: Studies in Emotion and Social Interaction*, ed. A. H. Fischer, 2.as series (211-231), Cambridge University Press, Nueva York.

Kring, A. M. (1998), «Sex differences in emotion: Expression, experience, and physiology», *J Pers Soc Psychol* 74 (3): 686-703.

Krpan, K. M., R. Coombs, et al. (2005), «Experiential and hormonal correlates of maternal behavior in teen and adult mothers», *Horm Behav* 47 (1): 112-122.

Krueger, R. B., y M. S. Kaplan (2002), «Treatment resources for the paraphilic and hypersexual disorders», *J Psychiatr Pract* 8 (1): 59-60.

Kruijver, F. P., A. Fernandez-Guasti, et al. (2001), «Sex differences in androgen receptors of the human mamillary bodies are related to endocrine status rather than to sexual orientation or transsexuality», *J Clin Endocrinol Metab* 86 (2): 818-827.

Kudielka, B. M., A. Buske-Kirschbaum, et al. (2004), «HPA axis responses to laboratory psychosocial stress in healthy elderly adults, younger adults, and children: Impact of age and gender», *Psychoneuroendocrinology* 29 (1): 83-98.

Kudielka, B. M., y C. Kirschbaum (2005), «Sex differences in HPA axis responses to stress: A review», *Biol Psychol* 69 (1): 113-132.

Kudielka, B. M., A. K. Schmidt-Reinwald, et al. (1999), «Psychological and endocrine responses to psychosocial stress and dexamethasone/corticotropin-releasing hormone in healthy postmenopausal women and young controls: The impact of age and a two-week estradiol treatment», *Neuroendocrinology* 70 (6): 422-430.

Kuhlmann, S., C. Kirschbaum, et al. (2005), «Effects of oral cortisol treatment in healthy young women on memory retrieval of negative and neutral words», *Neurobiol Learn Mem* 83 (2): 158-162.

Kuhlmann, S., y O. T. Wolf (2005), «Cortisol and memory retrieval in women: influence of menstrual cycle and oral contraceptives», *Psychopharmacology (Berl)* 183 (1): 65-71.

Kurosaki, M., N. Shirao, et al. (2006), «Distorted images of one's own body activates the prefrontal cortex and limbic/paralimbic system in young women: A functional magnetic resonance imaging study», *Biol Psychiatry* 59 (4): 380-386.

Kurshan, N., y C. Neill Epperson (2006), «Oral contraceptives and mood in women with and without premenstrual dysphoria: A theoretical model». *Arch Women Ment Health* 9 (1): 1-14.

Labouvie-Vief, G., M. A. Lumley, et al. (2003), «Age and gender differences in cardiac reactivity and subjective emotion responses to emotional autobiographical memories», *Emotion* 3 (2): 115-126.

Ladd, C. O., D. J. Newport, et al. (2005), «Venlafaxine in the treatment of depressive and vasomotor symptoms in women with perimenopausal depression», *Depress Anxiety* 22 (2): 94-97.

Lakoff, R. (1976), *Language and Women's Place*, Harper & Row, Nueva York.

Lambert, K. G., A. E. Berry, et al. (2005), «Pup exposure differentially enhances foraging ability in primiparous and nulliparous rats», *Physiol Behav* 84 (5): 799-806.

Laumann, E. O., A. Nicolosi, et al. (2005), «Sexual problems among women and men aged 40-80: Prevalence and correlates identified in the Global Study of Sexual Attitudes and Behaviors», *Int J Impot Res* 17 (1): 39-57.

Laumann, E. O., A. Paik, et al. (1999), «Sexual dysfunction in the United States: Prevalence and predictors», JAMA 281 (6): 537-544.

Lavelli, M., A. Fogel (2002), «Developmental changes in mother-infant face-to-face communication: Birth to 3 months», *Dev Psychol* 38 (2): 288-305.

Lawal, A., M. Kern, et al. (2005), «Cingulate cortex: A closer look at its gutrelated functional topography», *Am J Physiol Gastrointest Liver Physiol* 289 (4): G722-730.

Lawrence, P. (2006), «Men, women and ghosts in science», *PLoS Biology* 4 (1): 19.

Lawrence, P. A. (2003), «The politics of publication», *Nature* 422 (6929): 259-261.

Leaper, C., y T. E. Smith (2004), «A meta-analytic review of gender variations in children's language use: Talkativeness, affiliative speech, and assertive speech», *Dev Psychol* 40 (6): 993-1027.

Leckman, J. F., R. Feldman, et al. (2004), «Primary parental preoccupation: Circuits, genes, and the crucial role of the environment», *J Neural Transm* 111 (7): 753-771.

Leckman, J. F., y L. C. Mayes (1999), «Preoccupations and behaviors associated with romantic and parental love: Perspectives on the origin of obsessive-compulsive disorder», *Child Adolesc Psychiatr Clin N Am* 8 (3): 635-665.

LEDERMAN, S. A. (2004), «Influence of lactation on body weight regulation», *Nutr Rev* 62 (7, pt. 2): S112-119.

LEDERMAN, S. A., V. RAUH, et al. (2004), «The effects of the World Trade Center event on birth outcomes among term deliveries at three lower Manhattan hospitals», *Environ Health Perspect* 112 (17): 1772-1778.

LEE, M., U. F. BAILER, et al. (2005), «Relationship of a 5-HT transporter functional polymorphism to 5-HT1A receptor binding in healthy women», *Mol Psychiatry* 10 (8): 715-716.

LEE, T. M., H. L. LIU, et al. (2002), «Gender differences in neural correlates of recognition of happy and sad faces in humans assessed by functional magnetic resonance imaging», *Neurosci Lett* 333 (1): 131-136.

LEE, T. M., H. L. LIU, et al. (2005), «Neural activities associated with emotion recognition observed in men and women», *Mol Psychiatry* 10 (5): 450-455.

LEEB, R. T. R., y F. GILLIAN (2004), «Here's looking at you, kid! A longitudinal study of perceived gender differences in mutual gaze behavior in young infants», *Sex Roles* 50 (1-2): 1-5.

LEGATO, M. J. (2005), «Men, women, and brains: What's hard-wired, what's learned, and what's controversial», *Gend Med* 2 (2): 59-61.

LEIBENLUFT, E., M. I. GOBBINI, et al. (2004), «Mothers' neural activation in response to pictures of their children and other children», *Biol Psychiatry* 56 (4): 225-232.

LEPPÄNEN, J. M. H. (2001), «Emotion recognition and social adjustment in school-aged girls and boys», *Scand J Psychol* 42 (5): 429-435.

LERESCHE, L., L. A. MANCL, et al. (2005), «Relationship of pain and symptoms to pubertal development in adolescents», *Pain* 118 (1-2): 201-209.

LEVAY, S. (1991), «A difference in hypothalamic structure between heterosexual and homosexual men», *Science* 253 (5023): 1034-1037.

LEVENSON, R. W. (2003), «Blood, sweat, and fears: The autonomic architecture of emotion», *Ann NY Acad Sci* 1000: 348-366.

Levesque, J., F. Eugene, et al. (2003), «Neural circuitry underlying voluntary suppression of sadness», *Biol Psychiatry* 53 (6): 502-510.

Levesque, J., Y. Joanette, et al. (2003), «Neural correlates of sad feelings in healthy girls», *Neuroscience* 121 (3): 545-551.

Lewis, D. A., D. Cruz, et al. (2004), «Postnatal development of prefrontal inhibitory circuits and the pathophysiology of cognitive dysfunction in schizophrenia», *Ann NY Acad Sci* 1021: 64-76.

Lewis, M. (1997), «Social behavior and language acquisition», en *Interactional conversation and the development of language*, 313-330, ed. B. Haslett, Wiley, Nueva York.

Li, C. S., T. R. Kosten, et al. (2005), «Sex differences in brain activation during stress imagery in abstinent cocaine users: A functional magnetic resonance imaging study», *Biol Psychiatry* 57 (5): 487-494.

Li, H., S. Pin, et al. (2005), «Sex differences in cell death», *Ann Neurol* 58 (2): 317-321.

Li, L., E. B. Keverne, et al. (1999), «Regulation of maternal behavior and offspring growth by paternally expressed Peg3», *Science* 284 (5412): 330-333.

Li, M., y A. S. Fleming (2003), «The nucleus accumbens shell is critical for normal expression of pup-retrieval in postpartum female rats», *Behav Brain Res* 145 (1-2): 99-111.

Li, R., e Y. Shen (2005), «Estrogen and brain: Synthesis, function and diseases», *Front Biosci* 10: 257-267.

Li, Z. J., H. Matsuda, et al. (2004), «Gender difference in brain perfusion 99mTC-ECD SPECT in aged healthy volunteers after correction for partial volume effects», *Nucl Med Commun* 25 (10): 999-1005.

Light, K. C., K. M. Grewen, et al. (2004), «Deficits in plasma oxytocin responses and increased negative affect, stress, and blood pressure in mothers with cocaine exposure during pregnancy», *Addict Behav* 29 (8): 1541-1564.

Light, K. C., K. M. Grewen, et al. (2005), «More frequent partner hugs and higher oxytocin levels are linked to lower blood pressure and heart rate in premenopausal women», *Biol Psychol* 69 (1): 5-21.

LIGHT, K. C., K. M. GREWEN, et al. (2005), «Oxytocinergic activity is linked to lower blood pressure and vascular resistance during stress in postmenopausal women on estrogen replacement», *Horm Behav* 47 (5): 540-548.

LIGHT, K. C., T. E. SMITH, et al. (2000), «Oxytocin responsivity in mothers of infants: A preliminary study of relationships with blood pressure during laboratory stress and normal ambulatory activity», *Health Psychol* 19 (6): 560-567.

LIM, M. M., I. F. BIELSKY, et al. (2005), «Neuropeptides and the social brain: Potential rodent models of autism», *Int J Dev Neurosci* 23 (2-3): 235-243.

LIM, M. M., E. A. HAMMOCK, et al. (2004), «The role of vasopressin in the genetic and neural regulation of monogamy», *J Neuroendocrinal* 16 (4): 325-332.

LIM, M. M., A. Z. MURPHY, et al. (2004), «Ventral striatopallidal oxytocin y vasopressin V1a receptors in the monogamous prairie vole *(Microtus ochrogaster)*», *J Comp Neurol* 468 (4): 555-570.

LIM, M. M., H. P. NAIR, et al. (2005), «Species and sex differences in brain distribution of corticotropin-releasing factor receptor subtypes 1 and 2 in monogamous and promiscuous vole species», *J Comp Neurol* 487 (1): 75-92.

LIM, M. M., Z. WANG, et al. (2004), «Enhanced partner preference in a promiscuous species by manipulating the expression of a single gene», *Nature* 429 (6993): 754-757.

LIM, M. M., y L. J. YOUNG (2004), «Vasopressin-dependent neural circuits underlying pair bond formation in the monogamous prairie vole», *Neuroscience* 125 (1): 35-45.

LOBO, R. (2000), *Menopause*, Academic Press, San Diego.

LOBO, R. A. (2005), «Appropriate use of hormones should alleviate concerns of cardiovascular and breast cancer risk», *Maturitas* 51 (1): 98-109.

LOGSDON, M. C., K. Wisner, et al. (2006), «Raising the awareness of primary care providers about postpartum depression», *Issues Ment Health Nurs* 27 (1): 59-73.

LONSTEIN, J. S. (2005), «Reduced anxiety in postpartum rats requires recent physical interactions with pups, but is independent of suckling and peripheral sources of hormones», *Horm Behav* 47 (3): 241-255.

Lovell-Badge, R. (2005), «Aggressive behaviour: Contributions from genes on the Y chromosome», *Novartis Found Symp* 268: 20-33; debate 33-41, 96-99.

Lovic, V., y A. S. Fleming (2004), «Artificially-reared female rats show reduced prepulse inhibition and deficits in the attentional set shifting task-reversal of effects with material-like licking stimulation», *Behav Brain Res* 148 (1-2): 209-219.

Lu, N. Z., y C. L. Bethea (2002), «Ovarian steroid regulation of 5-htia receptor binding and G protein activation in female monkeys», *Neuropsychopharmacology* 27 (1): 12-24.

Luisi, A. F., y J. E. Pawasauskas (2003), «Treatment of premenstrual dysphoric disorder with selective serotonin reuptake inhibitors», *Pharmacotherapy* 23 (9): 1131-1140.

Luna, B. (2004), «Algebra and the adolescent brain», *Trends Cogn Sci* 8 (10): 437-439.

Luna, B., K. E. Garver, et al. (2004), «Maturation of cognitive processes from late childhood to adulthood», *Child Dev* 75 (5): 1357-1372.

Lunde, I., G. K. Larson, et al. (1991), «Sexual desire, orgasm, and sexual fantasies: A study of 625 Danish women born in 1910, 1936 and 1958», *J Sex Educ Ther* 17: 62-70.

Lundstrom, J. N., M. Goncalves, et al. (2003), «Psychological effects of subthreshold exposure to the putative human pheromone 4,16-androstadien-3-one», *Horm Behav* 44 (5): 395-401.

Lynam, D. (2004), «Personality pathways to impulsive behavior and their relations to deviance: Results from three samples», *Journal of Quantitative Criminology* 20: 319-341.

McCarthy, M. M., C. H. McDonald, et al. (1996), «An anxiolytic action of oxytocin is enhanced by estrogen in the mouse», *Physiol Behav* 60 (5): 1209-1215.

McClintock, M. (2002), «Pheromones, odors and vsana: The neuroendocrinology of social chemosignals in humans and animals», en *Hormones, Brain and Behavior*, ed. D. W. Pfaff, vol. 1, 797-870.

McClintock, M. K. (1998), «On the nature of mammalian and human pheromones», *Ann NY Acad Sci* 855: 390-392.

McClintock, M. K., S. Bullivant, et al. (2005), «Human body scents: Conscious perceptions and biological effects», *Chem Senses* 30 (supl. 1): i135-i137.

McClure, E. B. (2000), «A meta-analytic review of sex differences in facial expression processing and their development in infants, children, and adolescents», *Psychol Bull* 126 (3): 424-453.

McClure, E. B., C. S. Monk, et al. (2004), «A developmental examination of gender differences in brain engagement during evaluation of threat», *Biol Psychiatry* 55 (11): 1047-1055.

Maccoby, E. E. (1959), «Roletaking in childhood and its consequences for social learning», *Child Dev* 30 (2): 239-252.

Maccoby, E. E. (1998), *The Two Sexes: Growing Up Apart, Coming Together*: Harvard University Press, Cambridge, MA.

Maccoby, E. E. (2005), comunicación personal.

Maccoby, E. E., y C. N. Jacklin (1973), «Stress, activity, and proximity seeking: Sex differences in the year-old child», *Child Dev* 44 (1): 34-42.

Maccoby, E. E., y C. N. Jacklin (1980), «Sex differences in aggression: A rejoinder and reprise», *Child Dev* 51 (4): 964-980.

Maccoby, E. E., y C. N. Jacklin (1987), «Gender segregation in childhood», *Adv Child Dev Behav* 20: 239-287.

McCormick, C. M. y E. Mahoney (1999), «Persistent effects of prenatal, neonatal, or adult treatment with flutamide on the hypothalamic-pituitary-adrenal stress response of adult male rats», *Horm Behav* 35 (1): 90-101.

McEwen, B. S. (2001), «Invited review: Estrogen's effects on the brain: Multiple sites and molecular mechanisms», *J Appl Physiol* 91 (6): 2785-2801.

McEwen, B. S., y J. P. Olie (2005), «Neurobiology of mood, anxiety, and emotions as revealed by studies of a unique antidepressant: Tianeptine», *Mol Psychiatry* 10 (6): 525-537.

McFadden, D., y E. G. Pasanen (1998), «Comparison of the auditory systems of heterosexuals and homosexuals: Click-evoked otoacoustic emissions», *Proc Natl Acad Sci USA* 95 (5): 2709-2713.

McFadden, D., y E. G. Pasanen (1999), «Spontaneous otoacoustic emissions in heterosexuals, homosexuals, and bisexuals», *J Acoust Soc Am* 105 (4): 2403-2413.

McGinnis, M. Y. (2004), «Anabolic androgenic steroids and aggression: Studies using animal models», *Ann NY Acad Sci* 1036: 399-415.

McManis, M. H., M. M. Bradley, et al. (2001), «Emotional reactions in children: Verbal, physiological, and behavioral responses to affective pictures», *Psychophysiology* 38 (2): 222-231.

Maciejewski, P. K., H. G. Prigerson, et al. (2001), «Sex differences in event-related risk for major depression», *Psychol Med* 31 (4): 593-604.

Mackey, R. (2001), «Psychological intimacy in the lasting relationships of heterosexual and same-gender couples», *Sex Roles* 43 (3-4): 201.

Mackie, D. M., T. Devos, et al. (2000), «Intergroup emotions: Explaining offensive action tendencies in an intergroup context», *J Pers Soc Psychol* 79 (4): 602-616.

Madden, T. E., L. F. Barrett, et al. (2000), «Sex differences in anxiety and depression: Empirical evidence and methodological questions», en *Gender and Emotion: Social Psychological Perspectives: Studies in Emotion and Social Interaction*, ed. A. H. Fischer, 2.as series, 277-298, Cambridge University Press, Nueva York.

Maestripieri, D. (2005), «Early experience affects the intergenerational transmission of infant abuse in rhesus monkeys», *Proc Natl Acad Sci USA* 102 (27): 9726-9729.

Maestripieri, D. (2005), «Effects of early experience on female behavioural and reproductive development in rhesus macaques», *Proc Biol Sci* 272 (1569): 1243-1248.

Maestripieri, D., S. G. Lindell, et al. (2005), «Neurobiological characteristics of rhesus macaque abusive mothers and their relation to social and maternal behavior», *Neurosci Biobehav Rev* 29 (1): 51-57.

Magalhaes, P. V., y R. T. Pinheiro (2006), «Pharmacological treatment of postpartum depression», *Acta Psychiatr Scand* 113 (1): 75-76.

MAKI, P. M., A. B. ZONDERMAN, et al. (2001), «Enhanced verbal memory in nondemented elderly women receiving hormone-replacement therapy», *Am J Psychiatry* 158 (2): 227-233.

MALATESTA, C. Z., y J. M. HAVILAND (1982), «Learning display rules: The socialization of emotion expression in infancy», *Child Dev* 53 (4): 991-1003.

MANDAL, M. K. (1985), «Perception of facial affect and physical proximity», *Percept Mot Skills* 60 (3): 782.

MANI, S. (2002), «Mechanisms of progesterone receptor action in the brain», en *Hormones, Brain and Behavior*, ed. D. W. Pfaff, vol. 3, 643-682, Academic Press, San Diego.

MANN, P. E., y J. A. BABB (2005), «Neural steroid hormone receptor gene expression in pregnant rats», *Brain Res Mol Brain Res* 142 (1): 39-46.

MANNING, J. T., A. STEWART, et al. (2004), «Sex and ethnic differences in 2nd to 4th digit ratio of children», *Early Hum Dev* 80 (2): 161-168.

MARSHALL, E. (2005), «From dearth to deluge», *Science* 308 (5728): 1570.

MARTEL, F. L., C. M. NEVISON, et al. (1993), «Opioid receptor blockade reduces maternal affect and social grooming in rhesus monkeys», *Psychoneuroendocrinology* 18 (4): 307-321.

MARTÍN-LOECHES, M., R. M. ORTI, et al. (2003), «A comparative analysis of the modification of sexual desire of users of oral hormonal contraceptives and intrauterine contraceptive devices», *Eur J Contracept Reprod Health Care* 8 (3): 129-134.

MASONI, S., A. MAIO, et al. (1994), «The Couvade Syndrome», *J Psychosom Obstet Gynaecol* 15 (3): 125-131.

Mass, J. (1998), *Sleep: The Revolutionary Program that Prepares Your Mind for Peak Performance*, HarperCollins.

MATHEWS, G. A., B. A. FANE, et al. (2004), «Androgenic influences on neural asymmetry: Handedness and language lateralization in individuals with congenital adrenal hyperplasia», *Psychoneuroendocrinology* 29 (6): 810-822.

MATTHEWS, T. J., P. ABDELBAKY, et al. (2005), «Social and sexual motivation in the mouse», *Behav Neurosci* 119 (6): 1628-1639.

Matthiesen, A. S., A. B. Ransjo-Arvidson, et al. (2001), «Postpartum maternal oxytocin release by newborns: Effects of infant hand massage and sucking», *Birth* 28 (1): 13-19.

Mazure, C. M., y P. K. Maciejewski (2003), «A model of risk for major depression: Effects of life stress and cognitive style vary by age», *Depress Anxiety* 17 (1): 26-33.

Meaney, M. (2001), «From a culture of blame to a culture of safety—the role of institutional ethics committees», *Bioethics Forum* 17 (2): 32-42.

Meaney, M. J. (2001), «Maternal care, gene expression, and the transmission of individual differences in stress reactivity across generations», *Annu Rev Neurosci* 24: 1161-1192.

Meaney, M. J., y M. Szyf (2005), «Environmental programming of stress responsses through DNA methylation: Life at the interface between a dynamic environment and a fixed genome», *Dialogues Clin Neurosci* 7 (2): 103-123.

Meaney, M. J., y M. Szyf (2005), «Maternal care as a model for experience-dependent chromatin plasticity?», *Trends Neurosci* 28 (9): 456-463.

Mellon, S., L. Brizendine y S. Conrad, (2004), «Neurosteroids, PMS and depression», *Behavioral Pharmacology* 15: 22-28.

Mellon, S., S. Conrad, et al. (2006), «Allopregnanolone synthesis vs cycle vs normal vs PMDD», en preparación.

Mendelsohn, M. E., y R. H. Karas (2005), «Molecular and cellular basis of cardiovascular gender differences», *Science* 308 (5728): 1583-1587.

Mendoza, E., y G. Carballo (1999), «Vocal tremor and psychological stress», *J Voice* 13 (1): 105-112.

Mendoza, S. P. (1999), «Attachment relationships in New World primates», en C. S. Carter, I. I. Lederhendler, y B. Kirkpatrick, eds., *The Integrative Neurobiology of Affiliation*, 93-100, MA: MIT Press, Cambridge, MA.

Miller, G. E., N. Rohleder, et al. (2006), «Clinical depression and regulation of the inflammatory response during acute stress», *Psychosom Med*, 67 (5): 679-687.

Miller, K. J., J. C. Conney, et al. (2002), «Mood symptoms and cognitive performance in women estrogen users and nonusers and men», *J Am Geriatr Soc* 50 (11): 1826-1830.

MILLET, S. M., y J. S. LONSTEIN (2005), «Dopamine d1 and d2 receptor antagonism in the preoptic area produces different effects on maternal behavior in lactating rats», *Behav Neurosci* 119 (4): 1072-1083.

MITCHELL, J. P., M. R. BANAJI, et al. (2005), «The link between social cognition and self-referential thought in the medial prefrontal cortex», *J Cogn Neurosci* 17 (8): 1306-1315.

MOFFITT, T. (2001), *Sex Differences in Antisocial Behavior*, Cambridge University Press, Cambridge.

MOGI, K., T. FUNABASHI, et al. (2005), «Sex difference in the response of melaninconcentrating hormone neurons in the lateral hypothalamic area to glucose, as revealed by the expression of phosphorylated cyclic adenosine 3', 5'-monophosphate response element-binding protein», *Endocrinology* 146 (8): 3325-3333.

MONKS, D. A., J. S. LONSTEIN, et al. (2003), «Got milk? Oxytocin triggers hippocampal plasticity», *Nat Neurosci* 6 (4): 327-328.

MONNET, F. P. y T. MAURICE (2006), «The sigma(1) protein as a target for the non-genomic effects of neuro(active) steroids: Molecular, physiological, and behavioral aspects», *J Pharmacol Sci* 100 (2): 93-118.

MORGAN, H. D., A. S. FLEMING, et al. (1992), «Somatosensory control of the onset and retention of maternal responsiveness in primiparous Sprague-Dawley rats», *Physiol Behav* 51 (3): 549-555.

MORGAN, M. A., J. SCHULKIN, et al. (2004), «Estrogens and non-reproductive behaviors related to activity and fear», *Neurosci Biobehav Rev* 28 (1): 55-63.

MORGAN, M. L., I. A. COOK, et al. (2005), «Estrogen augmentation of antidepressants in perimenopausal depression: A pilot study», *J Clin Psychiatry* 66 (6): 774-780.

MORLEY-FLETCHER, S., M. Puopolo, et al. (2004), «Prenatal stress affects 3, 4-methylenedioxymethamphetamine pharmacokinetics and drug-induced motor alterations in adolescent female rats», *Eur J Pharmacol* 489 (1-2): 89-92.

MORLEY-FLETCHER, S., M. REA, et al. (2003), «Environmental enrichment during adolescence reverses the effects of prenatal stress on play behaviour and HPA axis reactivity in rats», *Eur J Neurosci* 18 (12): 3367-3374.

MORSE, C. A., y K. RICE (2005), «Memory after menopause: Preliminary considerations of hormone influence on cognitive functioning», *Arch Women Ment Health* 8 (3): 155-162.

MOTZER, S. A., y V. HERTIG (2004), «Stress, stress response, and health», *Nurs Clin North Am* 39 (1): 1-17.

MOWLAVI, A., D. COONEY, et al. (2005), «Increased cutaneous nerve fibers in female specimens», *Plast Reconstr Surg* 116 (5): 1407-1410.

MULLER, M., D. E. GROBBEE, et al. (2005), «Endogenous sex hormones and metabolic syndrome in aging men», *J Clin Endocrinol Metab* 90 (5): 2618-2623.

MULLER, M., M. E. KECK, et al. (2002), «Genetics of endocrine-behavior interactions», en *Hormones, Brain and Behavior*, ed. D. W. Pfaff, vol. 5, 263-302, Academic Press, San Diego.

MUMME, D. L., A. FERNALD, et al. (1996), «Infants' responses to facial and vocal emotional signals in a social referencing paradigm», *Child Dev* 67 (6): 3219-3237.

MURABITO, J. M., Q. YANG, et al. (2005), «Heritability of age at natural menopause in the Framingham Heart Study», *J Clin Endocrinol Metab* 90 (6): 3427-3430.

MURPHY, C. T., S. A. MCCARROLL, et al. (2003), «Genes that act downstream of DAF-16 to influence the lifespan of *Caenorhabditis elegans*», *Nature* 424 (6946): 277-283.

MUSCARELLA, F., V. A. ELIAS, et al. (2004), «Brain differentiation and preferred partner characteristics in heterosexual and homosexual men and women», *Neuro Endocrinol Lett* 25 (4): 297-301.

MUST, A., E. N. NAUMOVA, et al. (2005), «Childhood overweight and maturational timing in the development of adult overweight and fatness: The Newton Girls Study and its follow-up», *Pediatrics* 116 (3): 620-627.

MUSTANSKI, B. S., M. G. DUPREE, et al. (2005), «A genomewide scan of male sexual orientation», *Hum Genet* 116 (4): 272-278.

NAFTOLIN, F. (2005), «Prevention during the menopause is critical for good health: Skin studies support protracted hormone therapy», *Fertil Steril* 84 (2): 293-294; debate 295.

NAGY, E. (2001), «Different emergence of fear expression in infant boys and girls», *Infant Behavior and Development* 24: 189-194.

NALIBOFF, B. D., S. BERMAN, et al. (2003), «Sex-related differences in IBS patients: Central processing of visceral stimuli», *Gastroenterology* 124 (7): 1738-1747.

NAWATA, H., T. YANASE, et al. (2004), «Adrenopause», *Horm Res* 62 (supl. 3): 110-114.

NEFF, B. D. (2003), «Decisions about parental care in response to perceived paternity», *Nature* 422 (6933): 716-719.

NEIGHBORS, K. A., B. GILLESPIE, et al. (2003), «Weaning practices among breastfeeding women who weaned prior to six months postpartum», *J Hum Lact* 19 (4): 374-380; quiz 381-385, 448.

NELSON, E. E., E. LEIBENLUFT, et al. (2005), «The social reorientation of adolescence: A neuroscience perspective on the process and its relation to psychopathology», *Psychol Med* 35 (2): 163-174.

NETHERTON, C., I. GOODYER, et al. (2004), «Salivary Cortisol and dehydroepiandrosterone in relation to puberty and gender», *Psychoneuroendocrinology* 29 (2): 125-140.

NIEDERLE, M. (2005), «Why do women shy away from competition? Do men compete too much?», *NBER, working paper*, julio de 2005.

NISHIDA, Y., M. YOSHIOKA, et al. (2005), «Sexually dimorphic gene expression in the hypothalamus, pituitary gland, and cortex», *Genomics* 85 (6): 679-687.

NITSCHKE, J. B., E. E. NELSON, et al. (2004), «Orbitofrontal cortex tracks positive mood in mothers viewing pictures of their newborn infants», *Neuroimage* 21 (2): 583-592.

OATRIDGE, A., A. HOLDCROFT, et al. (2002), «Change in brain size during and after pregnancy: Study in healthy women and women with preeclampsia», *AJNR Am J Neuroradiol* 23 (1): 19-26.

OBERMAN, L. M. (2005), comunicación personal: «There may be a difference in male and female mirror neuron functioning».

Oberman, L. M., E. M. Hubbard, et al. (2005), «EEG evidence for mirror neuron dysfunction in autism spectrum disorders», *Brain Res Cogn Brain Res* 24 (2): 190-198.
Ochsner, K. N., R. D. Ray, et al. (2004), «For better or for worse: Neural systems supporting the cognitive down- and up-regulation of negative emotion», *Neuroimage* 23 (2): 483-499.
O'Connell, H. E., K. V. Sanjeevan, et al. (2005), «Anatomy of the clitoris», *J Urol* 174 (4, pt. 1): 1189-1195.
O'Connor, D. B., J. Archer, et al. (2004), «Effects of testosterone on mood, aggression, and sexual behavior in young men: A double-blind, placebo-controlled, crossover study», *J Clin Endocrinol Metab* 89 (6): 2837-2845.
O'Day, D. H., M. Lydan, et al. (2001), «Decreases in calmodulin binding proteins and calmodulin dependent protein phosphorylation in the medial preoptic area at the onset of maternal behavior in the rat», *J Neurosci Res* 64 (6): 599-605.
O'Day, D. H., L. A. Payne, et al. (2001), «Loss of calcineurin from the medial preoptic area of primiparous rats», *Biochem Biophys Res Commun* 281 (4): 1037-1040.
O'Hara, M. W., J. A. Schlechte, et al. (1991), «Controlled prospective study of postpartum mood disorders: Psychological, environmental, and hormonal variables», *J Abnorm Psychol* 100 (1): 63-73.
O'Hara, M. W., J. A. Schlechte, et al. (1991), «Prospective study of postpartum blues: Biologic and psychosocial factors», *Arch Gen Psychiatry* 48 (9): 801-806.
Ohnishi, T., Y. Moriguchi, et al. (2004), «The neural network for the mirror system and mentalizing in normally developed children: An fMRI study», *Neuroreport* 15 (9): 1483-1487.
Ojeda, S. (2002), «Neuroendocrine regulation of puberty», en *Hormones, Brain and Behavior*, ed. D. W. Pfaff, vol. 4, 589-660, Academic Press, San Diego.
Olweus, D., A. Mattsson, et al. (1988), «Circulating testosterone levels and aggression in adolescent males: A causal analysis», *Psychosom Med* 50 (3): 261-272.
OpenSpeechRecognizer (2005), «Male and female spectral tones of voice», véase www.nuance.com.

ORZHEKHOVSKAIA, N. S. (2005), «[Sex dimorphism of neuron-glia correlations in the frontal areas of the human brain]», *Morfologiia* 127 (1): 7-9.

OTTE, C., S. HART, et al. (2005), «A meta-analysis of cortisol response to challenge in human aging: Importance of gender», *Psychoneuroendocrinology* 30 (1): 80-91.

OVERMAN, W. H., J. BACHEVALIER, et al. (1996), «Cognitive gender differences in very young children parallel biologically based cognitive gender differences in monkeys», *Behav Neurosci* 110 (4): 673-684.

PALERMO, R. C., (2004), «Photographs of facial expression: Accuracy, response times, and ratings of intensity», *Behavior Research Methods, Instruments & Computers.* Special Web-based archive of norms, stimuli, and data, pt. 2, 36 (4): 634-638.

PANZER, C., S. WISE, et al. (2006), «Impact of oral contraceptives on sex hormone-binding globulin and androgen levels: A retrospective study in women with sexual dysfunction», *J Sex Med* 3 (1): 104-113.

PAPALEXI, E., K. ANTONIOU, et al. (2005), «Estrogens influence behavioral responses in a kainic acid model of neurotoxicity», *Horm Behav* 48 (3): 291-302.

PARIS, R., y R. HELSON (2002), «Early mothering experience and personality change», *J Fam Psychol* 16 (2): 172-185.

PARRY, B. (2002), «Premenstrual dysphoric disorder PMDD», en *Hormones, Brain and Behavior,* ed. D. W. Pfaff, vol. 5, 531-552, Academic Press, San Diego.

PARSEY, R. V., M. A. OQUENDO, et al. (2002), «Effects of sex, age, and aggressive traits in man on brain serotonin 5-HT1A receptor binding potential measured by PET using [C-11] WAY-100635», *Brain Res* 954 (2): 173-182.

PASTERSKI, V. L., M. E. GEFFNER, et al. (2005), «Prenatal hormones and postnatal socialization by parents as determinants of male-typical toy play in girls with congenital adrenal hyperplasia», *Child Dev* 76 (1): 264-278.

PATTATUCCI, A. M., y D. H. Hamer (1995), «Development and familiality of sexual orientation in females», *Behav Genet* 25 (5): 407-420.

Paus, T, A. Zijdenbos, et al. (1999), «Structural maturation of neural pathways in children and adolescents: In vivo study», *Science* 283 (5409): 1908-1911.

Pawluski, J. L., y L. A. Galea (2006), «Hippocampal morphology is differentially affected by reproductive experience in the mother», *J Neurobiol* 66 (1): 71-81.

Pawluski, J. L., S. K. Walker, et al. (2006), «Reproductive experience differentially affects spatial reference and working memory performance in the mother», *Horm Behav* 49 (2): 143-149.

Pazol, K., K. V. Northcutt, et al. (2005), «Medroxyprogesterone acetate acutely facilitates and sequentially inhibits sexual behavior in female rats», *Horm Behav* 49 (1): 105-113.

Pedersen, C. A., y M. L. Boccia (2003), «Oxytocin antagonism alters rat dams' oral grooming and upright posturing over pups», *Physiol Behav* 80 (2-3): 233-241.

Pennebaker, J. W., C. J. Groom, et al. (2004), «Testosterone as a social inhibitor: Two case studies of the effect of testosterone treatment on language», *J Abnorm Psychol* 113 (1): 172-175.

Pérez-Martín, M., V. Salazar, et al. (2005), «Estradiol and soy extract increase the production of new cells in the dentate gyrus of old rats», *Exp Gerontol* 40 (5): 450-453.

Pezawas, L., A. Meyer-Lindenberg, et al. (2005), «5-httlpr polymorphism impacts human cingulate-amygdala interactions: A genetic susceptibility mechanism for depression», *Nat Neurosci* 8 (6): 828-834.

Phelps, E. A. (2004), «Human emotion and memory: Interactions of the amygdala and hippocampal complex», *Curr Opin Neurobiol* 14 (2): 198-202.

Phillips, S. M., y B. B. Sherwin (1992), «Variations in memory function and sex steroid hormones across the menstrual cycle», *Psychoneuroendocrinology* 17 (5): 497-506.

Pierce, M. B., y D. A. Leon (2005), «Age at menarche and adult bmi in the Aberdeen children of the 1950s cohort study», *Ant J Clin Nutr* 82 (4): 733-739.

Pillard, R. C., y J. M. Bailey (1995), «A biologic perspective on sexual orientation», *Psychiatr Clin North Am* 18 (1): 71-84.

Pillsworth, E. G., M. G. Haselton, et al. (2004), «Ovulatory shifts in female sexual desire», *J Sex Res* 41 (1): 55-65.

Pinaud, R., A. F. Fortes, et al. (2006), «Calbindin-positive neurons reveal a sexual dimorphism within the songbird analogue of the mammalian auditory cortex», *J Neurobiol* 66 (2): 182-195.

Pinna, G., E. Costa, et al. (2005), «Changes in brain testosterone and allopregnanolone biosynthesis elicit aggressive behavior», *Proc Natl Acad Sci USA* 102 (6): 2135-2140.

Pittman, Q. J., y S. J. Spencer (2005), «Neurohypophysial peptides: Gatekeepers in the amygdala», *Trends Endocrinol Metab* 16 (8): 343-344.

Plante, E., V. J. Schmithorst, et al. (2006), «Sex differences in the activation of language cortex during childhood», *Neuropsychologia* 44 (7): 1210-1221.

Podewils, L. J., E. Guallar, et al. (2005), «Physical activity, APOE genotype, and dementia risk: Findings from the Cardiovascular Health Cognition Study», *Am J Epidemiol* 161 (7): 639-651.

Prkachin, K. M. M., Heather; y S. R. Mercer (2004), «Effects of exposure on perception of pain expression», *Pain* 111 (1-2): 8-12.

Protopopescu, X., H. Pan, et al. (2005), «Orbitofrontal cortex activity related to emotional processing changes across the menstrual cycle», *Proc Natl Acad Sci USA* 102 (44): 16060-16065.

Pruessner, J. C., F. Champagne, et al. (2004), «Dopamine release in response to a psychological stress in humans and its relationship to early life maternal care: A positron emission tomography study using [11C]raclopride», *J Neurosci* 24 (11): 2825-2831.

Pujol, J., A. López, et al. (2002), «Anatomical variability of the anterior cingulate gyrus and basic dimensions of human personality», *Neuroimage* 15 (4): 847-855.

Putnam, K., G. P. Chrousos, et al. (2005), «Sex-related differences in stimulated hypothalamic-pituitary-adrenal axis during induced gonadal suppression», *J Clin Endocrinol Metab* 90 (7): 4224-4231.

QIAN, S. Z., Y. CHENG XU, et al. (2000), «Hormonal deficiency in elderly males», *Int J Androl* 23 (supl. 2): 1-3.
RAHMAN, Q. (2005), «The neurodevelopment of human sexual orientation», *Neurosci Biobehav Rev* 29 (7): 1057-1066.
RAHMAN, Q., S. ABRAHAMS, et al. (2003), «Sexual-orientation-related differences in verbal fluency», *Neuropsychology* 17 (2): 240-246.
RAHMAN, Q., V. KUMARI, et al. (2003), «Sexual orientation-related differences in prepulse inhibition of the human startle response», *Behav Neurosci* 117 (5): 1096-1102.
RAINGRUBER, B. J. (2001), «Settling into and moving in a climate of care: Styles and patterns of interaction between nurse psychotherapists and clients», *Perspect Psychiatr Care* 37 (1): 15-27.
RASGON, N. L., C. MAGNUSSON, et al. (2005), «Endogenous and exogenous hormone exposure and risk of cognitive impairment in Swedish twins: a preliminary study», *Psychoneuroendocrinology* 30 (6): 558-567.
RASGON, N., S. Shelton, et al. (2005), «Perimenopausal mental disorders: Epidemiology and phenomenology», *CNS Spectr* 10 (6): 471-478.
RATKA, A. (2005), «Menopausal hot flashes and development of cognitive impairment», *Ann NY Acad Sci* 1052: 11-26.
RAZ, N., F. GUNNING-DIXON, et al. (2004), «Aging, sexual dimorphism, and hemispheric asymmetry of the cerebral cortex: Replicability of regional differences in volume», *Neurobiol Aging* 25 (3): 377-396.
RAZ, N., K. M. RODRIGUE, et al. (2004), «Hormone replacement therapy and age-related brain shrinkage: Regional effects», *Neuroreport* 15 (16): 2531-2534.
REAMY, K. J., y S. E. WHITE (1987), «Sexuality in the puerperium: A review», *Arch Sex Behav* 16 (2): 165-186.
REDOUTE, J., S. STOLERU, et al. (2000), «Brain processing of visual sexual stimuli in human males», *Hum Brain Mapp* 11 (3): 162-177.
RENO, P. L., R. S. MEINDL, et al. (2003), «Sexual dimorphism in *Australopithecus afarensis* was similar to that of modern humans», *Proc Natl Acad Sci USA* 100 (16): 9404-9409.

Repetti, R. L. (1989), «Effects of daily workload on subsequent behavior during marital interactions: The role of social withdrawal and spouse support», *J Pers Soc Psychol* 57: 651-659.

Repetti, R. L. (1997), «The effects of daily job stress on parent behavior with preadolescents», congreso de la Society for Research in Child Development, Washington, D. C.

Repetti, R. L., S. E. Taylor, et al. (2002), «Risky families: Family social environments and the mental and physical health of offspring», *Psychol Bull* 128 (2): 330-366.

Resnick, S. M., y R M. Maki (2001), «Effects of hormone replacement therapy on cognitive and brain aging», *Ann NY Acad Sci* 949: 203-214.

Rhoden, E. L., y A. Morgentaler (2004), «Risks of testosterone-replacement therapy and recommendations for monitoring», *N Engl J Med* 350 (5): 482-492.

Rhodes, G. (2006), «The evolutionary psychology of facial beauty», *Annu Rev Psychol* 57: 199-226.

Rhodes, G., M. Peters, et al. (2005), «Higher-level mechanisms detect facial symmetry», *Proc Biol Sci* 272 (1570): 1379-1384.

Richardson, H. N., E. P. Zorrilla, et al. (2006), «Exposure to repetitive versus varied stress during prenatal development generates two distinct anxiogenic and neuroendocrine profiles in adulthood», *Endocrinology* 147 (5): 2506-2517.

Rilling, J. K., J. T. Winslow, et al. (2004), «The neural correlates of mate competition in dominant male rhesus macaques», *Biol Psychiatry* 56 (5): 364-375.

Roalf, D., N. Lowery, et al. (2006), «Behavioral and physiological findings of gender differences in global-local visual processing», *Brain Cogn* 60 (1): 32-42.

Roberts, B. W., R. Helson, et al. (2002), «Personality development and growth in women across 30 years: Three perspectives», *J Pers* 70 (1): 79-102.

Robinson, K., y S. E. Maresh (2001), «Mood, marriage, and menopause», *Journal of Counseling Psychology* 48 (1): 77-84.

Roca, C. A., P. J. Schmidt, y M. Altemus (1998), «Effects of reproductive steroids on the hypothalamic-pituitary-adre-

nal axis response to low dose dexamethasone», Abstract presented at Neuroendocrine Workshop on Stress, Nueva Orleans.
Roca, C. A., P. J. Schmidt, et al. (2003), «Differential menstrual cycle regulation of hypothalamic-pituitary-adrenal axis in women with premenstrual syndrome and controls», *J Clin Endocrinol Metab* 88 (7): 3057-3063.
Roenneberg, T., T. Kuehnle, et al. (2004), «A marker for the end of adolescence», *Curr Biol* 14 (24): R1038-R1039.
Rogan, M. T., K. S. Leon, et al. (2005), «Distinct neural signatures for safety and danger in the amygdala and striatum of the mouse», *Neuron* 46 (2): 309-320.
Rogers, R. D., N. Ramnani, et al. (2004), «Distinct portions of anterior cingulate cortex and medial prefrontal cortex are activated by reward processing in separable phases of decision-making cognition», *Biol Psychiatry* 55 (6): 594-602.
Romeo, R. D., S. J. Lee, et al. (2004), «Differential stress reactivity in intact and ovariectomized prepubertal and adult female rats», *Neuroendocrinology* 80 (6): 387-393.
Romeo, R. D., S. J. Lee, et al. (2004), «Testosterone cannot activate an adult-like stress response in prepubertal male rats», *Neuroendocrinology* 79 (3): 125-132.
Romeo, R. D., H. N. Richardson, et al. (2002), «Puberty and the maturation of the male brain and sexual behavior: Recasting a behavioral potential», *Neurosci Biobehav Rev* 26 (3): 381-391.
Romeo, R. D., y C. L. Sisk (2001), «Pubertal and seasonal plasticity in the amygdala», *Brain Res* 889 (1-2): 71-77.
Rose, A. B., D. P. Merke, et al. (2004), «Effects of hormones and sex chromosomes on stress-influenced regions of the developing pediatric brain», *Ann NY Acad Sci* 1032: 231-233.
Rose, A. J., y K. D. Rudolph (2006), «A review of sex differences in peer relationship processes: potential trade-offs for the emotional and behavioral development of girls and boys», *Psychol Bull* 132 (1): 98-131.
Rosenblum, L. A., y M. W. Andrews (1994), «Influences of environmental demand on maternal behavior and infant development», *Acta Paediatr Suppl* 397: 57-63.

Rosenblum, L. A., J. D. Coplan, et al. (1994), «Adverse early experiences affect noradrenergic and serotonergic functioning in adult primates», *Biol Psychiatry* 35 (4): 221-227.
Rosip, J. C., y J. A. Hall (2004), «Knowledge of nonverbal cues, gender, and non verbal decoding accuracy», *Journal of Nonverbal Behavior, Special Interpersonal Sensitivity*, pt. 2. 28 (4): 267-286.
Ross, J. L., D. Roeltgen, et al. (1998), «Effects of estrogen on nonverbal processing speed and motor function in girls with Turner's syndrome», *J Clin Endocrinol Metab* 83 (9): 3198-3204.
Rossouw, J. E. (2002), «Effect of postmenopausal hormone therapy on cardiovascular risk», *J Hypertens Suppl* 20 (2): S62-S65.
Rossouw, J. E. (2002), «Hormones, genetic factors, and gender differences in cardiovascular disease», *Cardiovasc Res* 53 (3): 550-557.
Rossouw, J. E., G. L. Anderson, et al. (2002), «Risks and benefits of estrogen plus progestin in healthy postmenopausal women: Principal results from the Women's Health Initiative randomized controlled trial», JAMA 288 (3): 321-333.
Rotter, N. G. (1988), «Sex differences in the encoding and decoding of negative facial emotions», *Journal of Nonverbal Behavior* 12: 139-148.
Roussel, S., A. Boissy, et al. (2005), «Gender-specific effects of prenatal stress on emotional reactivity and stress physiology of goat kids», *Horm Behav* 47 (3): 256-266.
Routtenberg, A. (2005), «Estrogen changes wiring of female rat brain during the estrus/menstrual cycle», congreso de la Society for Neuroscience, Washington, D. C.
Rowe, R., B. Maughan, et al. (2004), «Testosterone, antisocial behavior, and social dominance in boys: Pubertal development and biosocial interaction», *Biol Psychiatry* 55 (5): 546-552.
Rubinow, D., Roca, C., et al. (2002), «Gonadal hormones and behavior in women: Concentrations versus context», en *Hormones, Brain and Behavior*, ed. D. W. Pfaff, vol. 5, 37-74, Academic Press, San Diego.

RUBINOW, D. R. (2005), «Reproductive steroids in context», *Arch Women Ment Health* 8 (1): 1-5.

RUBINOW, D. R., y P. J. SCHMIDT (1995), «The neuroendocrinology of menstrual cycle mood disorders», *Ann NY Acad Sci* 771: 648-659.

RUBINOW, D. R., y P. J. SCHMIDT (1995), «The treatment of premenstrual syndrome—forward into the past», *N Engl J Med* 332 (23): 1574-1575.

SA, S. I., y M. D. MADEIRA (2005), «Neuronal organelles and nuclear pores of hypothalamic ventromedial neurons are sexually dimorphic and change during the estrus cycle in the rat», *Neuroscience* 133 (4): 919-924.

SABATINELLI, D., M. M. BRADLEY, et al. (2005), «Parallel amygdala and inferotemporal activation reflect emotional intensity and fear relevance», *Neuroimage* 24 (4): 1265-1270.

SAENZ, C., R. DOMÍNGUEZ, et al. (2005), «Estrogen contributes to structural recovery after a lesion», *Neurosci Lett* 392 (3): 198-201.

SALONIA, A., R. E. NAPPI, et al. (2005), «Menstrual cycle-related changes in plasma oxytocin are relevant to normal sexual function in healthy women», *Horm Behav* 47 (2): 164-169.

SAMTER, W. (2002), «How gender and cognitive complexity influence the provision of emotional support: A study of indirect effects», *Communication Reports: Special psychological mediators of sex differences in emotional support* 15 (1): 5-16.

SÁNCHEZ-MARTÍN, J. R., E. Fano, et al. (2000), «Relating testosterone levels and free play social behavior in male and female preschool children», *Psychoneuroendocrinology* 25 (8): 773-783.

SANDFORT, T. G., R. de GRAAF, et al. (2003), «Same-sex sexuality and quality of life: Findings from the Netherlands Mental Health Survey and Incidence Study», *Arch Sex Behav* 32 (1): 15-22.

SAPOLSKY, R. M. (1986), «Stress-induced elevation of testosterone concentration in high ranking baboons: Role of catecholamines», *Endocrinology* 118 (4): 1630-1635.

SAPOLSKY, R. M. (2000), «Stress hormones: Good and bad», *Neurobiol Dis* 7 (5): 540-542.

SAPOLSKY, R. M., y M. J. MEANEY (1986), «Maturation of the adrenocortical stress response: Neuroendocrine control mechanisms and the stress hyporesponsive period», *Brain Res* 396 (1): 64-76.

SASTRE, J., C. BORRAS, et al. (2002), «Mitochondrial damage in aging and apoptosis», *Ann NY Acad Sci* 959: 448-451.

SAVIC, I., H. BERGLUND, et al. (2001), «Smelling of odorous sex hormone-like compounds causes sex-differentiated hypothalamic activations in humans», *Neuron* 31 (4): 661-668.

SBARRA, D. A. (2006), «Predicting the onset of emotional recovery following nonmarital relationship dissolution: Survival analyses of sadness and anger», *Pers Soc Psychol Bull* 32 (3): 298-312.

SCHIRMER, A., y S. A. KOTZ (2003), «ERP evidence for a sex-specific Stroop effect in emotional speech», *J Cogn Neurosci* 15 (8): 1135-1148.

SCHIRMER, A., S. A. KOTZ, et al. (2002), «Sex differentiates the role of emotional prosody during word processing», *Brain Res Cogn Brain Res* 14 (2): 228-233.

SCHIRMER, A., S. A. KOTZ, et al. (2005), «On the role of attention for the processing of emotions in speech: Sex differences revisited», *Brain Res Cogn Brain Res* 24 (3): 442-452.

SCHIRMER, A., T. STRIANO, et al. (2005), «Sex differences in the preattentive processing of vocal emotional expressions», *Neuroreport* 16 (6): 635-639.

SCHIRMER, A., S. Zysset, et al. (2004), «Gender differences in the activation of inferior frontal cortex during emotional speech perception», *Neuroimage* 21 (3): 1114-1123.

SCHMIDT, P. J. (2005), «Depression, the perimenopause, and estrogen therapy», *Ann NY Acad Sci* 1052: 27-40.

SCHMIDT, P. J., N. HAQ, et al. (2004), «A longitudinal evaluation of the relationship between reproductive status and mood in perimenopausal women», *Am J Psychiatry* 161 (12): 2238-2244.

SCHMIDT, P. J., J. H. MURPHY, et al. (2004), «Stressful life events, personal losses, and perimenopause-related depression», *Arch Women Ment Health* 7 (1): 19-26.

SCHMIDT, P. J., L. K. NIEMAN, et al. (1998), «Differential behavioral effects of gonadal steroids in women with and in

those without premenstrual syndrome», *N Engl J Med* 338 (4): 209-216.
SCHMIDT, P. J., L. NIEMAN, et al. (2000), «Estrogen replacement in perimenopause-related depression: A preliminary report», *Am J Obstet Gynecol* 183 (2): 414-420.
SCHMIDT, P. J., C. A. ROCA, et al. (1998), «Clinical evaluation in studies of perimenopausal women: Position paper», *Psychopharmacol Bull* 34 (3): 309-311.
SCHMITT, D. P., y D. M. BUSS (1996), «Strategic self-promotion and competitor derogation: Sex and context effects on the perceived effectiveness of mate attraction tactics», *J Pers Soc Psychol* 70 (6): 1185-1204.
SCHULTHEISS, O. C., A. DARGEL, et al. (2003), «Implicit motives and gonadal steroid hormones: Effects of menstrual cycle phase, oral contraceptive use, and relationship status», *Horm Behav* 43 (2): 293-301.
SCHUMACHER, M. (2002), «Progesterone: Synthesis, metabolism, mechanisms of action, and effects in the nervous system», en *Hormones, Brain and Behavior*, ed. D. W. Pfaff, vol. 3, 683-746, Academic Press, San Diego.
SCHUTZWOHL, A. (2006), «Judging female figures: A new methodological approach to male attractiveness judgments of female waist-to-hip ratio», *Biol Psychol* 71 (2): 223-229.
SCHWEINSBURG, A. D., B. J. NAGEL, et al. (2005), «fMRI reveals alteration of spatial working memory networks across adolescence», *J Int Neuropsychol Soc* 11 (5): 631-644.
SCHWEINSBURG, A. D., B. C. SCHWEINSBURG, et al. (2005), «fMRI response to spatial working memory in adolescents with comorbid marijuana and alcohol use disorders», *Drug Alcohol Depend* 79 (2): 201-210.
SEEMAN, T. E., B. SINGER, et al. (2001), «Gender differences in age-related changes in HPA axis reactivity», *Psychoneuroendocrinology* 26 (3): 225-240.
SEIDLITZ, L., y E. DIENER (1998), «Sex differences in the recall of affective experiences», *J Pers Soc Psychol* 74 (1): 262-271.
SEIFRITZ, E., F. ESPOSITO, et al. (2003), «Differential sex-independent amygdala response to infant crying and laughing

in parents versus nonparents», *Biol Psychiatry* 54 (12): 1367-1375.

SEURINCK, R., G. VINGERHOETS, et al. (2004), «Does egocentric mental rotation elicit sex differences?», *Neuroimage* 23 (4): 1440-1449.

SHAHAB, M., C. MASTRONARDI, et al. (2005), «Increased hypothalamic GPR54 signaling: A potential mechanism for initiation of puberty in primates», *Proc Natl Acad Sci USA* 102 (6): 2129-2134.

SHARKIN, B. (1993), «Anger and gender: Theory, research and implications», *Journal of Counseling and Development* 71: 386-389.

SHAYWITZ, B. A., S. E. SHAYWITZ, et al. (1995), «Sex differences in the functional organization of the brain for language», *Nature* 373 (6515): 607-609.

SHAYWITZ, S. E., F. NAFTOLIN, et al. (2003), «Better oral reading and short-term memory in midlife, postmenopausal women taking estrogen», *Menopause* 10 (5): 420-426.

SHELLENBARGER, S. (2005), *The Breaking Point: How Female Midlife Crisis Is Transforming Today's Women*, Henry Holt, Nueva York.

SHERMAN, P. W., y B. D. NEFF (2003), «Behavioural ecology: Father knows best», *Nature* 425 (6954): 136-137.

SHERRY, D. F. (2006), «Neuroecology», *Annu Rev Psychol*, 57: 167-197.

SHERWIN, B. B. (1994), «Estrogenic effects on memory in women», *Ann NY Acad Sci* 743: 213-230; debate 230-231.

SHERWIN, B. B. (2005), «Estrogen and memory in women: How can we reconcile the findings?», *Horm Behav* 47 (3): 371-375.

SHERWIN, B. B. (2005), «Surgical menopause, estrogen, and cognitive function in women: What do the findings tell us?», *Ann NY Acad Sci* 1052: 3-10.

SHERWIN, B. B., M. M. GELFAND, et al. (1985), «Androgen enhances sexual motivation in females: A prospective, crossover study of sex steroid administration in the surgical menopause», *Psychosom Med* 47 (4): 339-351.

SHIFREN, J. L., G. D. BRAUNSTEIN, et al. (2000), «Transdermal testosterone treatment in women with impaired sexual function after oophorectomy», *N Engl J Med* 343 (10): 682-688.

Shirao, N., Y. Okamoto, et al. (2005), «Gender differences in brain activity toward unpleasant linguistic stimuli concerning interpersonal relationships: An fMRI study», *Eur Arch Psychiatry Clin Neurosci* 255 (5): 327-333.

Shoan-Golan, O. (2004), «Do women cry their own tears? Issues of women's tearfulness, sel-fother differentiation, subjectivity, empathy and recognition», *Dissertation Abstracts International*: Section B: Science and Engineering 65 (1-B): 452.

Shors, T. J. (2005), «Estrogen and learning: Strategy over parsimony», *Learn Mem* 12 (2): 84-85.

Shors, T. J. (2006), «Stressful experience and learning across the lifespan», *Annu Rev Psychol*, 57: 55-85.

Silberstein, S. D., y B. de Lignieres (2000), «Migraine, menopause and hormonal replacement therapy», *Cephalalgia* 20 (3): 214-221.

Silberstein, S. D., y G. R. Merriam (2000), «Physiology of the menstrual cycle», *Cephalalgia* 20 (3): 148-154.

Silk, J. B. (2000), «Ties that bond: The role of kinship in primate societies», en L. Stone, ed., *New Directions in Anthropological Kinship*, Rowman & Littlefield, Boulder, co, 112-121.

Silk, J. B., S. C. Alberts, et al. (2003), «Social bonds of female baboons enhance infant survival», *Science* 302 (5648): 1231-1234.

Silverman, D. K. (2003), «Mommy nearest: Revisiting the idea of infantile symbiosis and its implications for females», *Psychoanalytic Psychology* 20 (2): 261-270.

Silverman, J. (2003), «Gender differences in delay of gratification: A meta analysis», *Sex Roles* 49: 451-463.

Simon, R. (2004), «Gender and emotion in the United States», *American Journal of Sociology* 109: 1137-1176.

Simon, V. (2005), «Wanted: Women in clinical trials», *Science* 308 (5728): 1517.

Singer, E. (2005), «Speech transcript stokes opposition to Harvard head», *Nature* 433 (7028): 790.

Singer, I. (1973), «Fertility and the female orgasm», En *Goals of Human Sexuality*, ed. I. Singer, 159-197. Wildwood House, Londres.

SINGER, T., B. SEYMOUR, et al. (2004), «Empathy for pain involves the affective but not sensory components of pain», *Science* 303 (5661): 1157-1162.

SINGER, T., y C. FRITH (2005), «The painful side of empathy», *Nat Neurosci* 8 (7): 845-846.

SINGER, T., B. SEYMOUR, et al. (2006), «Empathic neural responses are modulated by the perceived fairness of others», *Nature* 439 (7075): 466-469.

SINGH, D. (1993), «Adaptive significance of female physical attractiveness: Role of waist-to-hip ratio», *J Pers Soc Psychol* 65 (2): 293-307.

SINGH, D. (2002), «Female mate value at a glance: Relationship of waist-to-hip ratio to health, fecundity and attractiveness», *Neuroendocrinology Letters* 23 (supl. 4): 81-91.

SININGER, Y. (1998), «Gender distinctions and lateral asymmetry in the low-level auditory brainstem response of the human neonate», *Hearing Research* 128: 58-66.

SKUSE, D. (2003), «X-linked genes and the neural basis of social cognition», *Novartis Found Symp* 251: 84-98; debate 98-108; 109-111, 281-297.

SKUSE, D., J. MORRIS, et al. (2003), «The amygdala and development of the social brain», *Ann NY Acad Sci* 1008: 91-101.

SLOB, A. K., C. M. BAX, et al. (1996), «Sexual arousability and the menstrual cycle», *Psychoneuroendocrinology* 21 (6): 545-558.

SMALL, D. M., R. J. ZATORRE, et al. (2001), «Changes in brain activity related to eating chocolate: From pleasure to aversion», *Brain* 124 (pt. 9): 1720-1733.

SMITH, J., M. J. CUNNINGHAM, et al. (2005), «Regulation of Kiss 1 gene expression in the brain of the female mouse», *Endocrinology* 146 (9): 3686-3692.

SMITH, M. J., R J. SCHMIDT, et al. (2004), «Gonadotropin-releasing hormonestimulated gonadotropin levels in women with premenstrual dysphoria», *Gynecol Endocrinol* 19 (6): 335-343.

SMITH, S. S., y C. S. WOOLLEY (2004), «Cellular and molecular effects of steroid hormones on CNS excitability», *Cleve Clin J Med* 71 (supl. 2): S4-S10.

SOARES, C. N., y O. P. ALMEIDA (2001), «Depression during the perimenopause», *Arch Gen Psychiatry* 58 (3): 306.

Soares, C. N., O. P. Almeida, et al. (2001), «Efficacy of estradiol for the treatment of depressive disorders in perimenopausal women: A double-blind, randomized, placebo-controlled trial», *Arch Gen Psychiatry* 58 (6): 529-534.

Soares, C. N., y L. S. Cohen (2000), «Association between premenstrual syndrome and depression», *J Clin Psychiatry* 61 (9): 677-678.

Soares, C. N., y L. S. Cohen (2001), «The perimenopause, depressive disorders, and hormonal variability», *Sao Paulo Med J* 119 (2): 78-83.

Soares, C. N., L. S. Cohen, et al. (2001), «Characteristics of women with premenstrual dysphoric disorder (PMDD) who did or did not report history of depression: A preliminary report from the Harvard Study of Moods and Cycles», *J Womens Health Gend Based Med* 10 (9): 873-878.

Soares, C. N., H. Joffe, et al. (2004), «Menopause and mood», *Clin Obstet Gynecol* 47 (3): 576-591.

Soares, C. N., J. R. Poitras, et al. (2003), «Effect of reproductive hormones and selective estrogen receptor modulators on mood during menopause», *Drugs Aging* 20 (2): 85-100.

Soares, C. N., J. Prouty, et al. (2005), «Treatment of menopause-related mood disturbances», *CNS Spectr* 10 (6): 489-497.

Sokhi, D. S., M. D. Hunter, et al. (2005), «Male and female voices activate distinct regions in the male brain», *Neuroimage* 27 (3): 572-578.

Soldin, O. P., T. Guo, et al. (2005), «Steroid hormone levels in pregnancy and 1 year postpartum using isotope dilution tandem mass spectrometry», *Fertil Steril* 84 (3): 701-710.

Soldin, O. P., E. G. Hoffman, et al. (2005), «Pediatric reference intervals for FSH, LH, estradiol, T3, free T3, cortisol, and growth hormone on the DPC IMMULITE 1000», *Clin Chim Acta* 355 (1-2): 205-210.

Spelke, E. (2005), «The science of gender and science», *Edge*, 15 de mayo.

Spelke, E. S. (2005), «Sex differences in intrinsic aptitude for mathematics and science?: A critical review», *Am Psychol* 60 (9): 950-958.

SPEROFF, L., P. KENEMANS, et al. (2005), «Practical guidelines for postmenopausal hormone therapy», *Maturitas* 51 (1): 4-7.

SPEROFF, L. (2005), *Clinical Gynecologic Endocrinology and Infertility*, 7.ª ed., Lippincott Williams & Wilkins, Filadelfia.

SPRECHER, S. (2002), «Sexual satisfaction in premarital relationships: Associations with satisfaction, love, commitment, and stability», *J Sex Res* 39 (3): 190-196.

STALEY, J. (2006), «Sex differences in diencephalon serotonin transporter availability in major depression», *Biol Psychiatry* 59 (1): 40-47.

STALEY, J. K., G. SANACORA, et al. (2006), «Sex differences in diencephalon serotonin transporter availability in major depression», *Biol Psychiatry* 59 (1): 40-47.

STEPHEN, J. M., D. RANKEN, et al. (2006), «Aging changes and gender differences in response to median nerve stimulation measured with MEG», *Clin Neurophysiol* 117 (1): 131-143.

STERN, J. M., y S. K. JOHNSON (1989), «Perioral somatosensory determinants of nursing behavior in Norway rats *(Rattus norvegicus)*», *J Comp Psychol* 103 (3): 269-280.

STERN, J. M., y J. M. KOLUNIE (1993), «Maternal aggression of rats is impaired by cutaneous anesthesia of the ventral trunk, but not by nipple removal», *Physiol Behav* 54 (5): 861-868.

STIRONE, C., S. P. DUCKLES, et al. (2005), «Estrogen increases mitochondrial efficiency and reduces oxidative stress in cerebral blood vessels», *Mol Pharmacol* 68 (4): 959-965.

STOREY, A. E., C. J. Walsh, et al. (2000), «Hormonal correlates of paternal responsiveness in new and expectant fathers», *Evol Hum Behav* 21 (2): 79-95.

STORY, L. (2005), «Many women at elite colleges set career path to motherhood», *New York Times*, 20 de septiembre.

STRAUSS, J. F., y R. BARBIERI (2004). *Yen and Jaffe's Reproductive Endocrinology: Physiology, Pathophysiology, and Clinical Management*, 5.ª ed., W. B. Saunders, Filadelfia.

STROUD, L. R., G. D. PAPANDONATOS, et al. (2004), «Sex differences in the effects of pubertal development on responses to a corticotropin-releasing hormone challenge: The Pittsburgh psychobiologic studies», *Ann NY Acad Sci* 1021: 348-351.

Stroud, L. R., P. Salovey, et al. (2002), «Sex differences in stress responses: Social rejection versus achievement stress», *Biol Psychiatry* 52 (4): 318-327.

Styne, D., D. W. Pfaff, (2002), «Puberty in boys and girls», en *Hormones, Brain and Behavior*, vol. 4, 661-716, Academic Press, San Diego.

Sullivan, E. V., M. Rosenbloom, et al. (2004), «Effects of age and sex on volumes of the thalamus, pons, and cortex», *Neurobiol Aging* 25 (2): 185-192.

Summers, L. (2005), «Conference on Diversifying the Science and Engineering Workforce», transcrip. nber, 14 de enero.

Sun, T, C. Pataine, et al. (2005), «Early asymmetry of gene transcription in embryonic human left and right cerebral cortex», *Science* 5729: 1794-1798.

Sur, M., y J. L. Rubenstein (2005), «Patterning and plasticity of the cerebral cortex», *Science* 310 (5749): 805-810.

Swaab, D. F. W. C. Chung, et al. (2001), «Structural and functional sex differences in the human hypothalamus», *Horm Behav* 40 (2): 93-98.

Swaab, D. F., L. J. Gooren, et al. (1995), «Brain research, gender and sexual orientation», *J Homosex* 28 (3-4): 283-301.

Swerdloff, R., C. Wang, et al. (2002), «Hypothalamic-pituitary-go-nadal axis in men» en *Hormones, Brain and Behavior*, ed. D. W. Pfaff, vol. 5, 1-36, Academic Press, San Diego.

Tanapat, P. (2002), «Adult neurogenesis in the mammalian brain», en *Hormones, Brain and Behavior*, ed. D. W. Pfaff, vol. 3, 779-798, Academic Press, San Diego.

Tang, A. C., M. Nakazawa, et al. (2005), «Effects of long-term estrogen replacement on social investigation and social memory in ovariectomized c57bl/6 mice», *Horm Behav* 47 (3): 350-357.

Tannen, D. (1990), «Gender differences in topical coherence: Creating involvement in best friends' talk», *Discourse Processes: Special gender and conversational interaction* 13 (1): 73-90.

Tannen, D. (1990), *You Just Don't Understand:: Women and Men in Conversation*, William Morrow, Nueva York.

Taylor, S. E., G. C. Gonzaga, et al. 347 (2006), «Relation of oxytocin to psychological stress responses and hpa axis activity in older women», *Psycho Med* 68 (2): 238-245.

Taylor, S. E., L. C. Klein, et al. (2000), «Biobehavioral responses to stress in females: Tend-and-befriend, not fight-or-flight», *Psychol Rev* 107(3): 411-429.

Taylor, S. E., R. L. Repetti, et al. (1997), «Health psychology: What is an unhealthy environment and how does it get under the skin?», *Annu Rev Psychol* 48: 411-447.

Tersman, Z., A. Collins, et al. (1991), «Cardiovascular responses to psychological and physiological stressors during the menstrual cycle», *Psychosom Med* 53 (2): 185-197.

Tessitore, A., A. R. Hariri, et al. (2005), «Functional changes in the activity of brain regions underlying emotion processing in the elderly», *Psychiatry Res* 139 (1): 9-18.

Thorne, B. (1983), *Gender and Society, Thomson Learning*, Boston.

Thornhill, R. (1995), «Human female orgasm and mate fluctuating asymmetry», *Animal Behaviour* 50 (6): 1601-1615.

Thornhill, R. (1999), «The scent of symmetry: A human sex pheromone that signals fitness?», *Evol Hum Behav* 20: 175-201.

Thunberg, M. D. (2000), «Gender differences in facial reactions to fear-relevant stimuli», *Journal of Nonverbal Behavior* 24 (1): 45-51.

Timmers, M. (1998), «Gender differences in motives for regulating emotions», *Pers Soc Psychol Bull* 24: 974-986.

Tomaszycki, M. L., H. Gouzoules, et al. (2005), «Sex differences in juvenile rhesus macaque *(Macaca mulatta)* agonistic screams: Life history differences and effects of prenatal androgens», *Dev Psychobiol* 47 (4): 318-327.

Tooke, W. (1991), «Patterns of deception in intersexual and intrasexual mating strategies», *Ethology and Sociobiology* 12 (5): 345-364.

Toufexis, D. J., C. Davis, et al. (2004), «Progesterone attenuates corticotropin-releasing factor-enhanced but not fear-potentiated startle via the activity of its neuroactive metabolite, allopregnanolone», *J Neurosci* 24 (45): 10280-10287.

Tousson, E., y H. Meissl (2004), «Suprachiasmatic nuclei grafts restore the circadian rhythm in the paraventricular nucleus of the hypothalamus», *J Neurosci* 24 (12): 2983-2988.

TRANEL, D., H. DAMASIO, et al. (2005), «Does gender play a role in functional asymmetry of ventromedial prefrontal cortex?», *Brain* 128 (pt. 12): 2872-2881.

TRIVERS, R. (1972), «Parental investment and sexual selection», en *Sexual Selection and the Descent of Man*, ed. B. G. Campbell, 136-179, Heinemann Educational, Londres.

TSCHANN, J. M., N. E. ADLER, et al. (1994), «Initiation of substance use in early adolescence: The roles of pubertal timing and emotional distress», *Health Psychol* 13 (4): 326-333.

TUITEN, A., G. PANHUYSEN, et al. (1995), «Stress, serotonergic function, and mood in users of oral contraceptives», *Psychoneuroendocrinology* 20 (3): 323-334.

TURGEON, J. L., D. P. MCDONNELL, et al. (2004), «Hormone therapy: Physiological complexity belies therapeutic simplicity», *Science* 304 (5675): 1269-1273.

TURNER, R. A., M. ALTEMUS, et al. (1999), «Preliminary research on plasma oxytocin in normal cycling women: Investigating emotion and interpersonal distress», *Psychiatry* 62 (2): 97-113.

UDDIN, L. Q., J. T. KAPLAN, et al. (2005), «Self-face recognition activates a frontoparietal 'mirror' network in the right hemisphere: An event-related FMRI study», *Neuroimage* 25 (3): 926-935.

UDRY, J. R., y K. CHANTALA (2004), «Masculinity-femininity guides sexual union formation in adolescents», *Pers Soc Psychol Bull* 30 (1): 44-55.

UDRY, J. R., y N. M. MORRIS (1977), «The distribution of events in the human menstrual cycle», *J Reprod Fertil* 51 (2): 419-425.

UNDERWOOD, M. K. (2003), *Social Aggression Among Girls*, Guilford Press, Nueva York.

U. S. Human Resources Services Administration, 2002.

UVNÄS-MOBERG, K. (1998), «Antistress pattern induced by oxytocin», *News Physiol Sci* 13: 22-25.

UVNÄS-MOBERG, K. (1998), «Oxytocin may mediate the benefits of positive social interaction and emotions», *Psychoneuroendocrinology* 23 (8): 819-835.

UVNÄS-MOBERG, K. (2003), *The Oxytocin Factor*, Perseus Books, Nueva York.
UVNÄS-MOBERG, K., B. JOHANSSON, et al. (2001), «Oxytocin facilitates behavioural, metabolic and physiological adaptations during lactation», *Appl Anim Behav Sci* 72 (3): 225-234.
UVNÄS-MOBERG, K., y M. PETERSSON (2004), «[Oxytocin-biochemical link for human relations: Mediator of antistress, well-being, social interaction, growth, healing...]», *Lakartidningen* 101 (35): 2634-2639.
UVNÄS-MOBERG, K., y M. PETERSSON (2005), «[Oxytocin, a mediator of antistress, well-being, social interaction, growth and healing]», *Z Psychosom Med Psychother* 51 (1): 57-80.
UYSAL, N., K. TUGYAN, et al. (2005), «The effects of regular aerobic exercise in adolescent period on hippocampal neuron density, apoptosis and spatial memory», *Neurosci Lett* 383 (3): 241-245.
VAN EGEREN, L. A. B., S. MARGUERITE, y M. A. ROACH (2001), «Mother-infant responsiveness: Timing, mutual regulation, and interactional context», *Dev Psychol* 37 (5): 684-697.
VAN HONK, J., A. TUITEN, et al. (2001), «A single administration of testosterone induces cardiac accelerative responses to angry faces in healthy young women», *Behav Neurosci* 115 (1): 238-242.
VASSENA, R., R. DEE SCHRAMM, et al. (2005), «Species-dependent expression patterns of DNA methyltransferase genes in mammalian oocytes and preimplantation embryos», *Mol Reprod Dev* 72 (4): 430-436.
VERMEULEN, A. (1995), «Dehydroepiandrosterone sulfate and aging», *Ann NY Acad Sci* 774: 121-127.
VIAU, V. (2006), comunicación personal.
VIAU, V., B. BINGHAM, et al. (2005), «Gender and puberty interact on the stress-induced activation of parvocellular neurosecretory neurons and corticotropin-releasing hormone messenger ribonucleic acid expression in the rat», *Endocrinology* 146 (1): 137-146.
VIAU, V., y M. J. MEANEY (2004), «Testosterone-dependent variations in plasma and intrapituitary corticosteroid bin-

ding globulin and stress hypothalamic-pituitary-adrenal activity in the male rat», *J Endocrinol* 181 (2): 223-231.
VINA, J., C. BORRAS, et al. (2005), «Why females live longer than males: Control of longevity by sex hormones», *Sci Aging Knowledge Environ* 2005 (23): 17.
VINGERHOETS, A., y J. SCHEIR (2000), «Sex Differences in Crying», *Gender and Emotion: Social Psychological Perspectives*, ed. A. H. Fischer, Cambridge University Press, Nueva York: 118-142.
WAGER, T. D., y K. N. OCHSNER (2005), «Sex differences in the emotional brain», *Neuroreport* 16 (2): 85-87.
WAGER, T. D., K. L. PHAN, et al. (2003), «Valence, gender, and lateralization of functional brain anatomy in emotion: A meta-analysis of findings from neuroimaging», *Neuroimage* 19 (3): 513-531.
WAGNER, H. (1993), «Communication of specific emotions: Gender differences in sending accuracy and communication measures», *Journal of Nonverbal Behavior* 17: 29-53.
WALKER, C. D., S. DESCHAMPS, et al. (2004), «Mother to infant or infant to mother? Reciprocal regulation of responsiveness to stress in rodents and the implications for humans», *J Psychiatry Neurosci* 29 (5): 364-382.
WALKER, Q. D., M. B. ROONEY, et al. (2000), «Dopamine release and uptake are greater in female than male rat striatum as measured by fast cyclic voltammetry», *Neuroscience* 95 (4): 1061-1070.
WALLEN, K. (2005), «Hormonal influences on sexually differentiated behavior in nonhuman primates», *Front Neuroendocrinal* 26 (1): 7-26.
WALLEN, K. T., (1997), «Hormonal modulation of sexual behavior and affiliation in rhesus monkeys», *Ann rhesus Acad Sci* 807: 185-202.
WANG, A. T., M. DAPRETTO, et al. (2004), «Neural correlates of facial affect processing in children and adolescents with autism spectrum disorder», *J Am Acad Child Adolesc Psychiatry* 43 (4): 481-490.
WANG, C., D. H. CATLIN, et al. (2004), «Testosterone metabolic clearance and production rates determined by stable isotope dilution/tandem mass spectrometry in normal

men: Influence of ethnicity and age», *J Clin Endocrinol Metab* 89 (6): 2936-2941.

WANG, C., G. CUNNINGHAM, et al. (2004), «Long-term testosterone gel (Andro-Gel) treatment maintains beneficial effects on sexual function and mood, lean and fat mass, and bone mineral density in hypogonadal men», *J Clin Endocrinol Metab* 89 (5): 2085-2098.

WANG, C., R. SWERDLOFF, et al. (2004), «New testosterone buccal system (Striant) delivers physiological testosterone levels: Pharmacokinetics study in hypogonadal men», *J Clin Endocrinol Metab* 89 (8): 3821-3829.

WARD, A. M., V. M. MOORE, et al. (2004), «Size at birth and cardiovascular responses to psychological stressors: Evidence for prenatal programming in women», *J Hypertens* 22 (12): 2295-2301.

WARNOCK, J. K., S. G. SWANSON, et al. (2005), «Combined esterified estrogens and methyltestosterone versus esterified estrogens alone in the treatment of loss of sexual interest in surgically menopausal women», *Menopause* 12 (4): 374-384.

WASSINK, T. H., J. PIVEN, et al. (2004), «Examination of AVPR1a as an autism susceptibility gene», *Mol Psychiatry* 9 (10): 968-972.

WEAVER, I. C., N. CERVONI, et al. (2004), «Epigenetic programming by maternal behavior», *Nat Neurosci* 7 (8): 847-854.

WEAVER, I. C., F. A., CHAMPAGNE, et al. (2005), «Reversal of maternal programming of stress responses in adult offspring through methyl supplementation: altering epigenetic marking later in life», J *Neurosci* 25 (47): 11045-11054.

WEAVER, I. C., M. J. MEANEY, ET AL. (2006), «Maternal care effects on the hippocampal transcriptome and anxiety -mediated behaviors in the offspring that are reversible in adulthood», *Proc Natl Acad Sci USA* 103 (9): 3480-3485.

WEINBERG, M. K. (1999), «Gender differences in emotional expressivity and self-regulation during early infancy», *Dev Psychol* 35 (1): 175-188.

WEINER, C. L., M. PRIMEAU, et al. (2004), «Androgens and mood dysfunction in women: Comparison of women

with polycystic ovarian syndrome to healthy controls», *Psychosom Med* 66 (3): 356-362.
WEISS, G., J. H. SKURNICK, et al. (2004), «Menopause and hypothalamic-pituitary sensitivity to estrogen», *JAMA* 292 (24): 2991-2996.
WEISSMAN, M. M. (2000), «Depression and gender: Implications for primary care», *J Gend Specif Med* 3 (7): 53-57.
WEISSMAN, M. M. (2002), «Juvenile-onset major depression includes childhood-and adolescent-onset depression and may be heterogeneous», *Arch Gen Psychiatry* 59 (3): 223-224.
WEISSMAN, M. M., R. BLAND, et al. (1993), «Sex differences in rates of depression: Cross-national perspectives», *J Affect Disord* 29 (2-3): 77-84.
WEISSMAN, M. M., y P. JENSEN (2002), «What research suggests for depressed women with children», *J Clin Psychiatry* 63 (7): 641-647.
WEISSMAN, M. M., Y. NERIA, et al. (2005), «Gender differences in posttraumatic stress disorder among primary care patients after the World Trade Center attack of September 11, 2001», *Gend Med* 2 (2): 76-87.
WEISSMAN, M. M., P. WICKRAMARATNE, et al. (2005), «Families at high and low risk for depression: A 3-generation study», *Arch Gen Psychiatry* 62 (1): 29-36.
WEISSMAN, M. M., S. WOLK, et al. (1999), «Depressed adolescents grown up», JAMA 281 (18): 1707-1713.
WELLS, B. E., (2005), «Changes in young people's sexual behavior and attitudes, 1943-1999: A cross-temporal meta-analysis», *Review of General Psychology* 9 (3): 249-261.
WHITCHER, S. J. (1979), «Multidimensional reaction to therapeutic touch in a hospital setting», *J Pers Soc Psychol* 37: 87-96.
WILLIAMS, N., S. L. WILLIAMS, et al. (1997), «Mild metabolic stress potentiates the suppressive effect of psychological stress on reproductive function in female cynomolgus monkeys», congreso de la Endocrine Society, Minneapolis, abstract PI-367.
WILSON, B. C., M. G. TERENZI, et al. (2005), «Differential excitatory responses to oxytocin in sub-divisions of the bed nuclei of the stria terminalis», *Neuropeptides* 39 (4): 403-407.

WILSON, M. E., A. LEGENDRE, et al. (2005), «Gonadal steroid modulation of the limbic-hypothalamic-pituitary-adrenal (LHPA) axis is influenced by social status in female rhesus monkeys», *Endocrine* 26 (2): 89-97.

WINDLE, R. J., Y. M. KERSHAW, et al. (2004), «Oxytocin attenuates stress-induced c-fos MRNA expression in specific forebrain regions associated with modulation of hypothalam-opituitary-adrenal activity», *J Neurosci* 24 (12): 2974-2982.

WINFREY, O. (2005), «Turning fifty», *Oprah*, mayo.

WISE, P. (2003), «Estradiol exerts neuroprotective actions against ischemic brain injury: Insights derived from animal models», *Endocrine* 21 (1): 11-15.

WISE, P. (2006), «Estrogen therapy: Does it help or hurt the adult and aging brain? Insights derived from animal models», *Neuroscience*, 138 (3): 831-835.

WISE, P. M. (2003), «Creating new neurons in old brains», *Sci Aging Knowledge Environ* (22): PE13.

WISE, P. M., D. B. DUBAI, et al. (2005), «Are estrogens protective or risk factors in brain injury and neurodegeneration? Reevaluation after the Women's Health Initiative», *Endocr Rev* 26 (3): 308-312.

WITELSON, S. F., H. BERESH, et al. (2006), «Intelligence and brain size in 100 postmortem brains: Sex, lateralization and age factors», *Brain* 129 (pt. 2): 386-398.

WITELSON, S. F. (1995), «Women have greater density of neurons in posterior temporal cortex», *J Neurosci* 15 (5, pt. 1): 3418-3428.

WOOD, G. E., y T. J. SHORS (1998), «Stress facilitates classical conditioning in males, but impairs classical conditioning in females through activational effects of ovarian hormones», *Proc Natl Acad Sci USA* 95 (7): 4066-4071.

WOODS, N. F., E. S. MITCHELL, et al. (2000), «Memory functioning among midlife women: Observations from the Seattle Midlife Women's Health Study», *Menopause* 7 (4): 257-265.

WOOLLEY, C. S., a. R. C. (2002), «Sex steroids and neuronal growth in adulthood», en *Hormones, Brain and Behavior*, ed. D. W. Pfaff, vol. 4, 717-778.

WOOLLEY, C. S., H. J. WENZEL, et al. (1996), «Estradiol increases the frequency of multiple synapse boutons in the hippocampal CA1 region of the adult female rat», *J Comp Neurol* 373 (1): 108-117.

WRANGHAM, R. W. (1980), «An ecological model of female-bonded primate groups», *Behaviour* 75: 262-300.

WRANGHAM, R. W., y B. B. SMUTS (1980), «Sex differences in the behavioural ecology of chimpanzees in the Gombe National Park, Tanzania», *J Reprod Fertil Suppl*, supl. 28: 13-31.

WRASE, J., S. KLEIN, et al. (2003), «Gender differences in the processing of standardized emotional visual stimuli in humans: A functional magnetic resonance imaging study», *Neurosci Lett* 348 (1): 41-45.

WRIGHT, J., F. NAFTOLIN, et al. (2004), «Guidelines for the hormone treatment of women in the menopausal transition and beyond: Position statement by the Executive Committee of the International Menopause Society», *Maturitas* 48 (1): 27-31.

XERRI, C., J. M. STERN, et al. (1994), «Alterations of the cortical representation of the rat ventrum induced by nursing behavior», *J Neurosci* 14 (3, pt. 2): 1710-1721.

YAMAMOTO, Y, C. S. CARTER, et al. (2006), «Neonatal manipulation of oxytocin affects expression of estrogen receptor alpha», *Neuroscience* 137 (1): 157-164.

YAMAMOTO, Y., B. S. CUSHING, et al. (2004), «Neonatal manipulations of oxytocin alter expression of oxytocin and vasopressin immunoreactive cells in the paraventricular nucleus of the hypothalamus in a gender-specific manner», *Neuroscience* 125 (4): 947-955.

YEN, S., JAFFE, R., (1991), *Reproductive endocrinology: Physiology, pathophysiology, and clinical management*, W. B. Saunders, Filadelfia.

YONEZAWA, T., K. MOGI, et al. (2005), «Modulation of growth hormone pulsatility by sex steroids in female goats», *Endocrinology* 146 (6): 2736-2743.

YOUNG, E., C. S. CARTER, et al. (2005), «Neonatal manipulation of oxytocin alters oxytocin levels in the pituitary of adult rats», *Horm Metab Res* 37 (7): 397-401.

Young, E. A., H. Akil, et al. (1995), «Evidence against changes in corticotroph crf receptors in depressed patients», *Biol Psychiatry* 37 (6): 355-363.
Young, E. A., y M. Altemus (2004), «Puberty, ovarian steroids, and stress», *Ann* ny *Acad Sci* 1021: 124-133.
Young, E. A. (2006), comunicación personal.
Young, E. A. (2002), «Stress and anxiety disorders», en *Hormones, Brain and Behavior*, ed. D. W Pfaff, vol. 5, 443-466, Academic Press, San Diego.
Young, L. J., M. M. Lim, et al. (2001), «Cellular mechanisms of social attachment», *Horm Behav* 40 (2): 133-138.
Yue, X., M. Lu, et al. (2005), «Brain estrogen deficiency accelerates A [beta] plaque formation in an Alzheimer's disease animal model», *Proc Natl Acad Sci usa* 102 (52): 19198-19203.
Zahn-Waxler, C., B. Klimes-Dougan, et al. (2000), «Internalizing problems of childhood and adolescence: Prospects, pitfalls, and progress in understanding the development of anxiety and depression», *Dev Psychopathol* 12 (3): 443-466.
Zahn-Waxler, C., M. Radke-Yarrow, et al. (1992), «Development of concern for others», *Dev Psychol* 28: 126-136.
Zak, P. J., R. Kurzban, et al. (2005), «Oxytocin is associated with human trust-worthiness», *Horm Behav* 48 (5): 522-527.
Zald, D. H. (2003), «The human amygdala and the emotional evaluation of sensory stimuli», *Brain Res Brain Res Rev* 41 (1): 88-123.
Zemlyak, I., S. Brooke, et al. (2005), «Estrogenic protection against gpl20 neurotoxicity: Role of microglia», *Brain Res* 1046 (1-2): 130-136.
Zhang, T. Y., P. Chretien, et al. (2005), «Influence of naturally occurring variations in maternal care on prepulse inhibition of acoustic startle and the medial prefrontal cortical dopamine response to stress in adult rats», *J Neurosci* 25 (6): 1493-1502.
Zhang, T. Y., R. Bagot, et al. (2006), «Maternal programming of defensive responses through sustained effects on gene expression», *Biol Psychol* 73 (1): 72-89.

ZHOU, J., D. W. PFAFF, et al. (2005), «Sex differences in estrogenic regulation of neuronal activity in neonatal cultures of ventromedial nucleus of the hypothalamus», *Proc Natl Acad Sci USA* 102 (41): 14907-14912.

ZIMMERBERG, B., y E. W. KAJUNSKI (2004), «Sexually dimorphic effects of postnatal allopregnanolone on the development of anxiety behavior after early deprivation», *Pharmacol Biochem Behav* 78 (3): 465-471.

ZONANA, J., y J. M. GORMAN (2005), «The neurobiology of postpartum depression», *CNS Spectr* 10 (10): 792-799, 805.

ZUBENKO, G. S., H. B. HUGHES, et al. (2002), «Genetic linkage of region containing the CREB1 gene to depressive disorders in women from families with recurrent, early-onset, major depression», *Am J Med Genet* 114 (8): 980-987.

ZUBIETA, J. K., T. A. KETTER, et al. (2003), «Regulation of human affective responses by anterior cingulate and limbic mu-opioid neurotransmission», *Arch Gen Psychiatry* 60 (11): 1145-1153.

Índice de nombres y conceptos

abuela, función de la, 170, 226
acné, 99, 257
Administración de Alimentos y Medicamentos, recomendaciones sobre TH, 244
adolescencia, desarrollo en la, 69, 74, 79, 94, 96, 99, 101, 174, 205, 212, 214, 324
adopción, cambios del cerebro femenino en respuesta a la, 213
adrenales, glándulas, 62, 143, 190, 251-254
adrenopausia, 252
agresión, 37, 46, 61, 66, 83, 100
  diferencias específicas según sexo, 37-38, 67, 71
  en las adolescentes, 92
  en las hembras, 100
  hormonas asociadas con la, 82-83, 99
alomadres, 171, 175
alopregnenolona, definición, 23
Alzheimer, enfermedad de, 166, 250
amenazas, 106
amígdala, 21, 37, 93-94, 96, 111, 114, 125, 128, 130, 190-193, 201-203
  amor, confianza y, 111, 114
  ansiedad y, 96-97, 190
  asunción de riesgos por adolescentes y, 93, 96-97
  confianza y, 114
  diferencias específicas según sexo, 21, 190-191, 201-203
  emociones y, 21, 191-194
  en la madurez, 201
  excitación sexual y, 128
  respuesta a la pérdida del amor, 111-112
amor, 27, 102-106, 112-122, 125-126, 148, 153, 171, 189, 207, 211, 225
  maternal, 162
  romántico, 102, 104-105, 113
  andrógenos, 99-100, 251
  muchachas adolescentes y, 99-100
  véanse también clases específicas
androstenediona, 24, 99-100, 141

agresión adolescente y, 99
definición, 24
ansiedad, 35, 106, 111, 115, 155, 167, 179
crianza y, 155-156
anticonceptivos orales, 100, 140
agresión y, 100
continuados, 100
humores en el ciclo menstrual y, 140
véase también píldoras de control de la natalidad
antidepresivos, 243; *véase también* inhibidores de la recaptación selectiva de serotonina
aptitud científica, 39
aptitudes verbales, 48, 50-51, 53, 57, 60, 65, 223, 238
ira y, 223-224
orientación sexual y, 263-264
atracción:
hacia el sexo contrario, 263-264
por el sexo propio, 263-264
química, 109
autoconfianza en muchachas adolescentes, 74-75
autoestima, 82, 89, 100, 264
diferencias específicas según sexo, 82
hormonas y, 100

Baltimore Longitudinal Study of Aging, 239
Baron-Cohen, Simon, 186
búsqueda de la aprobación, 49-52, 56, 64, 67, 71
Buss, David, 107-109
cambios de humor, 93, 207, 243
ciclo menstrual y, 26
perimenopáusicos, 206
posmenopáusicos, 227-228
cáncer, riesgo con TH, 224, 237-238
Cannon, W. B., 82
características físicas, atracción y, 108-109
cardiovascular (CV), riesgo de enfermedad y TH, 245
Carter, Sue, 121
cazadores-recolectores, sociedades de, 105, 226
cerebro:
amor romántico y, 114-116, 118, 125, 127, 162
amor, confianza y, 211
áreas relacionadas con el sexo, 36-37, 131
áreas verbales, 75
cambios según fases de la vida, 234
células, 26-27, 31, 46, 71, 85, 87, 90, 93, 152, 155, 180, 219, 222, 238, 242, 248-249
centros de placer, 128, 131
conducta en el cortejo y, 105-106, 139
daños en el, estrógeno y, 53
desarrollo, 26, 46, 60, 88, 117
diferencias específicas según sexo, 59-60, 75
edad madura y, 174
embarazo y, 26, 32, 45-46, 55, 92, 108, 123, 150, 152-157, 161, 175, 198, 259-260

emparejamiento a largo plazo y, 118
envejecimiento, 225, 227, 239-240, 250
hormonas, su efecto en el, 27, 34, 150, 173-174, 232, 234, 259-260; *véanse hormonas específicas*
maternidad y, 150-157
menopausia y, 24, 26, 34, 73, 86, 202, 204-208, 215, 218, 225-227, 232, 234, 237-238, 241, 243-244, 252, 254
sensibilidad al estrógeno, 241
vasos sanguíneos en el, 130, 133, 167, 223, 247, 249
véanse también partes específicas; diagrama, 21
cerebro masculino, 26, 36-37, 39, 50, 81, 120, 132, 146, 176, 185-187
agresión y, 36-37, 80-81
amor y, 120
comunicación y, 50
envejecimiento, 251
ira y, 26, 185-186
respuesta emocional, 175-176
vinculaciones y, 80-81, 120
ciclo menstrual, 26, 71, 74, 86-100, 117, 141, 142, 145, 206, 227, 241, 248
agresión y, 87, 227
amor, confianza y, 140
cambios de humor y, 73-74, 86-87, 91
cambios hormonales en, 71, 73, 86-87, 117, 140-141
en la perimenopausia, 206
migrañas, 91
circuitos cerebrales, 27, 36, 53, 58, 63, 67, 70, 71-74, 85, 94, 101, 103, 107, 111-113, 117, 119, 125, 126, 158-160, 175, 178, 192, 212, 222, 232, 264
agresión, 66, 81, 232
amor y, 112-113, 117, 119-120, 125, 127
ciclo menstrual y, 71-74, 103-106
diferencias específicas según sexo, 35-36, 72-74, 81-82, 106-107, 124, 158-160
emparejamiento a largo plazo y, 111-113, 116-117
en la madurez, 27, 175-176, 177-178, 211-212, 222, 231
excitabilidad, 89, 119
maternidad, 158-160, 175, 212, 231
clítoris, 129-134
«combate o fuga», 82, 190-191
competición, 25, 58, 81, 136
machos y, 57, 81
sexual, muchachas adolescentes y, 80
comunicación, 27, 39-40, 45-48, 51, 56, 66-68, 69-70, 78, 119, 148, 202, 214
diferencias específicas según sexo, 56-57, 65-68
lazos sociales y, 50-51, 56-57
conducta de vinculación social, *véase* pareja, vinculación de la
conductas:
autoritaria, 60-61, 64, 67
búsqueda de aprobación, 56, 64
«combate o fuga», 82

cortejo, 105-106, 139
cuidadora, 27, 62, 70, 159, 164, 169, 172, 200, 202, 212, 220
flirteo, 25, 75, 124, 144
hormonas y, *véanse hormonas específicas*
lacrimosa, 87
observación de caras, 47, 53, 63, 183
conexiones sociales:
en la menopausia, 251
estrógeno y, 87, 92
muchachas adolescentes y, 86-87, 93
posmenopausia y, 251
varones, 50, 62, 78, 82
confianza, 35, 52, 71, 74, 102, 112, 116, 124, 125, 136, 169-170, 211
conflictos, evitar, 40, 56, 60, 73, 89, 202
muchachas adolescentes y, 89
control de los apetitos:
deseo sexual, 134, 140, 144, 146-147, 208-209
emociones y, 89, 92
perimenopausia y, 204-206
cortejo, conducta de, 105, 139
córtex cingulado anterior, 21, 114, 125, 181, 193
amor, confianza y, 125
diferencias específicas según sexo, 21
respuesta a la pérdida de amor, 114-115
sentimientos viscerales y, 181, 194
córtex prefrontal, 21, 90, 93-96, 190, 193, 202, 238
asunción de riesgos por muchachas adolescentes y, 90
diferencias específicas según sexo, 21, 192
emociones y, 21, 90, 190
en la madurez, 93, 193
humores en el ciclo menstrual y, 93, 96
véanse también córtex cingulado anterior; córtex prefrontal
cortisol, 21, 73-74, 81, 122, 155
definición, 24
depresión y, 260
deseo sexual y, 122
embarazo y, 155, 161
en muchachas adolescentes, 81
oxitocina y, 77, 122
crianza, 21, 26, 45, 53, 63, 169, 172, 212
actuación de la abuela, 170-171
adopción y, 213
estrés y, 54, 171
herencia de, 169
paternidad, 173
crianza infantil, *véanse* crianza; cuidado; maternidad; paternidad
cuidado, 27, 60, 120, 122, 127, 168-169, 171-172, 175, 204, 206, 212
actuación de las abuelas, 170
alomadres, 171
en la menopausia, 200, 212
véase también maternidad

demencia en relación con el
envejecimiento, 237, 247, 250
depresión, 33, 35, 90, 97-98, 126, 174, 195-198, 205, 242-244, 259
amor, 125-126
diferencias específicas según sexo, 32, 97, 195
en muchachas adolescentes, 126
perimenopausia y, 195-198, 204, 241-244
posparto, 259
desarrollo, 26-27, 41, 46, 48, 53, 58, 60, 65, 88, 155, 157, 175, 201, 261, 265
adolescente, 88
bebé, 48, 155, 157
fetal, 26, 46, 155, 263
niño, 27, 41, 52, 61, 65
deseo de tener hijos, 225, 231, 235
deseo sexual, 104, 134, 140, 143-144, 145, 148
en la menopausia, 209, 252-253
en la perimenopausia, 208, 252-253
en varones adolescentes, 141
lactancia y, 164, 167
posmenopausia y, 208-209
véanse también excitación sexual; impulso sexual
desorden disfórico premenstrual (DDPM), 91
destete, 167
DHEA, 24, 99, 252
agresión y, 99
definición, 24
día-noche, ciclo, 85
diferencias específicas según sexo:
agresión, 82, 99-100
amor, 99-100, 239
ansiedad, 114-115, 128
autoestima, 82
cerebros, 26, 31, 33, 36-37, 40, 44
comunicación, 39-40, 45-48, 50-51, 56-57, 59, 149
conducta de cortejo, 105-106, 139
conducta de juego, 60, 194-195
conexiones sociales, 47, 87, 93
depresión, 33, 35
deseo sexual, 104-105, 140, 143-144, 146, 148
educación de género y, 62-63
empatía, 52-53, 63, 65
envejecimiento, 225, 227, 250
escucha de emociones, 49-50
lectura de caras y matices emocionales, 40, 47-50, 64
memoria emocional, 45, 117, 178, 189-192
procesamiento de emociones, 146, 194
procesamiento de la ira, 193-194
pubertad infantil, 52, 56, 58, 71
respuesta a conflictos, 40, 56, 59-60, 67, 73, 89, 202
respuesta al estrés, 37-38, 54-55, 73-74, 80-81

sueño, 84-85, 163-165
uso del lenguaje, 35, 51, 57, 66
discriminación sexual, 233
divorcio, 195, 200
dolor físico, 126-127, 181
dopamina, 23, 77-78, 81, 104, 108, 114, 116-117, 129, 158, 164, 168, 193, 202, 207, 242
amor, confianza y, 81, 104-108
amor maternal y, 164-165, 167-168
emparejamiento y, 116-118
nacimiento y, 158
no lactancia y, 158-164

educación según géneros, 62-63
ejercicio, 243, 247, 251
embarazo, 26, 32, 45, 55, 92, 108, 122, 153-156, 161, 175, 198, 219, 259-260
cerebro y, 152-157
estrés y, 55, 155
emociones, 21, 27, 31, 34, 36, 39, 71, 91, 114, 141, 163, 177, 184, 186, 189-192, 198, 202, 214, 235
aversión por los varones, 252-253
escucha de, 71-72, 215
recuerdo de, 189-192
sentimientos viscerales, 21, 27, 140-141, 162-163, 177, 185-187, 190, 198,
véanse también clases específicas; cambios de humor
emparejamiento a largo plazo, 105, 107-109, 111-112, 118
circuitos cerebrales y, 105-106, 107-108
empatía, 52-53, 65
en niños, 52
en varones, 63
«entorno del sistema nervioso», bebés femeninos y, 54
entorno, efectos, 44, 50, 54, 64, 117, 155, 173-174, 175-176, 264-265
marcado epigenético, 54, 169
sobre conducta de género, 44
sobre maternidad, 155, 173-174
sobre varones en contraste con hembras, 65
envejecimiento, 225, 227, 239-240
cerebro, 225, 227, 239
demencia relacionada con el, 225
diferencias específicas según sexo, 120-121, 123-124
terapia hormonal sustitutiva (TH) y, 224, 237-241
epigenético, marcado, 54, 169
escucha de emociones, 71
espectro de desórdenes del autismo, 79, 124
estrés, 24, 27, 35, 37, 54-55, 70, 74, 76, 81-82, 87, 89, 93, 96, 129, 135, 155, 161, 167, 169, 174, 191, 197
ciclo menstrual y, 86
conflicto y, 35, 37, 89, 155
crianza y, 55, 155
depresión y, 90, 234
embarazo y, 55, 135
en menopausia, 190-191, 197, 234

en muchachas adolescentes, 70, 76-77, 94
entorno y, 54, 135
exposición precoz al, 54
hormonas y, 70, 81-82, 89, 94
posmenopausia, 191, 218
posparto, 234
sexo y, 129-130
estrógeno, 23, 26, 39, 53, 70-74, 77, 84-92, 100, 110, 114, 117, 120, 144, 163, 169, 181, 197, 204-207, 217-218, 222-225, 238-241
aptitudes verbales y, 75, 76, 218-219
brotes de progesterona, 74, 87, 197
ciclo menstrual y, 73-74, 87-89, 100, 197
definición, 23
depresión y, 89, 195, 205-207
deseo sexual y, 140, 145
dopamina y, 77, 114, 202
embarazo y, 26, 110
en menopausia, 197, 222-223
función cerebral y, 196-197, 240
neurotransmisores y, 197
oxitocina y, 75, 77, 114, 116
paternidad y, 111
perimenopausia y, 26, 223
retirada del, 89, 197, 206
sensaciones corporales y, 205-207
sensibilidad a los olores y, 140
sueño y, 26, 197, 207, 218
terapia sustitutiva, *véase* terapia hormonal sustitutiva
excitación sexual, 253, *véanse también* deseo sexual; impulso sexual

fases de la vida, 25-27, 234
adolescencia, 34, 39, 41, 67, 68-71, 73, 75, 77-81, 84, 85, 88, 89, 91, 93-101, 144, 174, 180, 197, 205, 212, 213, 214, 232, 234
fetal, 26, 46, 71, 263, 265
hormonas y, 21, 24, 26-27, 33-34, 52, 70, 85, 96, 98, 161, 201, 204, 212, 222, 237, 253, 263, 264
infancia, 33, 34, 54, 58, 71, 74, 117, 170, 184, 234, 264
maternidad, 27, 34, 150, 171, 173, 175, 232, 234, 259, 260
perimenopausia, 26, 198, 204-207, 209, 232, 241, 242, 243, 244, 253
posmenopausia, 26, 209, 216, 219, 223, 224, 226, 227, 228, 238, 239, 240, 241, 243, 248, 250, 257
fatiga, posmenopausia y, 241-244
feromonas, 140-141, 153, 162
niños y, 153
feto, desarrollo cerebral del, 27, 46, 55
estrés maternal y, 155
orientación sexual y, 263-265
testosterona y, 62, 144

Fisher, Helen, 113
flirteo, 25, 75, 124, 144, 179
fumar, TH y, 247

genética, 35, 41, 65, 98, 137, 142, 169, 224, 259
depresión y, 35, 98, 197, 259
monogamia y, 143
orientación sexual y, 263-264
giro fusiforme, 239
glucosa, respuesta del cerebro a, en la perimenopausia, 206
glutatión, 249

habla:
conexión mediante, 45, 84
diferencias específicas según sexo, 47-48, 52-55
testosterona y, 61
véanse también aptitudes verbales; lenguaje, uso del
Havlicek, Jan, 141
Hawkes, Kristen, 225-226
hiperplasia adrenal congénita (HAC), 62
hipocampo, 21, 36, 72, 87-88, 191
aptitudes verbales e, 87
ciclo menstrual e, 87
diferencias específicas según sexo, 21, 36, 191
emociones e, 36
hipotalámico-pituitario-ovárico, sistema, 71
hipotálamo, 21, 120, 143, 146, 155, 190
hormonas, 21, 23-27, 33-34, 38, 46, 57, 67, 89-91, 94, 153-155, 166
cambios del ciclo menstrual, 67, 90-92, 155
comportamiento y, 33, 38, 57-58, 64, 67-68, 89-90, 94, 154-155
definición, 25
fases de la vida y, 26-27
pausa juvenil, 26, 69
véanse también clases específicas
Hrdy, Sarah, 174

impulso sexual, 36, 100, 114, 144-145, 205, 253, 254
en adolescentes masculinos, 100, 144
en la menopausia, 250-254
en la perimenopausia, 205
lactancia e, 161
posmenopausia, 205
véanse también deseo sexual; excitación sexual
incorporación neurológica, 55
incubación, síndrome de la, 161-162
infantil:
infidelidad, 53-54; *véase también* monogamia
producción de feromonas, 153
pubertad infantil, 52, 56, 58, 61, 71
vinculación con el niño, 212
inhibidores de la recaptación selectiva de serotonina (IRSS), 92, 207
perimenopausia e, 207
véase también antidepresivos
instintos, 37, 106, 198, 218
ínsula, 21, 181
inteligencia, 38, 65

intimidad, oxitocina e, 74-81
investigación animal:
conducta de emparejamiento entre los ratones de las praderas, 121-123
conducta de emparejamiento y variación genética en los primates, 124
conducta maternal, 162-163
efecto del estrógeno en las células cerebrales, 238
preferencias de pareja, 121
redes sociales entre primates, 84, 124
ira, 27, 192-195, 215
menopausia e, 215
irritabilidad, ciclo menstrual e, 74

Josephs, Robert, 81
juego, diferencias según sexo en el, 59-60, 62
juvenil, pausa, 26, 58, 67, 219

Kendler, Ken, 259
Kronos Early Estrogen Prevention Study, 238

lactancia materna, 26, 165-166, 261
cerebro y, 27, 165-168
concentración mental y, 165
depresión posparto y, 261
destete, 166
gratificación, 163-164
oxitocina, 165
vinculación y, 166
lectura de caras, 40, 44-47, 49, 50, 51, 55, 64, 176, 180, 182, 186
aptitud infantil, 47
aptitud masculina, 48
lectura de la mente, 181
lenguaje, uso del:
aprendizaje, 75
sexo, 35-36, 52, 57
véanse también aptitudes verbales; habla
libido, *véanse* deseo sexual: excitación sexual; impulso sexual
llanto, 87, 161, 186
reacción masculina ante el, 88, 161, 186
Lobo, Rogerio, 245

Maccoby, Eleanor, 60, 112
madurez sexual, cerebro y, 26
matemática, aptitud, 39
maternal, conducta, 84, 150, 161, 163, 169, 211-212
agresividad, 159
amor, 153
crianza, 212
estrés y, 83
herencia de, 162
maternidad, 27, 34, 150, 171, 172-174, 232, 259
agresión y, 174
cerebro y, 34, 150-171
deseo de, 150
Meaney, Michael, 54
medicinas alternativas, 246
memoria, 27, 36, 45, 72, 103, 112, 117, 140, 160, 166, 168, 178, 189-192, 207, 223, 232, 239-240, 243, 249
emocional, 27, 45, 117, 178, 189-192
en la posmenopausia, 223, 232

envejecimiento y, 207, 223, 239-240
espacial, 160
terapia hormonal sustitutiva (TH) y, 232, 239, 244
verbal, 223, 239
menopausia, 24, 26, 34, 73, 86, 208-220, 226, 232, 234, 237-238, 241, 243, 248, 250
estrés y, 208-211, 237, 243, 247, 251
hormonas y, 24, 26, 208-217, 248
terapia hormonal sustitutiva (TH), 208-210, 219, 237-238
véanse también perimenopausia; posmenopausia
miedo, 35, 37, 64, 90, 111, 114, 125, 130, 160, 167, 179, 192, 193, 196
migrañas menstruales, 91
mirada mutua, 50
mito de la norma masculina, 233
monogamia, 123, 143
muchachas adolescentes, 41-42, 78-80, 84, 100-101, 197
agresión y, 84
estrógeno y, 77, 82-95, 100
testosterona y, 78-80, 100-101
«muchachas maliciosas», biología de las, 98-101
muchachas poco femeninas, 265

nacimiento, hormonas y, 165
Naftolin, Fred, 238, 245
narcóticos, 114
neurohormonas, 120, 153
neurotransmisores, *véanse clases específicas*
estrógeno y, 207
norma masculina, mito de la, 233
núcleo supraquiasmático, 85

olores, 105, 140, 154, 158
conducta sexual y, 105, 140
embarazo y, 154
madres y, 154, 158
orgasmo, 77, 116, 128-140, 142, 147, 163, 254, 256
dificultad para lograr el, 134, 253
ficción, 136-138
función del, 128-131
terapia con testosterona y, 253
orientación sexual, 263-264
ovárico, sistema hipotalámico-pituitario, 71
ovulación, 87, 140, 141, 142, 145, 206
oxitocina, 23-24, 26-27, 75, 77, 78, 81, 114-117, 119-122, 127, 129, 130, 151, 153, 158, 160, 162-169, 174, 202, 204, 210, 211, 212, 215, 218, 219
adopción y, 213
amor, confianza y, 118-122, 127
circuitos cerebrales maternales y, 158, 162-164, 169, 174, 210
definición, 23-24
en la menopausia, 204, 210, 215
intimidad y, 75-76
lactancia y, 163-164, 166

nacimiento y, 157-158, 162-165
orgasmo y, 77-78, 116, 118-122
vinculación de la pareja y, 115-116

pareja, vinculación de la, 115-116, 120-121
circuitos cerebrales y, 115-116
parejas:
preferencias femeninas sobre, 105, 120, 123-124
preferencias masculinas sobre, 105
paternidad, 111
pensamiento crítico, 73, 114
perimenopausia, 26, 198, 204-207, 208, 209, 232, 239, 241, 242, 243, 244, 253; *véanse también* menopausia
peso, aumento de, TH y, 244-245, 247
píldoras de control de la natalidad, 209
agresión y, 100, 209
continuadas, 92
véase también anticonceptivos orales
pituitaria, 21, 71, 120, 206
retirada del estrógeno, 89, 206
sistema ovárico, hipotalámico, 120
posmenopausia, 26, 241; *véanse también* menopausia; perimenopausia
preocupación, *véanse* córtex cingulado anterior; estrés
procesamiento visual, hombres enamorados y, 112
progesterona, 23, 24, 26, 27, 71, 73, 74, 87-92, 96, 117, 145, 154, 155, 158, 197, 201, 215, 217, 239, 249, 253, 259
cambios del ciclo menstrual, 26, 71-74, 86-89, 96
comportamiento y, 117, 154
definición, 23
deseo sexual y, 117
embarazo y, 25, 153-155, 197
nacimiento y, 155
retirada, 88
terapia hormonal sustitutiva (TH) y, 248, 251-254
prolactina, 26, 161, 164, 166
en varones, 161
lactancia y, 26, 164, 166
pubertad, 26, 33, 52, 56, 58, 59, 61, 69, 71, 73, 74, 77, 78, 82, 85, 93, 96, 98, 99,105, 110, 141, 144, 146, 156, 169, 181, 192, 197, 205, 253
cerebro y, 71-73, 76-77, 82, 85, 93, 96, 98-99, 141, 156, 169, 181, 192, 197, 205, 253
infantil, 52, 56, 58, 61, 71

rechazo, dolor físico y, 126
rechazos sociales, 66, 73
red de adhesiones, 119
redes femeninas, 83-84, 157
reflejo:
de emociones, 189-190, 192-193
de sobresalto, 89
respuesta a la luz, 85
respuesta emocional, 73, 96, 178

riesgo de apoplejía por TH, 89, 196, 223, 237, 244
riesgos, asunción en muchachas adolescentes, 92-97
ritmo circadiano, 197
Rubinow, David, 89

sensaciones físicas, 143, 180, 212
dolor, 157, 181
sentimientos viscerales, 21, 27, 112, 119, 180-185
biología de los, 21, 180-185
serotonina, 23, 81, 90, 92, 193, 197, 207, 242, 246, 261
ciclos menstruales de humor y, 91, 197
Sherwin, Barbara, 222, 240, 256
Silk, Joan, 84
síndrome de Asperger, 58, 186
síndrome premenstrual (SPM), *véase* desorden disfórico premenstrual (DDPM)
Sociedad Internacional de Menopausia, recomendación sobre TH, 244
sofocos, 206, 220, 242, 243, 244
soltera, cerebro y mujer, 26, 108
sueño, 26, 85, 86, 109, 145, 163, 164, 166, 184, 185, 197, 201, 204, 207, 218, 242, 243, 244, 260, 261
en perimenopausia, 197, 207, 242-243
estrógeno y, 85, 163-164, 197, 207, 218
suicidio como respuesta a la pérdida de amor, 126
Summers, Lawrence, 39-40

Tannen, Deborah, 57
Taylor, Shelley, 82
tecnología de la imagen cerebral, 35
terapia hormonal sustitutiva (TH), 224, 237-240, 245-248
progesterona y, 224, 237-240
testosterona, 23, 24, 26, 27, 39, 46, 48, 50, 56, 58, 61-63, 78, 79, 96, 99, 100, 104, 108, 114, 120, 143-147, 161, 186, 192, 193, 205, 207-209, 215, 243, 250-257, 264
agresión y, 23, 46, 48, 61, 96, 143, 161, 186
cambios del ciclo menstrual, 25, 72, 99, 143-144, 161
conducta adolescente y, 78, 96, 99-100
conexiones sociales y, 61-62
definición, 23
desarrollo fetal y, 46, 48
deseo sexual y, 96, 100, 144, 207
desórdenes del espectro de autismo y, 58, 79
en perimenopausia, 25, 204-205
envejecimiento y, 225, 227, 239-240, 249
hiperplasia adrenal congénita (HAC) y, 61
interés sexual masculino y, 143-144
ira y, 192
menopausia y, 202-204, 206-208, 215
paternidad y, 111

terapia sustitutiva, 243, 250-251
trabajo, 26, 27, 37, 76, 85, 95, 113, 128, 134, 147, 152-154, 156, 167-170, 171- 173, 213, 215, 219-222, 228
en la menopausia, 206-207, 213-214
trastorno de la atención en el, 171-173
Trivers, Robert, 108

Uvnäs-Moberg, Kerstin, 121

vasopresina, 24, 120, 121, 123, 124
definición, 24
monogamia y, 123
vinculación de la pareja y, 123-124
vasos sanguíneos en el cerebro, estrógeno y, 167, 223
vinculación con el niño, 150, 169, 212

Winfrey, Oprah, 203
Women's Health Initiative Memory Study (WHIMS), 237-238, 241, 245, 247
Women's Health Initiative Study (WHI), 224, 237-238, 241, 245, 247
Women's Mood and Hormone Clinic, 34, 206